专利分析数据处理实务手册

国家知识产权局专利局审查业务管理部◎组织编写

知识产权出版社
全国百佳图书出版单位

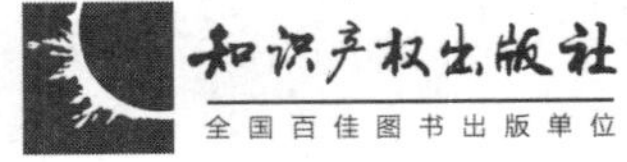

图书在版编目（CIP）数据

专利分析数据处理实务手册/国家知识产权局专利局审查业务管理部组织编写. —北京：知识产权出版社，2018. 8

ISBN 978 - 7 - 5130 - 5749 - 3

Ⅰ. ①专… Ⅱ. ①国… Ⅲ. ①专利—分析—数据处理—手册 Ⅳ. ①G306

中国版本图书馆 CIP 数据核字（2018）第 186624 号

内容提要

本书主要围绕专利分析中数据处理流程，以分步讲解、整体演示的形式，结合具体专利检索分析工具的操作实例，将数据处理分析图清晰地展现出来。本书分为数据源处理、数据的清洗和记录、数据的规范化及标引、数据信息的可视化呈现，根据市场上不同专利检索分析工具的特点，设计出了一些简单、实用的操作"攻略"，供用户按图索骥完成数据处理流程。

责任编辑：王瑞璞　　**责任校对**：谷　洋
装帧设计：张　冀　　**责任印制**：刘译文

专利分析数据处理实务手册

国家知识产权局专利局审查业务管理部　组织编写

出版发行：知识产权出版社有限责任公司　　**网　址**：http：//www. ipph. cn
社　址：北京市海淀区气象路 50 号院　　**邮　编**：100081
责编电话：010 - 82000860 转 8116　　**责编邮箱**：wangruipu@ cnipr. com
发行电话：010 - 82000860 转 8101/8102　　**发行传真**：010 - 82000893/82005070/82000270
印　刷：三河市国英印务有限公司　　**经　销**：各大网上书店、新华书店及相关专业书店
开　本：787mm × 1092mm　1/16　　**印　张**：13. 25
版　次：2018 年 8 月第 1 版　　**印　次**：2018 年 8 月第 1 次印刷
字　数：300 千字　　**定　价**：60. 00 元

ISBN 978-7-5130-5749-3

编 委 会

前言

数据处理是专利检索和分析报告撰写的沟通桥梁，是将检索到的原始数据转化为专利分析样本数据的关键环节，是专利分析中的基础性环节之一。数据处理的好坏直接决定了专利分析结果的准确性。掌握数据处理技术将在很大程度上提升专利分析的质量和效率。

本书详细介绍数据处理的方法，希望能够为专利分析人员提供帮助。

本书内容分为三大部分：第一部分（第1~2章）概述了数据处理的基本概念及数据源，意在让读者大概了解数据处理及数据源；第二部分（第3~6章）介绍数据处理的具体内容及方法，重在让读者掌握专利分析中数据处理的基本方法，并在此基础上能够发现使用专利分析工具进行数据处理时可能存在的问题；第三部分（第7~9章）介绍了第二部分的具体方法在专业分析工具中的应用，并对数据处理的未来前景进行了展望。

本书第一章由潘光虎、李宗韦执笔；第二章由汤艳莉、孙跃飞、危峰、叶晓林执笔；第三章由井庆涛、刘伟、王进锋执笔；第四章由褚战星、孙琨执笔；第五章由潘光虎执笔；第六章由陈涛、左良军执笔；第七章由李斌、邵景春执笔；第八章由赵佳睿、江钒执笔；第九章由叶晓林、孙跃飞、危峰执笔；全书由潘光虎、叶晓林统稿。

苏州慧谷知识产权服务有限公司给予了大量的人力和物力支持，在此表示诚挚的感谢。

希望本书的出版，能为提升专利分析中数据处理水平、促进专利分析软件优化起到积极的作用。专利分析方法知识浩瀚如海，数据处理知识巍峨如山，虽然本书竭尽作者之能，但仍难免存在偏差和错误，敬请广大读者见谅。

国家知识产权局专利局

审查业务管理部

2018 年 7 月 15 日

目　录

第1章　数据处理概述

随着中国经济的发展和开放程度的日益扩大，知识产权对人们生活的影响越来越显著，越来越多的企业认识到知识产权的重要性。因此企业在以引进技术为契机参与新项目、进入其他业界，或开展国际通用的技术革新时，开始主动使用专利分析。

专利分析按照每个特定的技术领域来进行。以技术创新为目标的中小企业、大学、研究所和其他科研机构可以使用专利分析进行简明易懂的解读，从而系统地掌握并且有效地使用专利信息；大型企业则可以依据自身优势，使用专利分析进行深入的解读和系统地挖掘，获取进一步的专利信息。

通常来说，专利分析具有以下特征：①关注作为专利信息特征之一的各种引用文献，包括引证文献和被引证文献。②分析时兼顾整体分析和申请量较多的企业、研究机构的申请动向、专利分布等。③关注分析领域内中小企业、风险企业、大学等，以及技术开发有效的子领域。④覆盖了一定期限内公布的各技术领域相关的发明专利申请、实用新型专利申请。⑤针对具体的需求，在常规分析项目的基础上增加特性需求的分析。

而数据处理是连接专利检索和报告撰写的纽带，是专利分析的基础性环节之一。从一定程度上讲，数据处理的好坏决定了报告撰写的质量和报告内容的准确性。数据处理主要包括数据采集、数据清理和数据标引三个步骤。数据采集是将检索获得的原始专利数据根据后续专利分析的需要，定义需要采集的字段，转化成统一、可操作、便于分析的数据格式，并进行数据导出与保存；数据清理保证采集到数据的统一便于后续标引与分析；数据标引是指根据不同的分析目标，对原始数据中的记录加入相应的标识，从而增加额外的数据项来进行特定分析的过程。数据清理与数据标引在实际操作时相互交叉，可结合实际情况选择合适的操作流程。

1.1　专利分析基本概念

囊括全球90%以上最新技术的专利信息，能够比较客观地反映科学技术发展的现状、态势、路线及行业的研发动向、创新策略等。作为科学技术信息之一的专利信息，包括一切专利活动所产生的相关信息，具体涵盖了包括技术信息、法律信息和经济信息在内的多种信息，一般具有如下特点：描述详细、内容可靠、内容新颖、分类科学、格式统一规范、便于查阅等，其优于一般意义上的科技情报。

专利分析是指对于来自专利文献中的各类专利信息进行加工及组合，并利用统计学方法、数据处理手段等使隐藏于其中的分散信息具有纵览全局及预测的功能，并成为对国家、行业、企业等主体有价值的情报。换言之，专利分析的核心是情报分析。专利信息是原料，而情报是专利分析获得的产品。专利分析可使专利信息的内容发生质的变化，使之从只描述某一具体细节的战术情报上升为能对竞争对手进行预测和评价的战略情报。

如表1－1所示，专利分析课题研究一般包括研究准备、数据采集处理、专利分析，以及报告形成四个阶段。每个阶段均包括课题具体工作任务的分工和课题质量管理流程。课题的具体工作任务在课题进行过程中通过明确工作目标得以体现，课题质量管理通过每个阶段结束时的内部或外部评议和评审得以体现，评议和评审结果可作为阶段工作成果的总结。

表1－1　专利分析基本流程及评价

阶段	主要工作环节	阶段成果评价
研究准备阶段	研究目的的确立 成立项目组 制订研究计划、细化分解研究目的 了解技术和市场现状并开展技术调研 形成初步技术分解表	研究目的分解表 行业及市场调研报告 初步技术分解表
数据采集处理阶段	确定技术分解表 选择数据库及检索 去噪与检索结果评估 确定检索结果 数据处理	技术分解表 数据评估结果 数据处理结果
专利分析阶段	选择分析方法 选择分析工具 形成专利分析内容图表 解读专利分析内容图表	专利分析图表及解读内容
报告形成阶段	确定报告框架 完成专利分析报告初稿 组织专家讨论，修改并完善专利分析报告 报告定稿	专利分析报告

1.2　数据处理概述

数据处理又称为数据加工，是指当专利检索完成后，依据技术分解表，在充分考虑专利分析目的的基础上，对采集的数据进行加工整理，形成分析样本数据库。数据处理包括数据采集、数据清理和数据标引等基本步骤。数据处理是沟通检索和报告撰写的桥梁，是后续统计分析、绘表作图的基础。

数据采集是数据处理的第一步，是将检索结果转化为样本数据库的过程，而数据清理与标引过程在实际操作时交叉进行，可结合实际情况选择合适的操作流程。例如，可在各个检索环境下完成数据去噪和去重，并采用专利分析软件进行数据项规范后，再根据专利分析需求进行数据标引；也可以在数据标引的过程中同时进行数据去噪的过程。

一方面，数据处理是将检索到的原始数据转化为专利分析样本数据的关键环节，目的是得到准确、规范的数据样本，因此数据处理的质量将直接影响专利分析结果的准确性；另一方面，数据处理需要投入较大的人力、物力和时间，是专利分析各个环节中最费时费力的过程，因此，需要在数据处理之初根据专利分析的实际需要与人力、时间等资源状况，制定合理的数据处理策略与要求。

作为影响专利分析质量的关键环节，数据处理由于需要参与的人员较多，工作量较大，在很大程度上成为制约专利分析进一步发展的重要因素之一。因此，如何通过自动化的手段降低工作量，同时减少人为因素的影响，成为数据处理面临的一个重要课题。

数据处理的内容比较多，具有各种不同的分类方式。一般来说，按照数据处理的先后顺序，其主要内容包括数据采集、数据清理和数据标引等三个方面（参见图 1－1）。

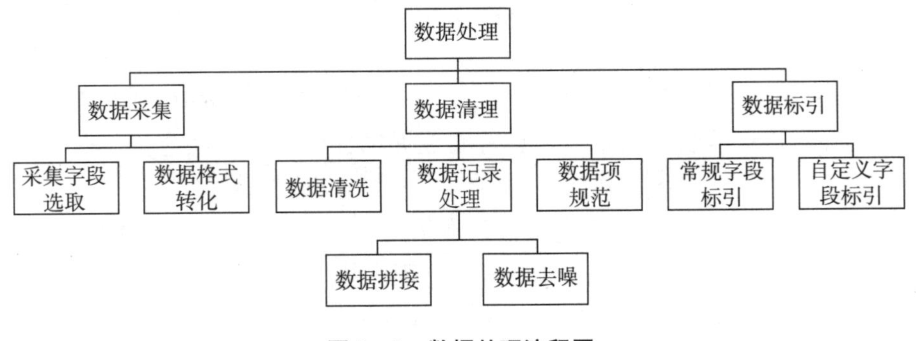

图 1－1　数据处理流程图

（1）数据采集

数据采集是数据处理过程的第一步，主要目的是将检索获得的原始专利数据根据后续专利分析的需要，定义需要采集的字段，转化成统一、可操作、便于分析的数据格式，并进行数据导出与保存。数据采集的过程主要分为以下几个步骤：定义需要采集的字段、列出检索结果中相关的字段、将检索结果导出。

（2）数据清理

数据处理的目的是保证采集到数据的统一，便于后续标引与分析。各个数据库和各国在录入著录项目时，由于标引规则的不一致、语言表达习惯的不同、数据输入的错误、相关项目内容的缺失，以及重复专利或同族专利的存在等，原始数据格式和内容存在差异，影响后续统计分析的准确性，因此需要在数据采集之后对数据进行清理、合并、去噪以及规范化处理。

一般来讲，数据清理主要包括数据清洗、数据记录处理和数据项规范三部分内容。

1）数据清洗

数据清洗是对数据进行重新审查和校验的过程，目的在于删除重复信息、纠正存在的错误等，一般情况下包括不完整数据补充、错误数据修正、重复数据处理等。

2）数据记录处理

在对采集自不同数据库的检索结果集进行处理时，将不同数据库中的字段进行拼接，将不同数据库中检索到的重复专利文献和/或同族专利文献进行合并等。

3）数据项规范

对原始数据源的部分或全部数据项的格式和/或内容进行规范化加工处理，修正其中的一些错误，使之具有统一的格式，符合后继的统计分析以及相应工具的需求。主要包括分类号的规范、日期格式的规范、公开号的规范、申请人国别的处理、申请人名称的统一化处理和去重、发明人名称的统一化、关键词的统一化、摘要的补充等相关内容。

数据清理内容较多，人工清理会花费大量的人力、物力，同时还会造成很多人为错误，因此采取计算机进行辅助清理具有十分重要的意义并且十分紧迫。

（3）数据标引

数据标引指根据不同的分析目标，对原始数据中的记录加入相应的标识，从而增加额外的数据项来进行特定分析的过程。数据标引是数据处理的最后一步，根据不同的分析目标与分析项目，确定用于图表制作与统计分析规范的数据。按标引字段的不同，通常可以分为以下两类：

1）常规标引字段的标引：通常采用专利分析软件对清理后的检索结果进行自动提取。这需要针对待标引的字段对检索获得的数据项进行清理与规范，获得规范化处理后的数据项。

2）自定义标引字段的标引：主要涉及技术内容标引和技术功效标引。标引方法主要包括人工标引方法和批量标引方法。人工标引是指在文献量可阅读范围内，通过人工阅读的方法，对技术分支、功效进行标引，一般在Excel表格中进行。由于人力、物力、时间等因素的制约，人工标引方法具有一定的适用范围，通常适用于微观分析。批量标引主要适用于大文献量的标引。批量标引有时是在检索过程中一并完成的。例如在针对一级技术分支的检索过程中即完成了对一级技术分类的标引，而在对二级或三级技术分支进行批量标引时，通常在一级技术分支的总体文献量范围内通过关键词与分类号进行二次检索。

（4）数据处理的质控标准

为评价和管理数据处理，需要指定相应的质控指标。常用的质控指标包括：

1）数据格式转换是否准确：对检索结果是否能有效地导出及格式转换进行评价。

2）数据清理是否全面：主要对数据清理是否全面周到进行评价，例如处理后的数据的噪音率大小、是否有效去重、数据格式是否统一规范。

3）数据标引与项目分解的关联程度：评价数据标引过程是否结合项目分解的特点、数据标引的精确度高低等。

1.3　数据的内容及分类概述

专利分析数据根据数据来源不同，可以分为原始数据和加工数据两类。所谓原始数据是指直接从检索系统中获得的数据，如申请日、申请人名称等。所谓加工数据是指专利分析人员根据专利分析的需要，将原始的数据进行加工形成可以用于分析的数据，也可称为第二手或间接数据，例如趋势分析中从申请日数据中获取的申请年份、将申请人名称进行规范化后的规范化申请人名称等。

专利分析数据根据类型不同，可以分为三种常见类型：日期型数据、数据型数据和文本型数据。日期型数据主要包括各类日期信息，例如在进行专利申请趋势分析、技术生命周期分析及专利集中度趋势分析中都用到申请日、优先权日等。数据型数据主要包括各类指标数值，例如专利价值评估中的各类价值指标等。文本型数据是专利分析数据中最多的一类，主要包括申请人、法律状态等。

1.4　数据处理的基本工具

面对浩如烟海的专利数据，要高效地对其进行多角度、全方位的分析，就必须寻找合适的专利分析工具。专利分析工具的质量对数据处理质量具有十分重要影响，将直接影响专利分析的效率与准确性。

现有的专利分析工具大概分为两类：一类是专门专利分析工具（以下简称“专利分析工具”），例如针对专利数据的特点专门开发研制的软件；另一类是一些常用的数据分析工具，可以利用其数据分析功能来进行专利分析，例如 Excel 软件。本章中将介绍这两类专利分析工具，使专利分析人员能够基本了解专利分析工具的基本方法。

1.4.1　专利分析工具

专利分析工具的作用在于，将检索得到的数据项进行处理从而输出可利用的图表或可用于制作图标的数据。

（1）功能介绍

专利分析工具一般有登录界面，在登录界面中输入用户名和密码后即可进入系统界面。系统界面通常会分为数据部分、分析部分和其他部分等。

1）数据部分：主要用于专利数据的处理，包括数据的导入、数据的处理及数据标引等三个部分内容，各种分析工具根据自身特色还可能包括其他不同的内容。由于各专利分析工具采取的算法不同，数据部分会具有较大的差异，甚至某些专利分析工具处理的数据存在一定的错误。例如，对于申请日处理，一些专利分析工具直接选取同族中列在第一个申请日作为申请日处理，这将会对趋势类分析产生一定误差，正确的算法应该是选取所有同族的申请日中最早的一个作为申请日进行处理。

2）分析部分：主要包括“专利趋势分析”“专利质量分析”“专利引证分析”等

部分，主要利用导入的专利数据进行各个维度的专利数据分析和专利数据挖掘，并生成分析图表。

3）其他部分：一些系统还包括“文件”“系统管理”等部分。

（2）数据导入/导出

数据的导入/导出是专利分析工具在导入专利数据之后才能完成专利信息分析、挖掘的功能。多数专利分析工具的数据导入/导出由模板来完成。各专利分析工具根据自身软件特点提供不同的导入/导出模板，这样很大程度上提高了效率。

需要指出的是，当导入的文献格式发生变化，与保存模板中的标识符不同时，该文献就无法正常导入，此时需要对变化的标识符进行调整，即对模板进行编辑。

（3）常规分析操作流程

在导入数据并清理后，即可利用专利分析工具进行专利分析，还可将分析得到的统计数据通过【导出数据】按钮将数据导出成 Excel 的格式，以便后续使用上述数据进行进一步的分析和利用。

专利信息分析系统常见的问题有导入数据存在问题，或在导入的过程中异常终止。一般情况下，出现这种问题的原因在于待导入的数据与模板不匹配，解决的方法在于确保待输入的数据完全兼容于事先建立的模板，如果仍存在问题，可将出现问题的数据暂时删除，待将其他数据导入后，再处理导入有问题的数据，之后可通过专题合并的方式来将专利数据合并起来。

1.4.2 Excel 在专利分析中的应用

Excel 是电脑普及以来用途最广泛的办公软件之一。作为现代人进行数据处理和分析的常用的工具之一，其具有较强的数据处理功能。Excel 之所以这样普及，是因为它被设计成为一个数据计算与分析的平台，集成了优秀的数据计算与分析功能，用户完全可以根据自己的想法和思路来创建自己的电子表格，完成自己的数据处理和分析任务。Excel 作为一个具有强大数据处理和分析功能的工具，必然成为进行专利分析可选的一种分析工具。

数据处理是一个非常广泛的概念，包括对数据进行操作的各种活动。具体地说，Excel 具有较强大的计算、分析、传递和共享功能，可以帮助用户可以把各种数据转化为信息。其所擅长的工作之一就是数据分析，其中包括排序、筛选和分类汇总等数据统计分析功能。每一个专利申请包含的信息量太少，而过多的专利数据又让人难以厘清头绪，利用 Excel 将它们进行整理是一个不错的方法。Excel 作为电子表格软件，围绕着表格制作与使用具备一系列的功能。

专利申请数据由于具有一定的特殊性，因此在利用 Excel 进行专利分析时步骤相对于其他数据分析具有较大的不同。下面将通过数据透视表介绍利用 Excel 进行专利分析的方法，希望对于专利分析人员有一定借鉴作用。

（1）数据透视表概述

数据透视表是用来从 Excel 数据列表、关系数据库文件或 OLAP 多维数据集的特殊字段中总结信息的分析工具。它是一种交互式报表，可以快速分类汇总和比较大量的数据，可以随时选择其中页、行和列中的不同元素，以快速查看源数据的不同统计结果，同时还可以随意显示和打印出所关注区域的明细数据。

数据透视表有机地综合了数据排序、筛选、分类汇总等数据分析的优点，能够十分方便地调整分类汇总的方式，灵活地以多种不同方式展示数据的特征。因此其是最常用、功能最全的 Excel 数据分析工具之一。

一般而言，可以用以下 4 种类型的数据源来创建数据透视表：

1）单个 Excel 数据表；

2）多个合并计算的独立的 Excel 数据表；

3）外部数据源：比如 TXT 文件、Microsoft SQL Server 数据库、Microsoft Access 数据库、dBASE 数据库、Microsoft OLAP 多维数据集；

4）其他数据透视表。

数据透视表是一种对大量数据快速汇总和建立交叉列表的交互式动态表格，能够帮助专利分析人员分析、组织专利申请数据，例如统计各类申请、授权、有效等量、计算过程和建立新的数据子集等。建好数据透视表后，可以对其重新安排，以便以不同的角度查看数据。由于具有上述强大的功能，采用数据透视表进行专利分析对于快速寻找大量看似无关的专利中背后的关系，将复杂的专利数据转化为有价值的信息具有十分重要的作用。总而言之，合理运用数据透视表进行专利分析，能够将许多问题简单化并极大地提高专利分析的效率。

数据透视表具有以下优点：①能够对大量的数据库进行多条件统计；②可以对得到的统计数据进行行列变化，把字段移动到统计数据中的不同位置上，迅速得到新的数据，以满足不同的要求；③可以在得到的统计数据中找出某一字段的一系列相关数据；④在得到的统计数据中找出数据内部的各种关系并满足分组的要求。

数据透视表虽然具有强大的功能，但是也有其天然的缺陷。首先，数据透视表是计算机在一定人为操作下进行的自动汇总，并不是太智能，比如它不能将一些本来是相同的项目（例如申请人名称中存在 E. I. 和 E. I. 时，数据透视表会认定为两个不同的项）认定为不同，从而导致一定的错误，因此在利用数据透视表进行汇总分析时，必须在透视之前或之后进行数据规范化，以克服类似上述问题的存在；其次，数据透视表由于是计算机自动进行的一种汇总形式，采取的算法和所进行的汇总项目都并非最合理的，对很多专利分析人员并不想进行的汇总计算机也一并进行了汇总，从而导致数据透视表的计算量较大，随着数据量的增加计算量呈级数增加，这对于大量数据进行专利分析时尤为突出，在现有通常台式机（内存约 2G 的双核计算机）的情况下，当数据超过四五千时数据透视就会相当慢，如果数据大于七八千时很多时候就会出现死机等情况；再次，数据透视表不能实现数据的自动更新，因此在专利分析中为了实现数据汇总的自动化需要其他辅助手段来解决；最后，数据透视表是一种计算汇总，因此数据透视表中至少要存在属于数值格式的一项，否则无法完成数据的汇总，但是对于专利分析来说，有时所存在的数据中无数值格式的数据，为了利用数据透视表进行统计汇总，需要进行一定的转化，比如增加一列虚拟列或者其他方式。

（2）使用数据透视表进行专利分析的基本流程

使用数据透视表进行专利分析的基本流程如图1－2所示。

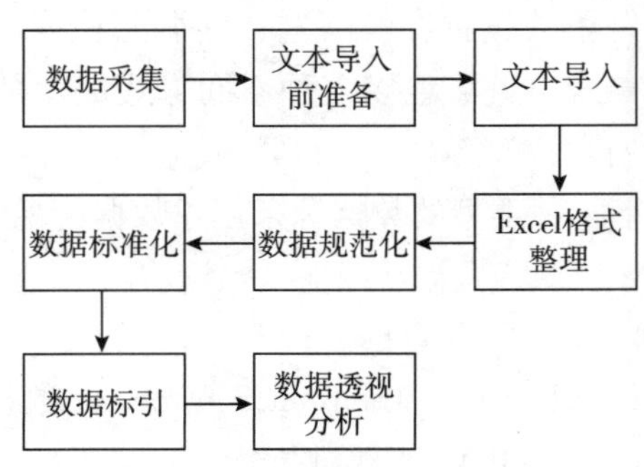

图1－2　数据透视表处理流程

（3）文本文件导入

Excel本身就具有一定的数据导入功能，但仅是对于一定格式的文件才能较好地导入。由于Excel只是一种程序，只能借助一定的标识来区分是否分列和换行。换句话说，在导入的文件中需要用不同的符号来区分行和列，这样才能够进行后续工作。例如：在TXT文件中，Tab作为分列标识符，Enter作为换行标识符。

Excel可以从文本文件、Microsoft Access数据库、Microsoft SQL Server数据库、Microsoft OLAP多维数据集、dBASE数据库中导入。

在专利检索系统中检索得到的数据一般都可以保存为文本文件，文本文件成为检索系统导出的最常用格式，故此Excel的文本文件导入成为专利分析中的最常用的导入方式。Excel中提供了3种文本文件的导入方式：

① 利用菜单栏“文件”中的“打开”命令，可以直接导入文本文件；

② 在菜单栏上一次单击“数据”“导入外部数据”“导入数据”，直接导入文本文件；

③ 使用Microsoft Query。

使用第一种方法是，文本文件会被导入单张Excel工作表中。在使用这种方式时，如果文本文件的数据发生变化，并不会在Excel中体现，除非重新进行导入，也就是说，这种方式无法实现导入的自动化。在使用第二种方式时，Excel会在当前工作表的指定位置上显示导入的数据，同时Excel会将文本文件作为外部数据源。一旦文本文件中的数据发生变化，用户只需单击鼠标右键，在弹出的快捷菜单中选择刷新数据即可获得最新的数据，从而实现自动化。第三种方法一般只有在文本文件数据量巨大，Excel不能全部导入的情况下使用。

在导入文本文件之前，专利分析人员需要首先使用记事本等文本编辑器打开文本文件查看，从而对数据源的结构有所了解。一般来说，为了导入Excel后便于分析，一般需要每一个专利申请的信息放置在一行中，而一个信息源放置在一个单元格中。只有了解了数据源的结构，才能实现上述目的。由于要导入的文本文件不同，换行符和分列符都不同，导入文本文件前的准备工作主要就是确定换行符和分列符。由于 Excel 只能以 Enter 符作为换行的符，因此如果要导入的文本文件的同一专利申请中存在 Enter 符，则需要分析不同专利申请之间分割符是什么，确定好分割符后，将 Enter 符替换为空，然后将不同专利申请之间的分隔符替换为 Enter 符。至于分列符，只要确定了文本文件中不同信息源之间分隔符是什么，如果分割符不同，可以利用文本文件中的替换功能替换为相同的分列符。这样就完成了文本文件的导入前的准备工作。

之后，便开始了正式导入数据。具体导入的方式是在 Excel 工作窗口中单击菜单【文件】中的【打开】，在弹出的【打开】对话框中选择需要导入数据的外部文本文件，然后单击【打开】按钮弹出【文本导入向导】步骤。在【请选择最合适的文本类型】组合框中选择【分割符号】单选按钮，这里的【分割符号】就是导入准备工作中确定的分列符。这样完成了文本文件的导入工作。

文本文件导入到 Excel 后，需要进行 Excel 格式整理。这里的格式整理中主要包括删除空行、空列，清理不需要的列。格式整理的主要目的是删除不需要的信息，使得格式更标准，这样为以后的专利分析工作打下坚实的基础。

为了提高效率和准确度，在文本文件的导入的过程中，可以采用以下一些小技巧：①常用文本文件的打开方式记事本等仅具有很少的文本替换功能，因此在文本文件准备阶段如果需要进行复杂的替换，则需要使用 Word 等工具来完成替换，而 Word 文档对于大量信息的处理速度较慢，在前期处理时可能需要将较大的文本文件分割处理后再合并；②文本文件导入是为了以后专利分析，因此为了文本文件导入处理的方便和快捷，可以在文本文件导入前删除不必要的信息；③Excel 的分列功能是数据导入整理工作常用的功能之一，分列功能在专利分析中处理大量数据时十分方便，能将一列带有同一符号的数据快速地分隔成多列来满足专利分析人员的需要，还可以将不能计算的文本型数值一次性地转换为可以参与计算的常规型数值。

（4）数据的规范化处理

为了使原始数据具有统一的格式，符合后续的统计分析软件 Excel 的需求，规范化后的数据项标题要便于区分各数据项，且每个数据项中的所有数据要格式统一，内容规范，从而在进行专利分析时便于直接获得统计项。由于数据采集可能会在不同的数据库中进行，采集到数据格式可能各不相同。因此需要根据数据采集的数据库的不同及 Excel 对数据处理功能的需求，确定待进行规范化处理的数据项和规范化后的统一格式。

利用 Excel 进行数据项规范化主要包括分类号的规范、年度和时间的处理、公开号及申请号等的规范、申请人国别的处理、申请人的合并、发明人名称规范化、省市/国家/地区的规范化、关键词的统一化、数据的补充等。

（5）数据标引

数据标引就是对待分析的专利申请进行技术分类及技术功效标引，从而对专利分析中的技术等信息进行分析。数据标引分为两种不同的标引方式：人工标引和批量标引。

1）人工标引

利用 Excel 进行人工数据标引的方法主要利用 Excel 的数据有效性。

技术领域及技术功效的标引都需要参考权利要求和摘要的内容，有时还可能参考分类号等信息，而对于类似于申请日期等信息在标引中不用查看。因此在对于技术分支以及技术功效的标引时，可以对不需要查看的申请日期等数据项进行隐藏处理，适当调整发明名称、权利要求和摘要等数据项的宽窄，以有利于查看这些项目的信息。由于发明名称，特别是权利要求和摘要等数据项文字较多，单行不利于查看，最好将这些列设置为自动换行。

在上述标引准备工作完成后，利用 Excel 的数据有效性来标引。具体的方法就是：将需要标引的技术领域和技术功效信息输入一个特定的区域中（为了方便描述，这里暂时把技术领域的区域称为区域 A，技术功效信息区域称为区域 B），然后选中一列用来存储专利申请的技术领域，选中后点击数据有效性中的序列，序列选择区域 A 中信息即可；之后选中另列用来存储技术功效，重复上述步骤，不同的就是选择区域 B。在完成上述准备后，通过查看权利要求和摘要等信息确定技术领域和技术功效（当然通过权利要求和摘要等仍不能完全确定这些信息，则需要查看专利申请的全文来确定），在确定技术领域和技术功效后，通过其对应行的单元格的下拉菜单选择相应的技术领域和技术功效完成该专利申请的标引工作。依次对每个申请进行标引，从而完成专利申请的数据标引。

2）批量标引

利用 Excel 进行批量标引的方式就是通过 Excel 的查找功能查找相应的专利申请或者利用数据自动筛选功能筛选出相关的专利申请，从而进行批量标引。需要指出的是，在 Excel 的查找功能查找关键词时，不能对关键词进行不同颜色的亮度显示，而查看关键词对于数据标引工作来说十分重要。为了克服这种困难，可以将 Excel 中相关内容导入 Word 中，利用 Word 中高亮显示功能来辅助 Excel 进行数据的标引。利用数据自动筛选功能将可能为技术分支的专利申请全部筛出来，然后一起进行标引。这种标引方法非常方便快捷，工作效率非常高，是批量标引的重要的方法。

（6）数据透视分析

在使用数据透视表进行专利分析时，首先需要确定要分析的内容。即专利分析人员需要分析什么，是要分析专利申请/授权/有效随年度变化趋势，还是国别 - 技术领域的关系等。只有知道了需要分析的内容，才能进行数据透视分析。

在明确了要分析的内容后，根据需要分析的内容，确定要进行数据透视的数据项。例如，如果分析某一国家/地区的专利申请量按技术领域的年代变化趋势图，则需要选择国家/地区数据项、技术领域数据项及专利申请年代数据项；如果要分析某一申请人技术领域的年代变化趋势图，这需要选择申请人、技术领域、申请年代等数据项；如果进行技术功效矩阵分析，则需要选择技术领域、技术效果等数据项。

在确定了数据透视的数据项后，就可以利用 Excel 的数据透视表功能进行专利分析。具体的步骤是：选择插入中的数据透视表后会跳出数据透视表对话框，通过选择合适的行和列及报表后，完成数据透视分析，得到需要的数据。

数据透视表操作中要注意以下事项：

1）专利数据中进行数据透视分析的每一列必须都有标题，否则将无法选择该列进行分析汇总；

2）专利数据进行分析汇总的列中必须有一列为数值型，即必须存在统计汇总的数据列；

3）专利数据进行分析汇总的列中的数据必须是相对比较规范的数据；

4）数据透视表汇总计算量比较大，因此在进行分析汇总时，应尽量避免大量数据进行同时透视，更具体地说，在数据透视时，列、行及报表筛选项不要太多，否则容易出现数据溢出的情况；

5）数据透视分析中不能够自动更新数据源，因此在数据源进行更新后需要更新数据透视表（具体的方式是点击【刷新数据】）。

第2章　数　据　源

“巧妇难为无米之炊”，如果没有专利数据，则专利分析无从谈起。专利数据是专利分析的基础，专利分析是对专利数据的加工、整理和分析。因此，为了探究在专利分析中专利数据的利用和加工，需要从源头出发，对专利分析所采用的数据源进行梳理和研究，由此明晰数据源所提供的专利信息涵盖的范围、类型，进而将其作为专利分析中选择恰当数据库的依据。

为此，本章通过对世界主要国家/地区知识产权组织（包括：中国国家知识产权局、美国专利商标局、欧洲专利局等）的专利数据，以及 IP5[1] 交换数据中日本特许厅和韩国知识产权局提供的专利原始数据字段进行汇总和梳理，了解专利申请和授权专利所涉及的基本文献信息、事务信息以及法律相关信息等。另外，考虑到世界知名数据库提供商在信息组织方面具有较强的全面性、专业性和关联性，本章还选取德温特的世界专利索引数据库（Derwent World Patents Index，DWPI）及引文数据库（Derwent Patents Citation Index，DPCI），对其专利源数据进行分析。通过对政府机构官方数据和商业机构增值数据的综合分析和整合，将目前各类专利信息源包括的数据根据内容属性划分为九大类：申请/公开信息、相关案件信息、相关人信息、引证/施引信息、技术信息、法律状态信息、无效宣告/复审信息、诉讼信息和统计/索引信息。

由于专利数据源头众多，标准复杂，各专利分析系统引入的专利数据源也不尽相同，因此，本章在介绍以上九类数据的同时，还需要对专利数据的来源、数据加工方式等几个重点问题进行说明，以便对各专利分析系统数据有更准确的了解。

2.1　专利申请/公开信息

申请/公开信息指与专利申请过程及专利文献公开过程相关的信息，可用于对专利在时间、空间和类型上的布局进行分析。

2.1.1　申请/公开数据类型

专利申请/公开信息主要包括：申请信息、公开信息、PCT 信息。每一类信息中都包括对应的国家、号码、日期和类型，具体字段如表 2－1 所示。

---

[1] IP5：指世界五大知识产权局，包括：欧洲专利局、美国专利商标局、中国国家知识产权局、日本特许厅和韩国知识产权局。

表2-1 专利申请、公开信息数据

数据类型		包括字段内容	示例
申请/公开信息	申请信息	专利类型	中国发明授权、中国发明申请、美国 Utility、Reissue、Plant、Design
		申请国	CN，US，EP，WO
		申请号	85 1 00463.6，2003/003945，昭57-183216，06/463217
		DWPI 标准化申请号	US13000408（13/000408），JP1982165469（昭和57-165469），CN201210050223（201210050223.X）
		申请日	2005.06.13
		申请系列码（仅美国专利申请）	06/463217
	公开信息	公开语言	—
		公开类型-英文翻译	申请公布、授权公告、特願、実願
		公开国家	CN、US、EP、JP、WO
		公开号	100569061（中国发明）、2043111（中国实用新型）、2006/0099151（美国申请公布）、2000-2356（日本）
		文献类型	A、A1、A2、B、B1
		公开日	2015.08.24
		授权长度（length-of-grant）	15、14
		延长期限	22、74
		更正公开日	2013.11.19
		更正公开条目	—
	PCT 信息	PCT 申请国家	BI、US
		PCT 申请号	99/15927
		PCT 申请日	1999.07.14
		PCT 公开国家	WO
		PCT 公开号	00/03848
		PCT 公开日	2000.01.27
		PCT 申请类型（例如：00）	—

2.1.2 申请号的标准化处理

可以看出，各国家/地区专利局的申请号一般采用本国/地区的申请号编号体系，编号格式均不相同。为了避免因申请号号码相同但国家/地区/专利授予机构不同而导致可能检索到任何其他不相关记录的情况，DWPI 对申请号进行了格式处理，形成标准化申请号字段。例如，美国专利文本上的申请号为 13/000408，标准化为 US13000408；中国专利文本上的申请号为 201210050223. X，标准化为 CN201210050223；日本专利文本上的申请号为昭和 57 – 165469，标准化为 JP1982165469。但是，将全球专利号码标准化也会造成一些不利的影响。由于各数据提供商对号码标准化的规则不一致，可能会造成各专利系统之间号码不兼容，从而检索不到库中文献的问题，因此，要建设全球专利通用数据库，号码数据标准化规则的统一是一个亟待解决的问题。

2.2 相关案件信息

相关案件信息指与专利（申请）相关的不同版本文档信息，主要可用于对专利技术的发源、布局进行分析，同时还是解决专利分析中专利重复公开问题的主要手段。

2.2.1 相关案件数据类型

相关案件信息主要包括：优先权信息、同族信息（包括简单同族信息和扩展同族信息）、分案信息和其他版本文档信息。每一类信息中都包括对应的国家、号码、日期，具体字段如表 2 – 2 所示。

表 2 – 2 相关案件信息数据

<table>
<tr><th colspan="2">数据类型</th><th>包括字段内容</th><th>示例</th></tr>
<tr><td rowspan="11">相关案件信息</td><td rowspan="5">优先权信息</td><td>优先权国家</td><td>US、DE、JP</td></tr>
<tr><td>优先权号码</td><td>10129010. 1</td></tr>
<tr><td>优先权日期</td><td>2001. 06. 13</td></tr>
<tr><td>是否（包括简单同族信息和扩展同族信息）最早优先权</td><td>—</td></tr>
<tr><td>优先权类型</td><td>national</td></tr>
<tr><td rowspan="6">简单同族信息（来自 INPADOC[1]）</td><td>简单同族 ID</td><td></td></tr>
<tr><td>是否是代表性文献</td><td>—</td></tr>
<tr><td>公开国家</td><td>—</td></tr>
<tr><td>公开号码</td><td>—</td></tr>
<tr><td>公开类别</td><td>—</td></tr>
<tr><td>公开日期</td><td>—</td></tr>
</table>

[1] INPADOC 是“国际专利文献中心”（International Patent Documentation Center）的缩写，是欧专局的一个数据库。

续表

数据类型		包括字段内容	示例
相关案件信息	扩展同族信息（来自 INPADOC）	扩展同族 ID	—
		是否是代表性文献	—
		公开国家	—
		公开号码	—
		公开类别	—
		公开日期	—
	分案信息	分案原申请国家	—
		分案原申请号码	—
		分案原申请申请日	—
		母案当前法律状态	—
		母案公告国别	—
		母案公告号	—
		母案公告日	—
		子案国家	—
		子案号码	—
	其他版本文档信息	其他公开版本信息（包括号码、日期）	—
		同日申请信息（例如：同日实用新型，包括号码、日期）	—
		此前公布文件类型（例如：unexamined）	—
		临时申请信息 - 申请国别	—
		临时申请信息 - 申请号	—
		临时申请信息 - 申请日	—
		其他公开版本信息 - 公开国别	—
		其他公开版本信息 - 公开号	—
		其他公开版本信息 - 公开类型	—
		其他公开版本信息 - 公开日	—

2.2.2 专利族信息的处理

由于专利族信息在数据处理和专利分析中占据重要地位，因此基于各机构数据来说明各数据库对专利族的不同界定原则和处理方式就显得十分必要。

专利族产生的根源在于专利权的地域性，其出现是《巴黎公约》签订后。在根据"优先权原则"进行专利申请时，相同的一份专利申请，进入多个国家会产生与原始申请实质内容完全相同的多个副本，形成一个专利族（Patent Family）。在进行专利文献信息收集的时候，为了消除这些相同内容专利文献，有必要按照一定的规则将这些专利族进行合并，目前比较主流的合并规则来自 WIPO《工业产权信息与文献手册》。其对专利族给出的定义如下："与相同发明，或与公有一个共同方案的多个发明相关的已公开专利文献的集合，其在相同国家或不同国家或地区内公开多次。这种集合中的各专利文献通常基于其要求的'优先权'的申请数据。"根据优先权数据，其将专利族分为六种：简单专利族、复杂专利族、扩展专利族、本国专利族、内部专利族和人工专利族。

1）简单专利族（Simple Patent Family）：专利族成员以共同的一个或共同的几个专利申请为优先权。

2）复杂专利族（Complex Patent Family）：每个专利族成员与该组中的每一个其他专利族成员具有至少一个共同优先权。

3）扩展专利族（Extended Patent Family）：每个专利族成员与该组中的至少一个其他专利族成员具有至少一个共同优先权。

在图 2-1 中，文献 D2 与 D3 构成一个简单专利族，文献 D1、D2 与 D3，文献 D2、D3 与 D4，文献 D4 与 D5 分别构成复杂专利族，文献 D1～D5 构成一个扩展专利族。

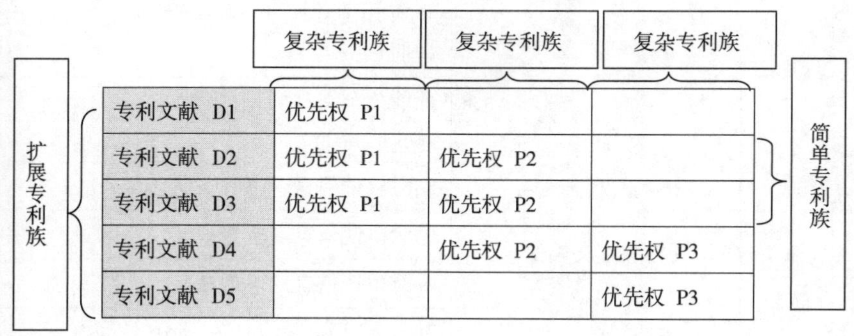

图 2-1 专利族定义

4）本国专利族（National Patent Family）：指在同一个专利族中，每个专利族成员均为同一国家的专利文献。这些专利文献属于同一原始申请的增补专利、继续申请、部分继续申请、分案申请等，但不包括同一专利申请在不同审批阶段公开的专利文献，例如母案申请与分案申请。

5）内部专利族（Domestic Patent Family）：由同一个专利机构在不同审批程序中对

同一原始申请公开的一组专利文献所构成的专利族。例如，同一专利文献的申请公开和授权公告文献，即属于内部专利族。

6）人工专利族（Artificial Patent Family）：也称智能专利族或非常规专利族，指内容基本相同，但并非以共同的一个或几个专利申请为优先权，而是根据专利文献的技术内容，人为地进行归类，组成的一组由不同国家公开的专利文献构成的专利族。人工专利族的专利族成员之间没有任何优先权联系，这种专利族的典型例子就是中国大陆和台湾地区的申请。由于 2011 年之前，中国大陆和台湾地区互不承认优先权，因此台湾地区的申请人首先在台湾递交专利申请 A，在该申请未公开前，再向中国大陆递交专利申请 B，虽然 B 不能享有 A 的优先权，但 A 和 B 的发明内容实质上是一样的，属于上述的非常规专利族，有时也称 B 为 A 的“准同族”。而这种同族由于没有优先权相关联，查找的难度较大。

虽然 WIPO 对“专利族”给出了相对全面的参考定义和标准，但是各个数据库制作方在实际应用中并不一定采用以上全部专利族类型。在专利分析中，不同的分析需求对同族数据的要求还不一样。因此，在了解不同专利族含义的基础上，还需要从数据库的角度来审视各专利数据库制作方所采用的“专利族”的标准，才能保证专利分析的可靠性。

（1）EPO 对专利族数据的处理

1）INPADOC 专利族（扩展专利族和人工专利族）

“专利族服务”（Patent Family Service，PFS）是 INPADOC 数据库的一项重要服务内容。INPADOC 的专利族主要分为两种：人工专利族和扩展专利族。由于早期的文献中包含大量等同专利，这些等同专利并没有通过优先权进行关联，因此 EPO 的检索小组通过发明人、申请人、发明主题等找到这些等同专利，并为其分配一个虚拟优先权号，作为一个专利族。当前，对申请人没有要求优先权的专利，也会以人工或智能的方式在 PCT 最低检索文献中建立其与相关文献的链接。根据扩展专利族定义，属于一个专利族的成员之间至少能通过一个优先权发生关联。

由于国内专利分析系统均采用 INPADOC 的专利族数据产品，无论这些数据库提供商声称其依赖于多个数据源还是采用了新的同族算法，大多数基于 INPADOC 的同族数据（但是德温特和 CAplus 除外）。目前，在 EPO 网站上以及印度专利局网站上均可免费使用 INPADOC 数据库进行查询。印度专利局购买了 INPADOC 数据库，其在结果的显示格式上与 EPO 网站有一定差别，而且更新速度会不及 EPO 官方网站。

2）Espacenet 专利族（简单专利族）

EPO 的 Espacenet 系统中专利族采用简单专利族定义，即同族专利的优先权完全相同。INPADOC 数据库并入 EPO 之后，也成为 Espacenet 系统采取的数据。在 Espacenet 系统中还可以点击【INPADOC patent family】查看 INPADOC 专利族，两种专利族检索结果不同，Espacenet 中的“also published as”的同族专利几乎是相同的文件，但 INPADOC 专利族，只是相关而已。

（2）德温特对专利族数据的处理

与其他专利族类似，德温特创建专利族主要依赖于优先权数据。德温特对同族专利的界定采取以下原则："1992 年第 16 周以前，如果 A 文献与已经记录在德温特系统中的 B 文献具有同样的最近优先权，A 文献被定为相同专利。1992 年第 16 周以后，所有的优先权必须准确地与专利族中的专利文献的所有优先权匹配，才将该件专利归到专利族。否则，有疑问的专利文献将设置为一个独立的数据库记录。"

当一个具有没有被数据库收录的唯一优先权的新的专利文献被公开时，德温特为其建立了一个"基本"记录，赋予其一个 DWPI 入藏号❶（参见表 2－3），并对其发明名称、摘要和关键词等技术内容进行重新撰写。此后，只有与该基本专利具有完全相同优先权的专利文献才能作为"等同专利"（也称为"协议等同"）加入此专利族中。因此，德温特专利族为简单专利族。

表 2－3　德温特入藏号信息字段

数据类型	包括字段内容
DWPI 入藏信息	DWPI 入藏号
	DWPI 入藏号－相关（用于交叉引用两条 DWPI 记录，用于扩展专利族）
	DWPI 更新

此外，DWPI 编辑人员还通过智能化手段检查新的公开专利文献，以识别"非协议等同"专利。这种专利与基本专利的申请人相同并且发明主题也相同，但由于是在原始申请之后的 12 个月之后申请，而不能享受优先权，不满足优先权完全匹配的条件。这种同族专利即属于"人工专利族"。

总之，德温特采用"一记录一发明"而非"一记录一专利"的原则来处理专利族。其专利族的标准主要依赖发明内容，在优先权完全一致时视为发明内容一致，然后将没有优先权数据但发明内容相同的专利，通过人工手段归为一条记录。相比 INPADOC 同族标准，德温特同族标准则更为严格，更利于专利技术标引和技术分析。有关 DWPI 同族与 INPADOC 同族的对比情况参见表 2－4。

表 2－4　DWPI 同族与 INPADOC 同族对比

	专利同族含义	特点
INPADOC	扩展专利族＋人工专利族（早期没有优先权号专利）	专利族范围很大，可能引入非等同技术专利
DWPI	简单同族＋人工专利族（没有优先权数据，但技术等同的专利）	同族标准更为严格，力求"一记录一发明"

❶ 同族专利文献通过 DWPI 入藏号来确定，DWPI 入藏号是分配给专利族第一个专利的唯一标识码，也是分配给该专利族的唯一标识码。

对于同族专利，DWPI 还提供同族专利的法律状态。最早优先权国家/地区和最早优先权年信息都是经 DWPI 编辑团队验证的。

2.3　相关人信息

相关人信息指与专利（申请）有关的各类人员信息，可用于对专利持有人、技术团队、区域专利情况以及机构代理情况进行分析。

2.3.1　相关人数据类型

相关人数据主要包括：申请人信息、发明人信息、专利权人信息、审查员信息和代理信息，用于提供人员或机构对应的名称和地址信息，具体字段如表 2－5 所示。

表 2－5　相关人信息数据

数据类型		包括字段内容	示例
相关人信息	申请人信息	申请人序号	—
		申请人类型（例如：IME）	—
		申请人名称	—
		申请人名称－英文翻译	—
		申请人地址－省（美国：州）	—
		申请人地址－省－英文翻译	—
		申请人地址－市	—
		申请人地址－市－英文翻译	—
		申请人地址－县	—
		申请人地址－县－英文翻译	—
		申请人地址－邮编	—
		申请人地址	—
		申请人地址－英文翻译	—
		申请人区域代码	—
		申请人所在国	—
		申请人登记号（例如：514057743）	—
	发明人信息	发明人序号	—
		发明人姓名	沈建国、Kamen、Kamen AND Ambrogi
		发明人姓名－英文翻译	Shen Jianguo
		发明人地址－城市	—
		发明人地址－州	—
		发明人地址－国	—
		发明人邮编	—

续表

数据类型		包括字段内容	示例
相关人信息	专利权人信息	原始专利权人类型	—
		原始专利权人名称	Sony、京东方科技集团股份有限公司、清华大学
		原始专利权人名称 - 英文翻译	—
		原始专利权人地址 - 省	—
		原始专利权人地址 - 省 - 英文翻译	—
		原始专利权人地址 - 市	—
		原始专利权人地址 - 市 - 英文翻译	—
		原始专利权人地址 - 县	—
		原始专利权人地址 - 县 - 英文翻译	—
		原始专利权人地址 - 邮编	—
		原始专利权人地址	—
		原始专利权人地址 - 英文翻译	—
		原始专利权人区域代码	—
		当前专利权人类型	—
		当前专利权人名称	—
		当前专利权人名称 - 英文翻译	—
		当前专利权人地址 - 省	—
		当前专利权人地址 - 省 - 英文翻译	—
		当前专利权人地址 - 市	—
		当前专利权人地址 - 市 - 英文翻译	—
		当前专利权人地址 - 县	—
		当前专利权人地址 - 县 - 英文翻译	—
		当前专利权人地址 - 邮编	—
		当前专利权人地址	—
		当前专利权人地址 - 英文翻译	—
		当前专利权人区域代码	—
		当前专利权人类型	—
		专利权人	02
		专利权人/申请人 - 标准化	XI NING
		专利权人/申请人 - DWPI	Campitello R
		专利权人代码（仅 DWPI）	FANU；SONY - N

续表

<table>
<tr><th colspan="2">数据类型</th><th>包括字段内容</th><th>示例</th></tr>
<tr><td rowspan="16">相关人信息</td><td rowspan="6">审查员信息</td><td>审查员职责</td><td>主审</td></tr>
<tr><td>审查员姓名</td><td>Stinson Frankie、张琪</td></tr>
<tr><td>审查员姓名－英文翻译</td><td>Zhang Qi</td></tr>
<tr><td>主审员部门</td><td>2435</td></tr>
<tr><td>助理审查员姓</td><td>—</td></tr>
<tr><td>助理审查员名</td><td>—</td></tr>
<tr><td rowspan="10">代理信息</td><td>代理机构编号</td><td>—</td></tr>
<tr><td>代理机构名称</td><td>—</td></tr>
<tr><td>代理机构名称－英文翻译</td><td>—</td></tr>
<tr><td>代理机构地址</td><td>—</td></tr>
<tr><td>代理人名称</td><td>—</td></tr>
<tr><td>代理人名称－英文翻译</td><td>—</td></tr>
<tr><td>代理人登记号</td><td>—</td></tr>
<tr><td>代理人地址</td><td>—</td></tr>
<tr><td>代理类型（机构或律师）</td><td>—</td></tr>
<tr><td>代理所在国</td><td>—</td></tr>
</table>

2.3.2　专利权人/申请人信息的处理

由于实际存在申请人/专利权人名称变更、机构合并与拆分、中英文不同、填写差异、子母公司关系等问题，同一集团/公司申请的专利可能会使用截然不同的名称。因此，在专利分析中一般需要对申请人/专利权人进行标准化处理，以保证专利分析数据的可靠性。在当前各数据源中，EPO 的 INPADOCDB 数据库和德温特的 DWPI 数据库对申请人/专利权人数据作了标准化处理，为解决全球专利文献同一专利权人/申请人的多种表达形式问题提供了基础。

EPO 的 INPADOCDB 数据库是由 EPO 的 DOCDB 与 INPADOC 数据库于 2007 年整合而成的。DOCDB 数据包括 90 多个国家或地区的著录项目数据，提供过档和现档数据。INPADOC 数据包括来自欧洲各国专利申请或指定欧洲的 PCT 专利申请等 40 多个专利局专利公报的法律事项。INPADOCDB 数据库是许多专利信息产品、EPO 专利法律状态和服务产品的支柱型数据源。

DWPI 数据库中的专利权人/申请人信息不仅包括原始记录名称，还包括由 EPO 经过标准化的“专利权人/申请人”名称，以及由 DWPI 编辑人员分配的标准化的“专利权人/申请人”名称。

另外，DWPI 数据库对全球 PCT 申请量超过 300 件的申请人建立了公司树，对申请量超过 500 件的申请人建立了德温特专利权人代码。目前，德温特已为全球约 22 300 家公司分别分配了一个 4 位字符的专利权人代码。检索这些代码可获取指定公司及其子公司及相关控股公司信息，有助于分析专利权分散的集团公司专利情况。

专利权人/申请人的标准化处理主要依据工商注册数据、企业官方公开资料（网页、财报等）、金融信息、商业机构数据以及加工机构自身的项目积累和专项调研。

2.3.3 专利地域标准化数据的处理

随着我国知识产权战略的深入实施，各级地方政府对专利信息的关注日益增强。我国专利原始信息中虽然已包含了申请人/专利权人地址信息，但标准化的地域信息仅包含省级和副省级城市的区域代码，其他地级市和县级市则无对应的标准化信息。因此，专利检索分析系统厂商们一般通过后续加工来进行专利地域标准化。加工的主要依据为申请人/专利权人地址字段中的地址和邮编信息，通过采集地址和邮编信息，与我国现行行政区划和邮编进行匹配和交叉验证来赋予专利以精准的地域信息。可以说，不同的加工时间、不同的加工规则都会导致不同厂商给出不同的地域标准化信息。

2.4 引证/施引信息

引证/施引信息指在专利文件中列出的与专利（申请）相关的其他文献，或者专利（申请）被在后专利申请引用的情况，可用于对专利或申请人的领先情况、重要程度或相互关系等进行分析。

2.4.1 引证/施引相关数据

引证/施引信息主要包括：专利引证信息、非专利引证信息、检索分类号和施引专利信息。对于引证/施引文献，系统会提供引用/施引文献的号码、名称、日期、出处和相关性等信息，具体字段如表 2-6 所示。

表 2-6 引证/施引信息数据

数据类型		包括字段内容	示例
引证/施引信息	专利引证信息	专利引用-公开国家	US、CN、EP
		专利引用-公开号码	US4995394
		专利引用-公开日期	2009.12.06
		专利引用-公开类型	A、B
		专利引用-申请人	—
		专利引用-申请人-英文翻译	—

续表

数据类型		包括字段内容	示例
引证/施引信息	专利引证信息	专利引用 - 相关段落	—
		专利引用 - 相关段落 - 英文翻译	—
		参考种类（或相关性种类）	X、Y、A
		涉及权利要求	—
		检索日期	2013. 05. 18
		IPC 分类版本	—
		IPC 部	—
		IPC 大类	—
		IPC 小类	—
		IPC 大组	—
		IPC 小组	—
		IPC 分类局	—
		IPC	—
		发明人	—
		引文 CPC 分类	—
		引用来源类别	审查员、申请人、第三方、其他 cited by examiner、cited by applicant
		引文国家分类 - 分类国家	—
		引文国家分类 - 主分类号	—
	非专利引证信息	文章标题（期刊）	—
		数字对象标识符（DOI）	10. 1128/JVI. 75. 17. 8016 - 8020. 2001
		作者（期刊）	Jones Donald
		期刊名称（期刊）	—
		出版日期（期刊）	2005. 08
		公开位置（期刊）	—
		参考种类（或相关性种类）（期刊）	X、Y、A
		涉及权利要求（期刊）	—

续表

数据类型		包括字段内容	示例
引证/施引信息	非专利引证信息	检索日期（期刊）	—
		期刊卷号/期号（期刊）	—
		书名（图书）	—
		文档标题（图书）	—
		作者（图书）	—
		出版日期（图书）	—
		公开位置（图书）	—
		参考种类（或相关性种类）（图书）	X、Y、A
		涉及权利要求（图书）	—
		检索日期（图书）	—
		其他引用：名称	—
		引用来源类别	—
	检索分类号	检索 US 分类号	—
		检索 CPC 分类号	—
		检索分类号	—
	施引专利信息	公开国家	—
		公开号码	—
		公开类型	—
		公开日期	—

2.4.2 引证/施引信息来源与处理

除各国提供的本国专利引文数据之外，全球多个国家/地区的专利引文数据主要从以下两个源头获得：EPO 的 INPADOCDB 数据库，以及 DPCI。其中，INPADOCDB 可提供引用专利的号码、国家、申请人、公开日等信息以及非专利信息，被国内大多数数据库广泛使用。

相较于 INPADOCDB，DPCI 提供的引文信息更为丰富，DPCI 数据库覆盖 22 个国家和地区的专利以及 PCT 专利，其主要特点如下。

人工纠错：对著录项目信息和专利/文献引文错误进行了人工更正，其中包含文内引用信息。

基于专利族的引用：引用信息的加工是在德温特同族专利级别进行的，基于专利族的专利引用，利用 DWPI 入藏号将同族关联起来，因此专利引用不仅是专利文献之间的引用，更是贴近技术的引用。

引证信息丰富：引证信息中包含了便于标准化的专利权人代码、引文专利的来源（审查员、申请人、第三方或其他）、相关性分类（X、Y）等信息，以方便区分引用相关性和引用质量。

重视施引信息：除了相关性分类和来源信息，施引信息中还包含了专利权人、发明人、DWPI入藏号等信息，为专利权人引文分析和家族引文分析奠定了基础。

含有统计信息：从引文数量、引用的DWPI入藏号数量（相当于专利族数量）、引用的专利授权机构数量三个角度对各类来源的引文进行统计，使引文分析可以从更多维度开展。这三个角度的统计还可以进一步按照不同来源（审查员、发明人、第三方、异议）作细分统计，为区分引用相关性和引用质量，以及建立基于引用的专利评价体系做好了准备。

表2-7显示了DPCI数据库中的所有字段。

表2-7 德温特引证/施引信息数据

数据类型	包括字段内容
引文信息	引用的专利-DPCI（在同族专利级别编译引用）
	……引用的专利国家/地区-DPCI
	……引用的专利文献类型识别代码-DPCI
	……引用的专利来源-DPCI
	……引用的专利相关性分类-DPCI
	……引用的专利公开日期-DPCI
	……引用的专利公开年-DPCI
	引用的专利权人-DPCI
	……相关性分类
	……来源
	引用的专利权人代码-DPCI
	……相关性分类
	……来源
	引用的专利发明人-DPCI
	……相关性分类
	……来源
	引用的专利入藏号-DPCI
	……相关性分类
	……来源
	引用的非专利-DPCI
	……相关性分类
	……来源同族专利引用的专利

续表

数据类型	包括字段内容
施引信息	施引专利 - DPCI
	……施引专利国家/地区 - DPCI
	……施引专利文献类型识别代码 - DPCI
	……施引专利公开日期 - DPCI
	……施引专利公开年 - DPCI
	……施引专利相关性分类 - DPCI
	……施引专利来源 - DPCI
	……施引专利更新 - DPCI
	施引专利权人 - DPCI
	……相关性分类
	……来源
	施引专利权人代码 - DPCI
	……相关性分类
	……来源
	施引专利发明人 - DPCI
	……相关性分类
	……来源
	施引专利入藏号 - DPCI
	……相关性分类
	……来源
统计信息	引用的专利计数 - DPCI
	……按第三方
	……按审查员
	……按发明人
	……异议
	引用的入藏号计数 - DPCI
	……按第三方
	……按审查员
	……按发明人
	……异议

续表

数据类型	包括字段内容
统计信息	引用的专利授予机构计数 - DPCI
	……按第三方
	……按审查员
	……按发明人
	……异议
	引用的非专利计数 - DPCI
	……按第三方
	……按审查员
	……按发明人
	……异议
	施引专利计数 - DPCI
	……按第三方
	……按审查员
	……按发明人
	……异议
	施引入藏号计数 - DPCI
	……按第三方
	……按审查员
	……按发明人
	……异议
	施引专利授予机构计数 - DPCI
	……按第三方
	……按审查员
	……按发明人
	……异议

2.5　技术信息

技术信息指反映和揭示专利（申请）技术内容的信息。技术信息提供专利文献的技术主题、发明的主要创新点、技术概要和技术详情，用于对专利技术情况进行分析。技术信息是专利技术的核心，然而表达技术内容的自然语言所固有的多样使得检索和统计较为困难。因此，技术分析是专利分析中最重要也是最难的内容。

2.5.1 技术信息相关数据

技术信息主要包括：分类信息、名称和摘要、权利要求书、说明书以及相关的附图和关键词信息，具体字段如表 2－8 所示。

表 2－8 技术信息数据

数据类型		包括字段内容	示例
技术信息	IPC 国际专利分类信息	部	A、B、C、H
		大类	H04
		小类	H04H
		大组	H04H 20
		小组	H04H 20/12
		分类版本	—
		分类局	—
	CPC 分类信息	主 CPC 分类版本	—
		CPC 分类部	—
		大类	—
		小类	—
		大组	—
		小组	—
		分类日期	—
		分类国家	—
		副 CPC 分类版本	—
		副 CPC 分类部	—
		大类	—
		小类	—
		大组	—
		小组	—
		分类日期	—
		分类国家	—
	ECLA 分类[1]	—	—

[1] 在 DWPI 数据库中，CPC 分类号自 2013 年 1 月开始在所有 EPO 产品中取代 ECLA。尽管不再向新文献分配 ECLA 代码，但历史 ECLA 数据仍将会显示在记录视图中，并且可进行检索。

续表

数据类型		包括字段内容	示例
技术信息	洛迦诺分类（仅限外观设计）	分类版本	—
		主分类号	—
	US 分类（无 CPC 分类的）	分类国家（例如：US）	—
		US 主分类号	—
		US 副分类号	—
	日本分类（日本文献）	国家主分类（FI）	H04L 12/56
		国家副分类（FI）	—
		国家分类的分类国家	—
		FT 主题码（Theme - Code）	4B047
		FT 分类号	4B047LB09
		设计分类	—
		D - Term	H7≥725AA
	韩国分类（外观）	分类局	—
		符号位置代码	F
		分类号	E2 - 119
	DWPI 分类	—	—
	名称	标题	—
		标题 - 英文翻译	—
		（美国）植物拉丁名称	—
		（美国）植物品种	—
	摘要	摘要	—
		摘要 - 英文翻译	—
	摘要附图	附图尺寸	—
		附图文件名	—
		附图格式	—
	标题、摘要关键词	标题关键词	—
		摘要关键词	—
		关键词出现次数	—
		关键词权重	—

续表

数据类型		包括字段内容	示例
技术信息	权利要求书信息	权利要求类型	产品、方法、产品和方法
		权利要求类型 - 英文翻译	—
		权利要求编号	—
		权利要求内容	—
		权利要求内容 - 英文翻译	—
		权利要求从属	从属于权利要求 1
		代表性权利要求（us - exemplary - claim）	1
		权利要求状态分类（Claim Status Category）	Currently amended、Non - elected、withdrawn
	说明书信息	技术领域	—
		技术领域 - 英文翻译	—
		背景技术	—
		背景技术 - 英文翻译	—
		发明内容	—
		发明内容 - 英文翻译	—
		附图说明	—
		附图说明 - 英文翻译	—
		具体实施方式	—
		具体实施方式 - 英文翻译	—
		段落编号	—
		相关申请的交叉引用	—
		引用列表	—
		发明概要 - 技术问题	—
		发明概要 - 技术解决方案	—
		发明概要 - 有益效果	—
		工业应用	—
		设计描述	—
		设计要点	—

续表

数据类型		包括字段内容	示例
技术信息	说明书附图信息	附图名称	图1
		附图尺寸（包括宽度、高度）	—
		附图格式	—
		附图文件名	—
	权利要求、说明书关键词	权利要求关键词	—
		主权利要求关键词	—
		说明书关键词	—
		关键词出现次数	—
		关键词权重	—
	授权更正	更正声明目的	—
		附图格式	—
		附图文件名	—
		附图高度	—
		附图宽度	—
		更正项目	—
		更正段落号	—
		更改值	—
		变更后值	—

2.5.2　技术信息的来源与处理

从技术信息所涉及的数据来看，专利文献的著录项目和专利说明书全文在不同程度上都揭示了技术信息。为了从技术角度提供更多的检索和分析维度，一些数据提供商基于人工理解和智能化技术对专利原始数据进行增值性加工，使得技术信息更加突出、准确和完整。

（1）著录项目

著录项目中分类号、发明名称和摘要（及摘要附图）是与技术相关的项目。除各国提供的本国专利著录项目数据之外，专利检索分析系统服务商批量获取全球专利著录项目数据的渠道主要有两个：EPO 的 INPADOCDB 和 DWPI。

在分类信息方面，各国家/地区专利局一般会提供 IPC/CPC 主分类和副分类号，美国专利商标局和日本特许厅还提供本国分类号信息。EPO 专利数据库除了提供 IPC 分类信息以外，还提供 ECLA 分类信息。2013 年 1 月起，EPO 产品中的 ECLA 分类号被

CPC 分类号取代。

与上述各数据源相比，德温特中 IPC/CPC 分类对发明信息分类和附加信息分类进行区分，使得分类信息更贴近专利技术。对 IPC 分类的错误或不一致进行专家审核后予以更正，形成 IPC - DWPI 字段，标识给 DWPI 同族使用；还有 DWPI CPC 分类将 CPC 分类标识给 DWPI 同族使用。另外，为使得分类信息与技术信息更加吻合，德温特还设计了自己的 DWPI 分类系统，对每件专利加入广泛、简单的 DWPI 分类和更详细、具体的 DWPI 手工代码。

在发明名称和摘要方面，各国家/地区专利局都采用专利文献中的原始名称与摘要内容。然而德温特则投入大量人力与精力对专利的名称和摘要进行人工改写，并从改写后的名称中提取标题词，从而更加全面、准确、突出地反映发明的技术内容实质。在摘要中细分出新颖性、详细描述、生物活性、生物学机制、用途、优势、技术要点等信息。另外，还提供英、法、德、西班牙四种语言翻译的专利名称、摘要。

INPADOCDB 的专利数据产品可以提供给商业的专利检索分析系统厂商。因此，当前大多数国内外的专利分析系统，特别是国内专利分析系统中的全球专利著录项目数据均来自 INPADOCDB 数据库。因此，其数据收录范围和字段类型均脱胎于 INPADOCDB 的专利数据。同时，在进行专利分析时，需注意 INPADOCDB 数据仅为著录项目数据，不包含专利全文，且由于不同国家专利法律状态代号不同，需核实系统是否进行了统一化处理。

当前，国内专利分析系统还未见使用德温特数据库，除德温特自身的 Derwent Innovation 系统之外，使用德温特数据库的主要联机系统都为国外系统，包括：Delphion、Dialog、DIMDI、Doubletwist、Questel - Orbit、STN、WESTLAW 等。

（2）全文

目前国内专利分析系统均未引入 DWPI，而 INPADOC 数据仅为著录项目数据，不包含专利全文，因此，大多数的专利全文数据需要从各专利局或商业数据机构获得。从系统数据的全面性和经济性考虑，一般均以九国（中、美、英、日、德、法、瑞士、俄、韩）两组织（WIPO、EPO）为专利全文数据的收录最低标准。表 2 - 9 是中国专利检索及分析系统（http：//www. pss - system. gov. cn/）中收录的“九国两组织”专利全文数据，截至 2017 年 9 月 31 日。

表 2 - 9　九国两组织各专利数据时间范围

国家/地区	数据范围	国家/地区	数据范围	说明
CN	19850910 至今	US	17900731 至今	1976 年前为图像扫描数据；2001 年开始有申请公开数据
JP	19130206 至今	KR	19731023 至今	
GB	17820704 至今	FR	18550227 至今	
DE	18770702 至今	RU	19921015 至今	
CH	18880109 至今	EP	19781220 至今	
WO	19781019 至今	其他	18270314 至今	

德温特对专利全文信息进行了适度加工，主要表现在对专利的首权利要求都进行了人工改写，提供权利要求的英、法、德、西班牙四种语言翻译文本。表 2 – 10 列出了德温特技术信息数据的具体字段。

表 2 – 10　德温特技术信息数据

数据类型		包括字段内容
技术信息	IPC 国际专利分类信息	IPC – 全部
		……IPC – 现版
		……IPC – 现版 – 版本号
		……IPC – 现版 – 完整
		……IPC – 现版 – 完整 – 发明
		……IPC – 现版 – 完整 – 附加信息
		……IPC – 现版 – 主 – 组
		……IPC – 现版 – 主组 – 发明
		……IPC – 现版 – 主组 – 附加信息
		……IPC – 原始
		……IPC 7 – 原始 – 主
		……IPC – 原始 – 低级版/主组
		……IPC – 原始 – 低级版/主组 – 发明
		……IPC – 原始 – 低级版/主组 – 附加信息
		……IPC – 原始 – 高级版/完整
		……IPC – 原始 – 高级版/完整 – 发明
		……IPC – 原始 – 高级版/完整 – 附加信息
		……IPC – 原始 – 版本号
	CPC 联合专利分类	CPC – 全部
		……CPC – 现版（如果没有再分类，“CPC – 现版”和“CPC – 原始”则为同一分类）
		……CPC – 现版 – 发明（等同于 ECLA 细分类）
		……CPC – 现版 – 附加信息（等同于 ECLA ICO 代码）
		……CPC – 现版 – 主要（专利列出的首个 CPC 代码）
		……CPC – 现版 – 版本号
		……CPC – 现版 – 专利局
		……CPC – 原始
		……CPC – 原始 – 发明
		……CPC – 原始 – 附加信息
		CPC – 现版 – 组合代码（一组代码，全面描述发明和/或该发明的过程）
		CPC – 原始 – 组合代码

续表

数据类型		包括字段内容
技术信息	ECLA 和 ICO	ECLA（确保每个同族专利中至少有一名成员具有 ECLA 分类）
		ICO
	美国分类	美国分类
		……美国分类－现版
		……美国分类－现版－主类
		……美国分类－原始
		……美国分类－原始主类
	日本分类	FI 分类号/日本 FI 分类号（和方面分类号）
		F－Term/日本 F－Term
	DWPI 分类	DWPI 分类
		DWPI 手工代码
		IPC－DWPI（更正所有错误或不一致并进行专家审核后分配给记录的 IPC 符号。“IPC－DWPI” 始终反映“IPC－现版”，并且始终在发明（同族专利）级别提供）
		DWPI CPC（是分配给 DWPI 同族专利的其他成员）
		DWPI CPI 深层索引：包括 DWPI 化学索引系统和 DWPI 聚合物索引系统，这两个仅用于显示
	洛迦诺分类	洛迦诺分类（分配给 1997 年 5 月 6 日以后授予的美国外观设计专利）
	名称	……标题－原文
		……标题－原文（英语）
		……标题－原文（法语）
		……标题－原文（德语）
		……标题－原文（西班牙语）
		……标题－DWPI（由 DWPI 专家编写，以突出发明的内容和新颖性）
	摘要	摘要
		……摘要－原文
		……摘要－原文（英语）

续表

数据类型		包括字段内容
技术信息	摘要	……摘要－原文（法语）
		……摘要－原文（德语）
		……摘要－原文（西班牙语）
		……摘要－DWPI（由 DWPI 编辑团队编写的增值摘要）
		……摘要－新颖性－DWPI
		……摘要－详细描述－DWPI
		……摘要－生物活性－DWPI
		……摘要－生物学机制－DWPI
		……摘要－用途－DWPI
		……摘要－优势－DWPI
		……摘要－技术要点－DWPI
		……摘要－附图说明－DWPI
	关键词	标题词－DWPI
	权利要求	权利要求
		…权利要求（英语）
		…权利要求（法语）
		…权利要求（德语）
		…权利要求（西班牙语）
		…第一项（权利要求）－DWPI
	说明书	描述
		…技术领域
		…背景技术
		…问题
		…解决方案
		…效果
		…模式（申请人计划的发明实施方式）
		…示例/实施例
		…附图说明

2.6 法律状态信息

法律状态信息指专利（申请）当前所处的状态以及与其历史法律状态相关的信息。法律状态信息的分析可用于技术研发、技术引进或转让、产品上市或出口、侵权诉讼，以及专利资产评估等。

2.6.1 法律状态相关数据

法律状态数据主要提供专利有效性信息和专利权流转/使用信息。专利有效性信息主要包括授权、无效、驳回、视撤等状态，以及造成以上状态的事件和时间信息，主要用于判断专利的有效性。专利权流转/使用信息主要包括专利申请权、专利权的转移，专利权质押合同登记的生效、变更及注销，专利实施许可合同备案的生效、变更及注销，以及以上事件的当事双方、时间和相关信息，可用作专利的市场评价指标等分析。具体字段如表 2－11 所示。

表 2－11 法律状态信息数据

<table>
<tr><th colspan="2">数据类型</th><th>包括字段内容</th><th>示例</th></tr>
<tr><td rowspan="8">法律状态信息</td><td rowspan="3">当前法律状态</td><td>当前专利权状态</td><td>公开、授权、专利权的终止、无效、驳回、视撤</td></tr>
<tr><td>当前专利权状态－英文翻译</td><td>—</td></tr>
<tr><td>法定失效日</td><td>—</td></tr>
<tr><td rowspan="5">法律状态</td><td>法律状态描述</td><td>专利申请权、专利权的转移，授权，实质审查的生效，公开，专利权的终止，专利权质押合同登记的生效、变更及注销，专利实施许可合同备案的生效、变更及注销</td></tr>
<tr><td>法律状态描述－英文翻译</td><td>—</td></tr>
<tr><td>法律状态公告日</td><td>—</td></tr>
<tr><td>法律状态代码（根据最新的法律状态字典加工）</td><td>—</td></tr>
</table>

续表

数据类型		包括字段内容	示例
法律状态信息	法律状态详细信息	法律状态详细信息	专利权的转移、公开、实质审查的生效、授权、未缴年费专利权终止、专利权质押合同登记的生效、专利实施许可合同备案的生效等
		法律状态详细信息－英文翻译	—
	法律状态详细信息分项展示－实质审查的生效	IPC（主分类）	—
		申请日	—
	法律状态详细信息分项展示－专利权的转移	IPC（主分类）	—
		登记生效日	—
		变更事项	专利权人、地址（地址精确到县，包括邮编）
		变更事项－英文翻译	—
		变更前权利人信息	—
		变更前权利人信息－英文翻译	—
		变更后权利人信息	—
		变更后权利人信息－英文翻译	—
		联系人姓名	—
		联系人地址	—
		转让类型	ASSIGNMENT OF ASSIGNORS INTEREST（SEE DOCUMENT FOR DETAILS）、CHANGE OF NAME（SEE DOCUMENT FOR DETAILS）

续表

数据类型		包括字段内容	示例
法律状态信息	法律状态详细信息分项展示－未缴年费专利权终止	IPC（主分类）	—
		申请日	—
		授权公告日	—
		终止日期	—
		事件发生日	—
		事件类型	—
	法律状态详细信息分项展示－专利权质押合同登记的生效	IPC（主分类）	—
		登记号	—
		登记生效日	—
		出质人	—
		出质人－英文翻译	—
		质权人	—
		质权人－英文翻译	—
		发明名称（或实用新型名称）	—
		发明名称（或实用新型名称）－英文翻译	—
		申请日	—
		授权公告日	—
	法律状态详细信息分项展示－专利实施许可合同备案的生效	IPC（主分类）	—
		合同备案号	—
		让与人	—
		让与人－英文翻译	—
		受让人	—
		受让人－英文翻译	—
		实用新型名称（或发明名称）	—
		实用新型名称（或发明名称）－英文翻译	—
		申请日	—
		授权公告日	—
		许可种类	—
		许可种类－英文翻译	—
		备案日期	—

续表

数据类型		包括字段内容	示例
法律状态信息	当前法律状态影响	当前法律状态影响	01 表示不影响，10 表示授权影响，20 表示权利终止影响
	记录信息	最后更新日	—
		卷号	43265
		帧号	179
		purge - indicator	N
		记录日期	—
		文档页数	—

2.6.2 法律状态信息来源与处理

Derwent Innovation 对重要专利的当前法律状态和转让、许可、诉讼、异议信息均有较好的支持，特别是对美国专利的维持状态（ST/）、美国专利颁发后状态（USPI/）、美国专利转让（AS/）和美国政府投资研发（GOV/）信息设置了丰富的检索字段。在加工方面，Derwent Innovation 的 INPADOC 法律状态（LS/）可以查看同族专利中所有记录的法律状态，但是，其中缺少质押信息。

2.7 无效宣告/复审信息

无效宣告/复审信息指专利（申请）关于无效宣告或复审程序的相关信息，主要用于判断专利的权利稳定性和重要程度。

无效宣告/复审信息主要包括：号码、日期、相关人、涉及法条、审查人以及审查决定，具体字段如表 2-12 所示。

表 2-12 无效宣告/复审信息数据

数据类型		包括字段内容	示例
无效宣告/复审信息	无效宣告基本信息	上诉决定 ID	W19219_2012
		上诉类型	无效
		决定类型	肯定
		决定号码	19219
		决定日期	2010. 12. 17

续表

<table>
<tr><th colspan="2">数据类型</th><th>包括字段内容</th><th>示例</th></tr>
<tr><td rowspan="26">无效宣告/
复审信息</td><td rowspan="2">无效宣告审查决定
相关人信息</td><td>无效请求人</td><td>三星、陈海云</td></tr>
<tr><td>无效请求人类型</td><td>—</td></tr>
<tr><td rowspan="5">无效宣告审查决定的摘要</td><td>相关法律</td><td>《专利法》第 26 条
第 3 款</td></tr>
<tr><td>相关法律名称</td><td>《专利法》</td></tr>
<tr><td>相关法律条目</td><td>26</td></tr>
<tr><td>相关法律款目</td><td>3</td></tr>
<tr><td>决定要点</td><td>—</td></tr>
<tr><td rowspan="2">无效宣告审查人</td><td>审查员职责</td><td>主审员、合议组组长、
参审员</td></tr>
<tr><td>审查员姓名</td><td>—</td></tr>
<tr><td rowspan="3">无效宣告审查决定的正文</td><td>案由</td><td>包括被无效宣告专利申请号、名称、涉及法条、证据、请求人理由、专利权人理由</td></tr>
<tr><td>决定的理由</td><td>—</td></tr>
<tr><td>决定</td><td>—</td></tr>
<tr><td rowspan="5">复审基本信息</td><td>上诉决定 ID</td><td>F45150_2012</td></tr>
<tr><td>上诉类型</td><td>复审</td></tr>
<tr><td>决定类型</td><td>否决</td></tr>
<tr><td>决定号码</td><td>45150</td></tr>
<tr><td>决定日期</td><td>—</td></tr>
<tr><td rowspan="2">复审审查决定相关人信息</td><td>复审请求人</td><td>—</td></tr>
<tr><td>复审请求人类型</td><td>—</td></tr>
<tr><td rowspan="5">复审审查决定的摘要</td><td>相关法律</td><td>《专利法》第 26 条
第 3 款</td></tr>
<tr><td>相关法律名称</td><td>《专利法》</td></tr>
<tr><td>相关法律条目</td><td>26</td></tr>
<tr><td>相关法律款目</td><td>3</td></tr>
<tr><td>决定要点</td><td>—</td></tr>
</table>

续表

数据类型		包括字段内容	示例
无效宣告/复审信息	复审审查人	审查员职责	主审员、合议组组长、参审员
		审查员姓名	—
	复审审查决定的正文	案由	—
		决定的理由	—
		决定	—

2.8　诉讼信息

本书所称的诉讼信息是指专利（申请）所涉及的诉讼阶段的信息，主要包括专利侵权诉讼以及专利申请人或第三方不满各国家/地区专利局的审查决定（一般是复审）而针对各国家/地区专利局向法院提起的诉讼，主要用于判断专利的权利稳定性和重要程度。

2.8.1　诉讼信息相关数据

诉讼信息主要包括：判决法院信息、日期、相关人、法官以及判决意见等，具体字段列表如表 2 – 13 所示。

表 2 – 13　诉讼信息数据

数据类型		包括字段内容	示例
诉讼信息	判决基本信息	判决文书 ID	W18976_2012F_3639
		判决类型	一审
		决定类型	Reaffirm
		ReasonType	Substance
		法庭	北京市第一中级人民法院
		地区	北京
		判决部门	行政厅
		决定号	18976

续表

数据类型		包括字段内容	示例
诉讼信息	司法判决的所有判决号信息	判决文件号	（2012）一中知行初字第3639号
		年份	2012
		判决文件号	3639
		判决部门	—
		判决邮寄日	—
		最后修正时间	—
		发明人数量	—
		FK _ DT _ DOCUMENT _ TYPE_NM	DECISION
		FK _ DT _ BUSINESS _ SHORT_NM	BPAI
	判决相关人	原告姓名	—
		原告地址	—
		原告性别	—
		原告生日	—
		原告国家	—
		原告省份	—
		原告代理人姓名	—
		原告代理机构名称	—
		原告代理人类型	Person/Organization
		原告代理人职务	—
		被告名称	—
		被告类别	Organization
		被告地址	—
		被告法人代表姓名	—
		被告法人代表职务	—
		被告法人代表国家	—
		被告法人代表省份	—
		被告代理人姓名	—
		被告代理机构名称	—

续表

数据类型		包括字段内容	示例
诉讼信息	判决相关人	被告代理人类型	Person/Organization
		第三人名称	—
		第三人类别	Organization
		第三人地址	—
		被第三人国家	—
		第三人省份	—
		第三人居住国	—
		第三人法定代表人姓名	—
		第三人法定代表人类别	—
		第三人法定代表人职务	—
		第三人代理人姓名	—
		第三人代理机构名称	—
		第三人代理人类型	Person/Organization
		第三人代理人职务	—
	审判员、书记员信息	法官姓名	—
		法官职责	主审员、副审员、助理
		书记官	—
	判决的正文、判决日期	案由	包括原告意见、被告意见、第三方意见
		事实认定	包括原涉案专利号码、原证据信息
		判决意见	—
		判决时间	—

2.8.2 专利诉讼信息来源

专利诉讼数据是专利价值分析、竞争对手分析、行业热点分析等分析情景中的重要信息，是专利分析的重要内容。但专利诉讼的数据并非直接来自各专利局，大多数是由各国法院系统提供。中国的判决书数据由知识产权出版社有限责任公司收集并整合在其专利信息服务平台中，而 Derwent Innovation 中收录了美国专利诉讼诉讼信息。该信息是由 Westlaw 公司提供源自美国联邦地区法院的电子申请，并经编制得到的信息，在 Derwent Innovation 中每周更新一次。

专利诉讼信息在使用过程中的主要问题在于法院提供的专利诉讼数据可能不包含对应的专利号码等专利识别信息。例如，中国专利诉讼基本可分为两类，一类是申请人因对专利复审结果不满而诉国家知识产权局专利复审委员会，另一类是申请人与其他市场主体之间的专利侵权诉讼。前一类诉讼中一般包含明确的专利号码等专利识别信息，可与专利一一对应；而后一类诉讼中大多数不公开专利号码等专利识别信息，难与专利一一对应。因此，在进行专利诉讼分析时，需注意系统中的专利是否与其诉讼数据进行了一一对应。

2.9 统计/索引信息

统计/索引信息主要包括以上 8 类数据的统计信息和索引信息，其中统计信息一般作为部分指标用于专利各方面的评价，索引信息一般用于不同页面区域的显示，具体字段列表如表 2－14 所示。

表 2－14 统计/索引信息数据

数据类型		包括字段内容
统计/索引信息	统计信息	总页数
		扉页（著录项目）页数
		权利要求页数
		权利要求数量
		独立权利要求数量
		从属权利要求数量
		说明书页数
		说明书附图页数
		附图数量
		发明人数量
		引用的专利数量
		引用的专利授予机构数量
		引用的入藏号数量
		引用的非专利数量
		施引专利数量
		施引专利授予机构数量
		施引入藏号数量
		复审次数
		无效宣告次数
		判决次数
		转移次数
		许可次数
		质押次数

续表

数据类型		包括字段内容
统计/索引信息	索引信息	扉页（著录项目）起始及终止页
		摘要开始页
		摘要结束页
		权利要求起始及终止页
		说明书起始及终止页
		说明书附图起始及终止页
		复审信息开始页
		复审信息结束页
		更正信息开始页
		更正信息结束页
		文件路径
		文件名称
		文件格式

目前提供统计信息的有中国专利数据、美国专利数据以及德温特数据。

由以上信息可见，国家/地区专利局和 DWPI 提供的统计信息集中在技术信息和法律信息，而对相关案件、相关人统计较少，但各系统可根据序号等数据自行统计。

2.10　总结

目前，国内外专利分析工具种类众多，特点各异，因此挑选合适的分析工具对后续分析研究起着至关重要的作用。在分析目标与内容确定后，分析工具中专利数据的质量将是影响工具选择的重要因素之一。数据质量可以从数据涵盖地区范围与时间范围的完整性、数据类型的多样性、数据格式的规范性、数据内容加工的深入性等多个维度综合评估。本章根据数据内容将专利信息划分为 9 类，分别介绍了各类数据的主要数据字段、数据来源以及不同检索分析工具对数据加工处理的方式。

第3章 数据清洗

一个完整的数据分析系统必然包括数据清洗（Data Cleaning）。它以发现任务作为目标，以领域知识作为指导，用全新的“业务模型”来组织原来的业务数据，摈弃一些与分析目标不相关的属性，为数据分析内核算法提供干净、准确、更有针对的数据，从而减少分析内核的数据处理量，提高分析效率及分析精度。数据清洗是数据分析前的数据准备工作，一方面保证分析数据的正确性和有效性，另一方面通过对数据格式和内容的调整，使数据更符合分析的需要。目的在于把一些与数据分析无关的项清除掉，从而给分析算法提供更高质量的数据。

3.1 数据清洗方法及实现

任何一个应用系统都不能保证数据的洁净。这严重地影响了数据分析结果的质量。数据存储的格式包括了 TXT、xml、csv、json 等，甚至 bib 格式，而专利分析通常使用的格式是 csv 或 xls 格式。因此，如果获取的是其他格式的专利数据，首先需要进行格式转换。其次是对既有字段进行格式处理，并提取出新的可分析字段，例如从公开号 US0000001 中提取公开国别信息“US”，从申请号中提取出申请年份等。最后是对申请人或发明人进行合并处理。众所周知，由于拼写不一致，或存在母子公司等，专利数据常常存在专利申请人实质上一样但拼写不一样的情况，因此在专利分析前需要进行归一化，以准确、全面地对专利申请人进行分析。此外，有时候还需要对专利进行特殊分析而对专利数据进行进一步加工，例如网络分析等。可见，专利数据清洗质量的高低直接决定了后续专利分析的准确性。

目前有各种数据预处理技术，如数据清洗、数据集成和数据抽取等。数据清洗可以去掉数据中的噪音，纠正不一致的情况。数据集成将数据由多个源合并成一致的数据存储，如数据仓库等。数据抽取主要实现空值处理、数据规范化、数据拆分、数据验证和数据替换。

数据清洗是对数据进行重新审查和校验的过程，目的在于删除重复信息，纠正存在的错误，并提供数据一致性。

数据清洗就是把“脏”的数据“洗掉”，指发现并纠正数据文件中可识别错误的最后一道程序，包括检查数据一致性、处理无效值和缺失值等。因为数据库中的数据是面向某一主题的数据集合，这些数据是从多个系统中抽取而来，而且包含历史数据，因此就避免不了有的数据是错误数据，有的数据相互之间有冲突，这些错误被称为“脏数据”。检索人员要按照一定的规则把“脏数据”“洗掉”，这就是数据清洗。而数据清洗的任务是过滤那些不符合要求的数据，具体包括不完整的数据、错误的数据、重复的数据三大类。

3.2 数据清洗流程

（1）定义和确定错误的类型

1）数据分析

数据分析是数据清洗的前提与基础。通过详尽的数据分析来检测数据中的错误或不一致情况，除了手动检查数据或者数据样本之外，还可以使用分析程序来获得关于数据属性的元数据，从而发现数据集中存在的质量问题。

2）定义清洗转换规则

根据数据分析得到的结果来定义清洗转换规则与工作流。根据数据源的个数，数据源中不一致数据和“脏数据”的多少，决定是否需要执行大量的数据转换和清洗步骤。要尽可能地为模式相关的数据清洗和转换指定一种查询和匹配语言，从而使转换代码的自动生成变成可能。

（2）寻找并识别错误

1）自动检测属性错误

检测数据集中的属性错误，需要花费大量的人力、物力和时间，而且这个过程本身很容易出错，所以需要利用高效率的方法自动检测数据集中的属性错误，方法主要有：基于统计的方法、聚类方法、关联规则的方法。

2）检测重复记录的算法

消除重复记录可以针对两个数据集或者一个合并后的数据集，需要检测出标识同一个现实实体的重复记录，即匹配过程。

（3）纠正所发现的错误

在数据源上执行预先定义好并且已经得到验证的清洗转换规则和工作流。当直接在源数据上进行清洗时，需要备份源数据，以防需要撤销上一次或几次的清洗操作。在清洗时根据“脏数据”存在形式的不同，执行一系列的转换步骤来解决模式层和实例层的数据质量问题。为处理单数据源问题并且为其与其他数据源的合并做好准备，一般对各个数据源分别进行几种类型的转换。

1）从自由格式的属性字段中抽取值（属性分离）

自由格式的属性一般包含很多的信息，而这些信息有时候需要细化成多种属性，从而进一步支持后面重复记录的清洗。

2）确认和改正

这一步骤处理输入和拼写错误，并尽可能地使其自动化。基于字典查询的拼写检查对于发现拼写错误是很有用的。

3）标准化

为了使记录实例匹配和合并变得更方便，应该把属性值转换成一个一致和统一的格式。

（4）干净数据回流

当数据被清洗后，干净的数据应该替换数据源中原来的“脏数据”。这样可以提高原系统的数据质量，还可避免将来再次抽取数据后重复的清洗工作。

3.3 清洗示例

提起数据清洗工具，首先想到的可能是 Excel，确实在 Excel 中可以完成大部分的数据清洗任务，尤其是在 VBA 的协助下，会让 Excel 如虎添翼。但是 Excel 可不是开源软件，虽然用户一般以开源软件的方式使用它。由于 Excel 普及性太大，很多人误认为 Excel 就等于数据处理，而忽略了很多其他的数据处理工具。

本小节使用的是一个开源而且功能强大的数据清洗工具——OpenRefine。OpenRefine 是通过在浏览器端进行运行的工具，提供了很多涉及数据清洗的针对性功能菜单，例如大小写转换、去除头尾空格等。除此之外，OpenRefine 在进行数据清洗时具有很高的自定义程度，提供了 General Refine expression language（GREL）的语法，可以将数据清洗的规则变成简单的代码重复利用。此外，具有一定编程基础的用户还能够使用 python 的语法对数据列进行处理。OpenRefine 更具吸引力的功能还在于对数据列进行归类和聚类的功能以解决专利数据中申请人归并的问题，在聚类中还提供了多种聚类算法（例如指纹分类算法）。

本小节使用样例，对数据清洗过程进行说明。首先，定义错误类型；具体包括：①不完整的数据；②错误的数据；③重复的数据；其次，寻找识别错误。

如图 3－1 所示，通过使用 OpenRefine 的排序功能，可以对错误值和空值指定排序。比如，错误值可以排在最前面（这样容易发现问题），空值排在最后（因为空值一般没有意义），而有效值居中。

如图 3－2 所示，再对申请号属性进行透视，检测重复数据。很容易看出，不完整数据 1 项。在输入源中，申请日各种格式都有，此工具会把全角字符（如数字、字母、标点符号等）自动转换为半角字符，自动去除数据前后的不可见字符，自动按标准格式处理日期错误数据，从而预处理好数据。最后，确定错误后，进行纠正。

如图 3－3 所示，第三个数据为不完整数据，申请日为空。通过检索后，对此数据进行补齐。

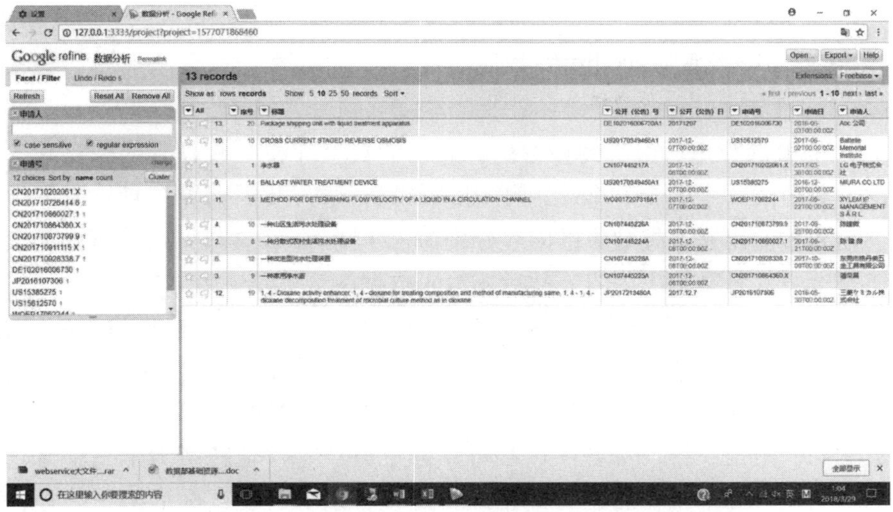

图 3－1　使用 OpenRefine 排序功能寻找识别错误示例

图 3－2　申请号属性透视图

图 3－3　OpenRefine 中申请日为空的情形

3.4 清洗常见问题及处理方法

（1）不完整的数据：由于种种原因，获得的数据存在一些异常的信息缺失，如中国专利的专利引用、中国专利非专利引用、专利申请人及类别等信息缺失。对于这一类数据，需要过滤出来，按缺失的内容分别写入不同 Excel 文件，通过再次检索或者更换检索工具等方式补全缺失内容，然后才写入数据库。

（2）错误的数据：这一类错误是因业务系统不够健全，在接收输入后没有检测，就直接写入后台数据库造成的，比如数值数据输成全角数字字符、字符串数据后面有一个回车操作、日期格式不正确、日期越界等。这一类数据可用数据处理工具进行自动处理。例如，全角字符（如数字、字母、标点符号等）全转换为半角字符，自动去除数据前后的不可见字符。若是日期格式不正确，系统自动按标准格式处理；若是日期越界，系统挑出来，通过再次检索或者更换检索工具等方式补全缺失内容。

（3）重复的数据：重复的数据主要有两种，一是专利重复，可根据申请号去重；二是专利族重复，可根据优先权去重，一般优先保留中文专利，其次是英文专利，然后是德文、法文专利及其他语言专利；特别是维表中会出现这种情况，具体方法是将重复数据记录的所有字段导出来，让客户确认并整理。

（4）不规范数据：如申请人为公司，可能有子公司、母公司的情况，外国专利译成中文，公司名称翻译很可能不统一，因此，在进行申请人分析时，就会遗漏大量专利数据。这种数据处理较麻烦，需要建立规范的公司库或专利权人库，然后才可以让用户选择是否合并公司或专利权人。

第 4 章　数据记录处理

4.1　数据的拼接

4.1.1　数据拼接的意义

专利数据字段是专利分析中常用的统计分析入口。常见专利检索数据库中标引的数据字段均会给出常用标准字段，如申请人、申请日、发明人、发明名称、摘要等。导出的专利数据中通常包含了上述标准字段，但对于专利分析通常会关注的一些信息，常见专利数据库中并不存在对应的数据字段，例如法律状态、被引证频次、申请人类型、申请人国籍等。这些字段在不同目的的专利分析中均发挥着一定作用，如法律状态对专利预警分析很重要，被引证频次是专利文献重要性的考量参数之一，申请人类型对该领域发展状态具有一定参考价值，申请人国籍能够帮助了解专利技术来源等。

因此，为了从更多维度对所获取的专利数据进行分析统计，以获取相应的有价值信息，需要将上述常见专利数据库中缺失的数据字段拼接到所获取的专利数据中。

4.1.2　数据拼接的实现

本小节以法律状态、被引证频次、申请人类型 3 个数据字段为例，介绍如何将这些数据字段拼接到所获取的专利数据中。

（1）法律状态的获取与拼接

据笔者了解，目前常用的专利检索平台如国家知识产权局官网检索平台、CNIPR、Soopat、专利之星、佰腾专利检索、incoPat 等均能提供专利的法律状态数据。其中对于在中国的专利申请的法律状态数据比较全面，大部分可以实现自动导出相应的法律状态字段，但对于在中国之外的其他国家或地区专利申请的法律状态几乎均没有明确的法律状态字段。以下简单介绍如何获取其他国家或地区的专利申请的法律状态。

专利法律状态的检索可在各个国家或地区专利局的网站上进行查询，具体如下。

1）Globaldossier 专利法律状态检索系统

Globaldossier 是由五大知识产权局即美国专利商标局（USPTO）、欧洲专利局（EPO）、中国国家知识产权局（SIPO）、日本专利局（JPO）和韩国知识产权局（KIPO）合作推出的一项合作成果，其提供以上 5 国或地区的专利申请的专利档案查询，通过查询相应专利申请的档案，即可检索到其法律状态。该网站的网址为 https：//globaldossier. uspto. gov/#/，登录界面如图 4 – 1 所示。

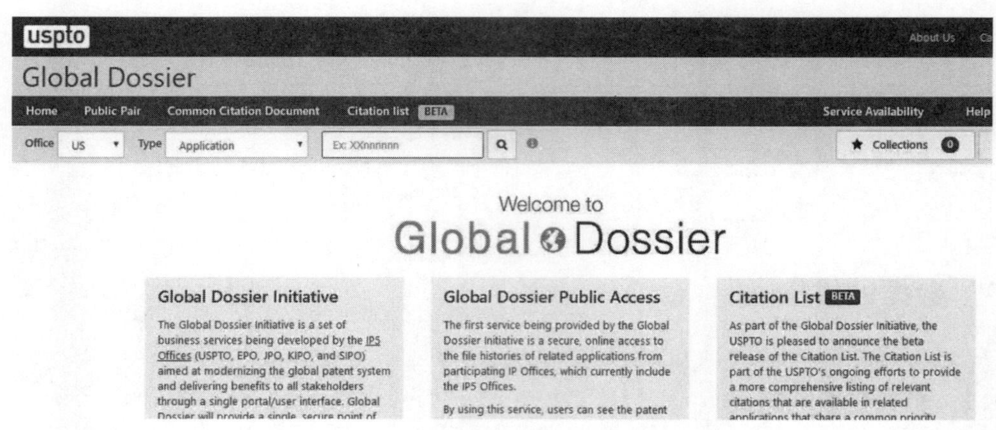

图4－1 Globaldossier 的登录界面

在该界面下，输入对应的专利申请号或公开号，即可检索到相应专利申请的专利档案，进而查询到相应的法律状态。

2）欧洲专利法律状态检索系统

Espacenet 网站提供包含全部欧洲专利及 PCT 专利申请的法律状态及其更新数据。该网站的网址为：https：//worldwide. espacenet. com/，登录界面如图 4－2 所示。

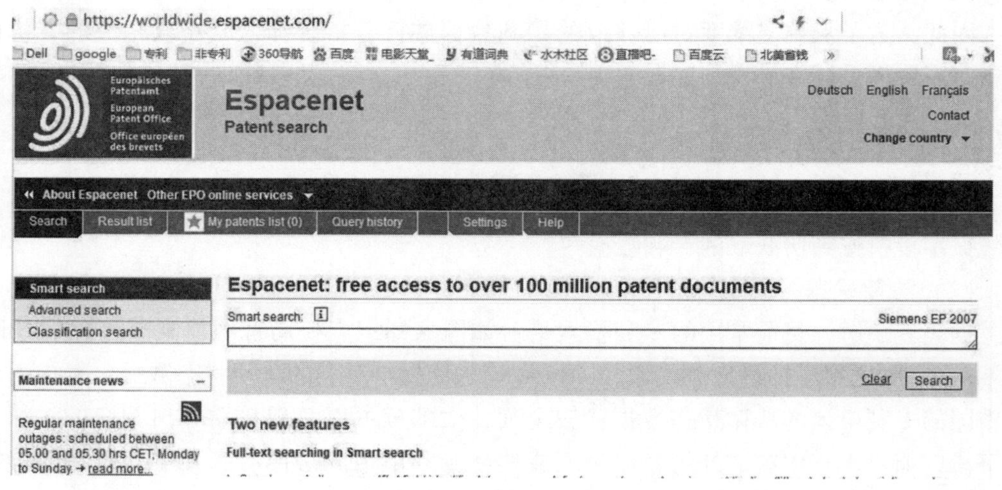

图4－2 Espacenet 的登录界面

在该界面下，输入欧洲或 PCT 专利申请号或公开号，即可检索到相应专利申请的专利档案，进而查询到相应的法律状态。

3）日本专利法律状态检索系统

通过日本特许厅官网可以进行日本专利的法律状态查询，但日本特许厅官网的英文界面不支持专利申请法律状态的检索，而日文界面是可以进行专利申请法律状态检索，具体网址为 https：//www. j－platpat. inpit. go. jp/web/all/top/BTmTopPage。进入该网址后，其界面如图 4－3 所示。

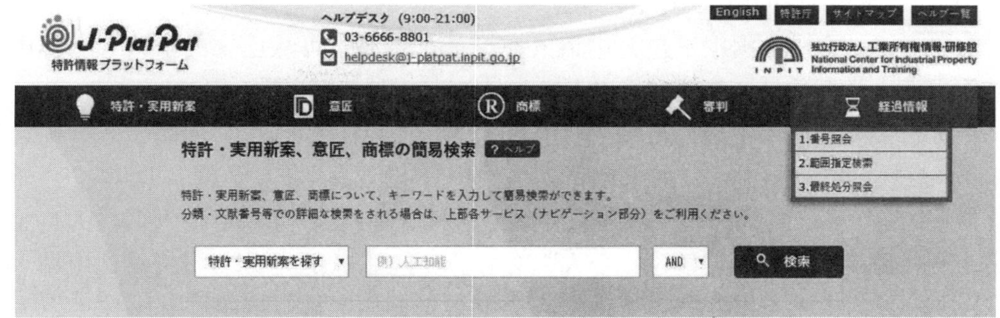

图 4－3　日本特许厅日文官网法律状态查询界面

选择【番号照会】或【最終処分照会】，可通过专利申请号、公开号等进行发明、实用新型和外观专利法律状态的检索；选择【範囲指定検索】，则可以进行制定范围的专利的法律状态的检索。

由于上述途径均不支持对大批量专利申请的法律状态进行检索，因而只能获取单件专利法律状态，然后通过手动输入，拼接到原始专利数据中。

（2）被引证频次的获取与拼接

德温特世界专利索引（Derwent World Patents Index ®，DWPISM）是汤森路透知识产权与科技事业部的旗舰数据库，提供全球市场上的各类发明的专利引文信息，专利可回溯到 1963 年，引文可回溯到 1973 年，其网址为 http：//apps. webofknowledge. com/DIIDW _ GeneralSearch _ input. do? product = DIIDW&SID = 8C3GxhYnNfDw4g6BrcW&search_mode = GeneralSearch。登录界面如图 4－4 所示。

图 4－4　德温特世界专利索引登录界面

在该界面下，输入专利公开号，即可检索到该专利被产品数据库中的其他专利引用的次数。单击该链接可以转至“施引专利”页面，查看对原始记录引用的各条记录，即检索到引用该专利的相关专利。

该检索系统目前仅支持同时检索少量专利的被引证频次，无法同时检索大批量专利。因此，仅能将检索到的相应专利被引证频次手动输入，拼接到原始专利数据中。

（3）申请人类型的获取与拼接

如果导出的专利数据中不包含申请人类型信息，通常可从已知的申请人名称中手动获取申请人类型信息，具体过程以 Excel 为分析工具加以说明。

经分析发现，如果申请人名称中含有“公司”“会社”“厂”“集团”等，则认为该申请人的类型为“企业”；如果申请人名称中含有“大学”“学校”“学院”“研究所”“研究院”等，则认为该申请人的类型为“科研院所”；如果申请人名称为自然人姓名，则认为该申请人的类型为“个人”。因此，可根据上述原则自定义筛选申请人名称，标引申请人类型数据。在进行申请人类型数据标引之前，应将存在多位申请人的专利申请拆分为多件，并合并至 1 列，得到“申请人”数据列，然后进行如下标引。

首先，在“申请人”数据列旁边插入 3 个空白列，空白列分别命名为“名称长度大于等于 5”“名称长度小于 5”“申请人类型”，如图 4－5 所示。

图 4－5　Excel 中“申请人”字段处理示例

利用函数将申请人分成“名称长度大于等于 5”和“名称长度小于 5”两列，首先进行申请人名称长度大于等于 5 的判断：＝IF（LEN（A2）＞＝5，A2,""），然后进行申请人名称长度小于 5 的判断：＝IF（LEN（A2）＜5，A2,""）。

其次，通过分别对“名称长度小于 5”和“名称长度大于等于 5”列进行自定义筛选，筛选出申请人名称中含有“大学”“学校”“学院”“研究所”“研究院”等专利申请，在筛选出上述专利申请的“申请人类型”列中标引为“科研院所”。

再次，通过对“名称长度大于等于 5”列进行自定义筛选，筛选出申请人名称中含有“公司”“会社”“厂”“集团”等专利申请，在筛选出上述专利申请的“申请人类型”列中标引为“企业”。

最后，将“申请人类型”列为空白的数据标引为“个人”。在上述步骤中，需要人工介入，检查一下数据，防止出错。

（4）数据的自动拼接

由于不同专利检索数据库中标引的数据字段会存在一定差异，导致关注的数据字段会存在于另一个专利检索数据库中。例如，进行专利检索和数据导出的数据库为 A，而在数据库 B 中存在数据库 A 中没有的数据字段 1，此时则需要利用目标专利文献的公开号或申请号等信息到数据库 B 中进行检索，然后导出所需要的数据字段 1，再将两个数据库的数据拼接到一起。常用的数据自动拼接方式有如下两种。

1）排序粘贴法

将两个数据库中的数据按照一定字段（如申请日）进行相同的排序（如升序或降序），使得两个数据库导出的数据按照相同的方式排列，然后将数据库 B 导出数据中的数据字段 1 数据列复制粘贴到数据库 A 导出的数据中，从而实现数据的自动拼接。

2）VLOOKUP 函数合并法

如果想要的数据字段存在不同的数据表中时，可利用 Excel 中 VLOOKUP 函数，将一个数据表中特定数据字段列引用到另一个表中。VLOOKUP 函数表示：= VLOOKUP（要查找的值、要在其中查找值的区域、区域中包含返回值的列号、精确匹配或近似匹配 - 指定为 0/FALSE 或 1/TRUE）。VLOOKUP 函数的原理是搜索表区域首列满足条件的元素，确定待检索单元格在区域中的行序号，再进一步返回选定单元格的值。

在利用 VLOOKUP 函数进行数据拼接时，要求数据表 1 和 2 中存在相同的数据列，并要将该相同的数据列放置到首列。以下结合具体实例来介绍。例如，数据表 1 为检索导出的主要专利数据，而数据表 2 中存在数据表 1 中不含的数据字段“申请人国别”，现在需要将数据表 2 中的“申请人国别”拼接到数据表 1 中。选择“专利公开号”作为数据表 1 和 2 的相同数据列。

首先，将数据表 1 和 2 中的“专利公开号”复制到 A 列，并在数据表 1 的相应位置插入空白列“申请人国别”，然后选择“申请人国别”下的第一个单元格，在功能区上依次单击【公式】—【插入函数】，会出现【插入函数】对话框，选择 VLOOKUP 函数，如图 4 - 6 所示。

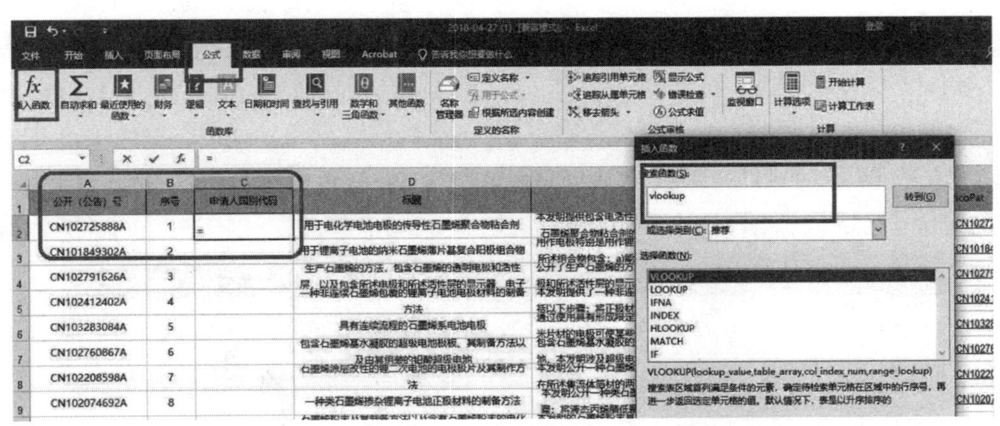

图 4 - 6　Excel 中插入函数 VLOOKUP 示例

点击【确定】后，进入函数参数设置框。在函数参数对话框中第一个参数 Lookup_value 那里，点击对应位置，然后选中数据列 A，表示以“公开（公告）号”作为引用列，如图 4 - 7 所示。

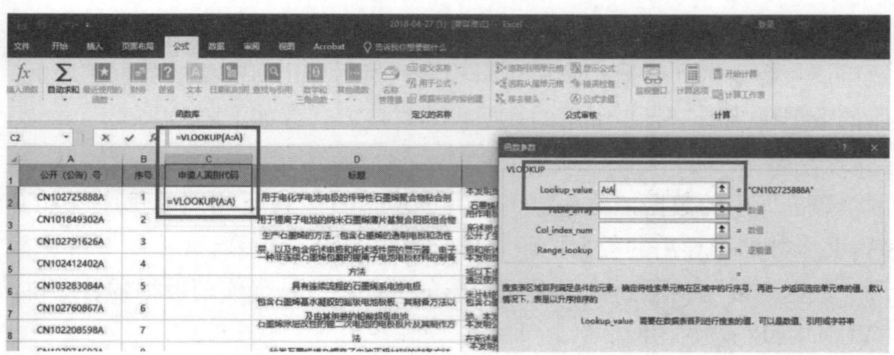

图 4-7　Excel 中 VLOOKUP 函数参数设置 1

其次，设置函数参数的第二个参数 table_array 参数，点击对应位置，此时点击数据表 2，按住鼠标左键不放，从数据表 2 的 A 列拖动到 D 列（只拖动到要引用的那一列就可以，如 D 列“申请人国别”），设置完后如图 4-8 所示。

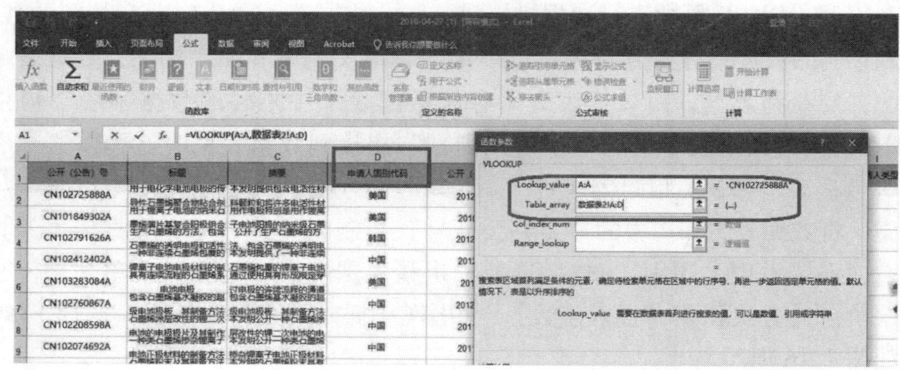

图 4-8　Excel 中 VLOOKUP 函数参数设置 2

再次，设置函数中的第三个参数 Col_index_num，此时在数据表 2 中从 A 列数到 D 列（A B C D），D 列是第 4 个数，在第三个参数中输入数字 4；然后，设置函数参数中第四个参数 Range_lookup，这直接输入阿拉伯数字 0，表示大致匹配，然后填写完毕之后，点击【确定】，如图 4-9 所示。

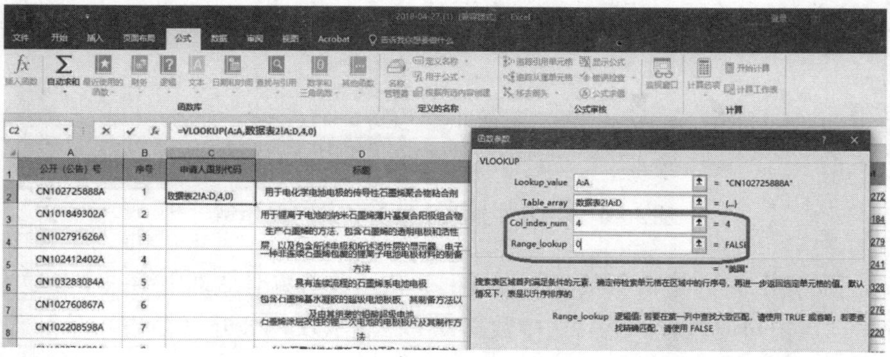

图 4-9　Excel 中 VLOOKUP 函数参数设置 3

此时，会看到数据表 2 中的数据“申请人国别代码”被引到了数据表 1 的 C1 单元格中，但只有一个数据如图 4－10 所示。

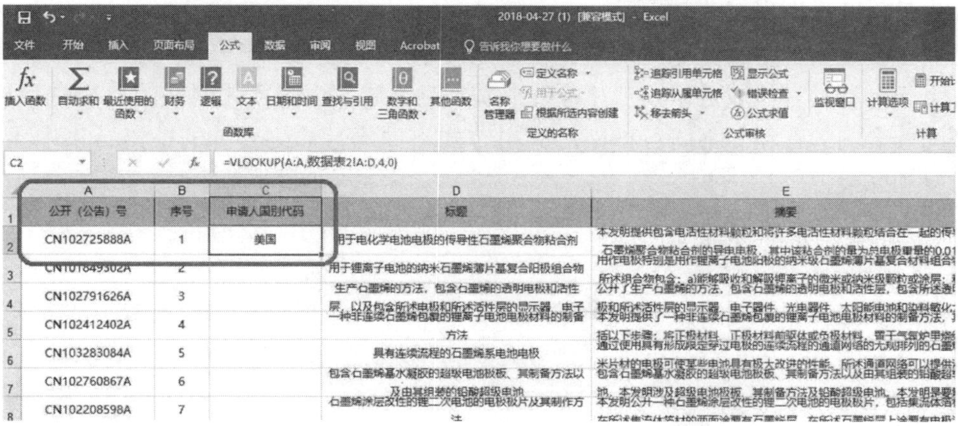

图 4－10　Excel 函数 VLOOKUP 数据拼接示例

最后，把鼠标放到 C1 选项框的右下角，等到出现一个“＋”号时，双击鼠标左键，此时所有的数据均显示出来。这样就成功将数据表 2 的数据“申请人国别代码”拼接到数据表 1 中，如图 4－11 所示。

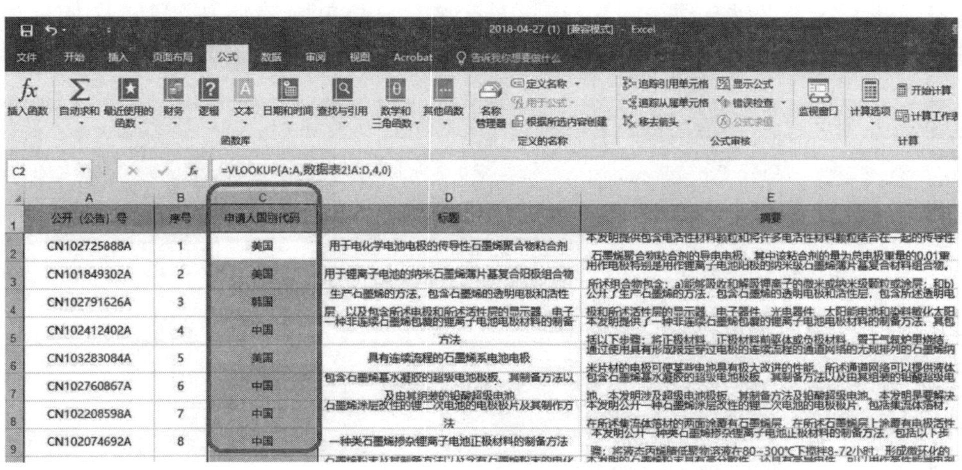

图 4－11　Excel 函数 VLOOKUP 完成数据拼接示例

4.2　数据记录的去重

4.2.1　数据去重的意义

专利分析实质上是对某个领域（如技术领域）或地区的专利文献进行统计、加工、组合等的过程。但在专利文献检索和数据导出过程中，由于各种原因，最终导出的专利数据出现重复和冗余的情况。为了确保后期专利数据分析统计和加工的正确性，需要对专利数据中出现的重复和冗余情况进行处理，否则专利文献会重复计数，进而导致最终分析结果出现偏差。

数据去重实质上是在专利数据库中检索导出的专利数据中去除重复专利文献的过程。由于专利具有地域性，在专利检索中需要对全球各个国家或地区的专利进行检索，但因同族专利的存在、不同数据库的标引方式不同等，最终合并的检索结果中出现数据重复和冗余。

4.2.2 数据去重的实现

针对上述专利数据重复和冗余的原因，可对专利数据进行相应的数据去重，主要可分为在检索系统中进行数据去重和利用 Excel 数据进行数据去重。

（1）检索系统中数据去重

笔者研究了目前常用的专利检索平台如国家知识产权局官网检索平台、CNIPR、Soopat、专利之星、佰腾专利检索、incoPat 等，发现仅有 incoPat 可以实现检索系统数据去重。关于在检索系统中进行数据去重，下面以 incoPat 专利检索系统为例，进行详细说明。

在发明名称中检索“石墨烯 and 电池”得到 1650 个检索结果。incoPat 系统支持对检索结果进行智能去重，可进行“申请号合并”“简单同族合并”“扩展同族合并”“inpadoc 同族合并”等，并可对合并规则进行设置。具体如图 4－12 所示。

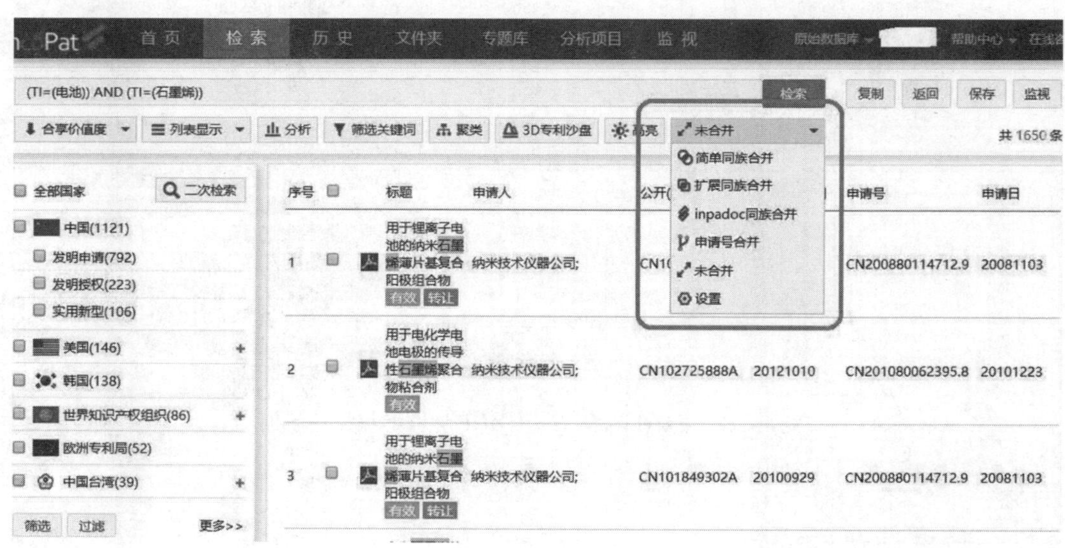

图 4－12 incoPat 系统数据智能去重选项

选择对应的合并选项，则可直接对申请号、同族专利等进行合并去重；选择图 4－12 中的【设置】，可对合并规则根据需求进行设置，如图 4－13 所示。

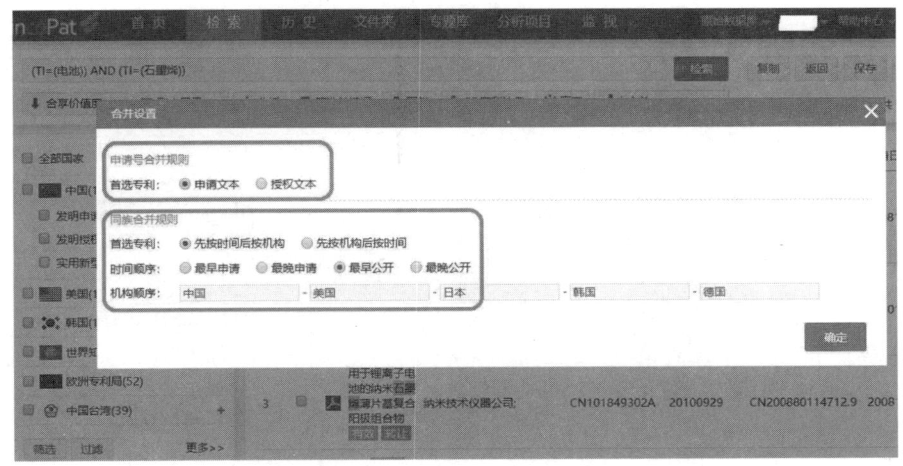

图 4－13　incoPat 系统数据智能去重设置

（2）利用 Excel 进行数据去重

通常从检索系统中导出的检索结果均是 Excel 数据文件，相应也可以利用 Excel 的一些功能对检索数据进行去重处理，下面简单介绍常见的去重操作。

1）删除重复项

【删除重复项】功能是 Excel 2007 版本以后新增的功能，因此适用于 Excel 2007 及其后续版本。将活动单元格定位在数据清单中，然后在功能区上依次单击【数据】—【删除重复项】，会出现【删除重复项】对话框。对话框中会要求用户选择重复数据所在的列（字段）。下面结合具体例子，简单说明。

在专利数据中，每一件专利申请只有一个申请号。可以利用这个特点，将检索数据中由于存在同一件专利申请的公开文本和授权文本而导致的重复数据进行删除去重，具体如下：

① 单击【数据】—【删除重复项】，会出现【删除重复项】对话框（参见图 4－14）。

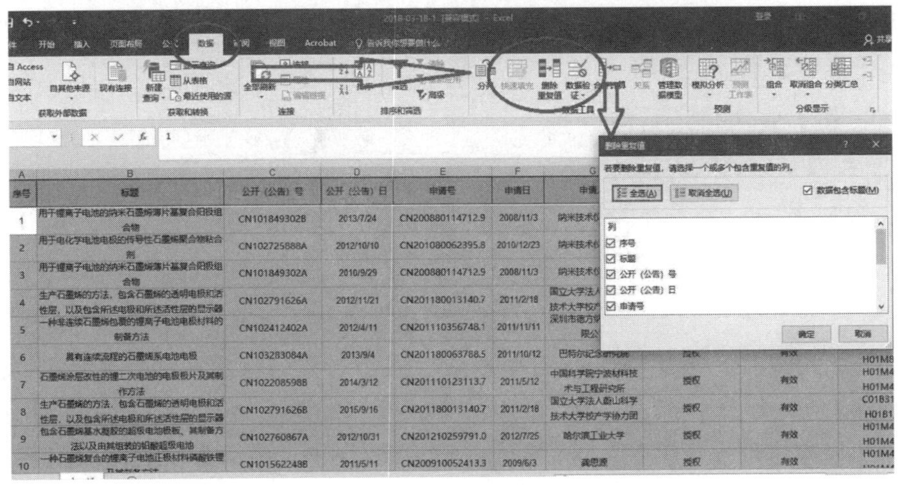

图 4－14　Excel 中删除重复项操作 1

② 在对话框中，选择“申请号”，然后点击【确定】（参见图4－15）。

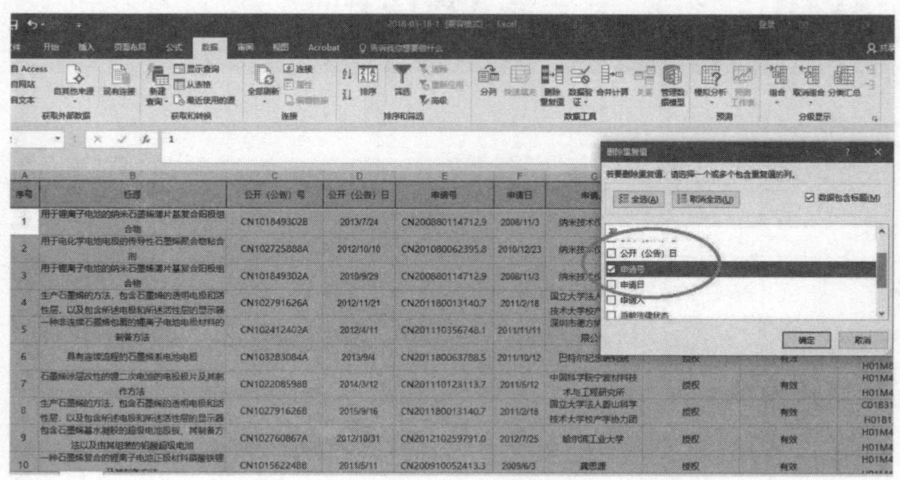

图 4－15　Excel 中删除重复项操作 2

③ 自动得到删除重复数据后的数据清单，剔除的空白数据会自动由下方的数据行填补，效果如图 4－16 所示。

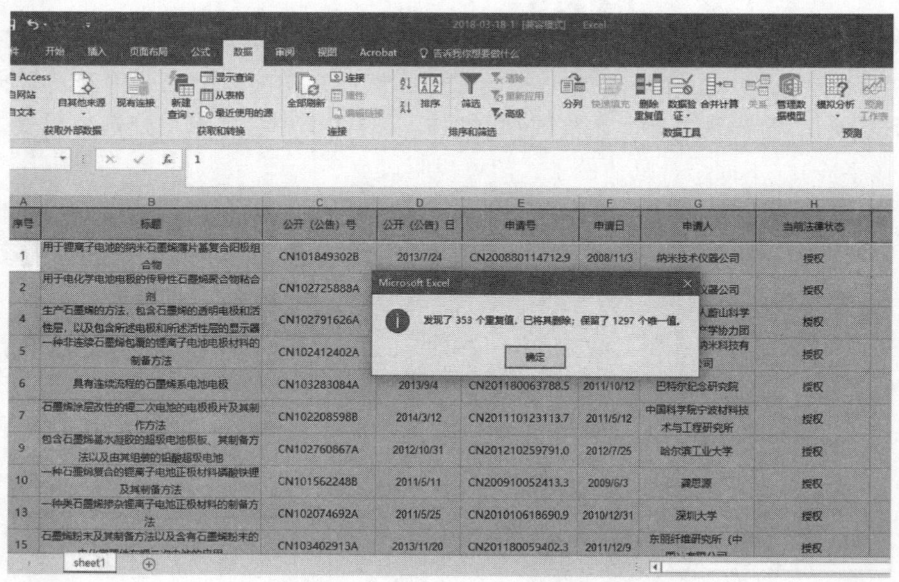

图 4－16　Excel 中完成删除重复项的界面

2）高级筛选

在 Excel 2007 版出现以前，【高级筛选】功能一直是删除重复项的利器。具体操作如下：将活动单元格定位在数据清单中，然后在功能区上依次单击【数据】—【高级】（2003 版本中的操作路径是【数据】—【筛选】—【高级筛选】），会出现【高级筛选】对话框。下面结合具体例子，简单说明。

① 选中“申请号”数据列，单击【数据】—【高级】，会出现【高级筛选】对话框；选择【在原有区域显示筛选结果】，并且必须勾选【选择不重复的记录】，如图4－17所示。

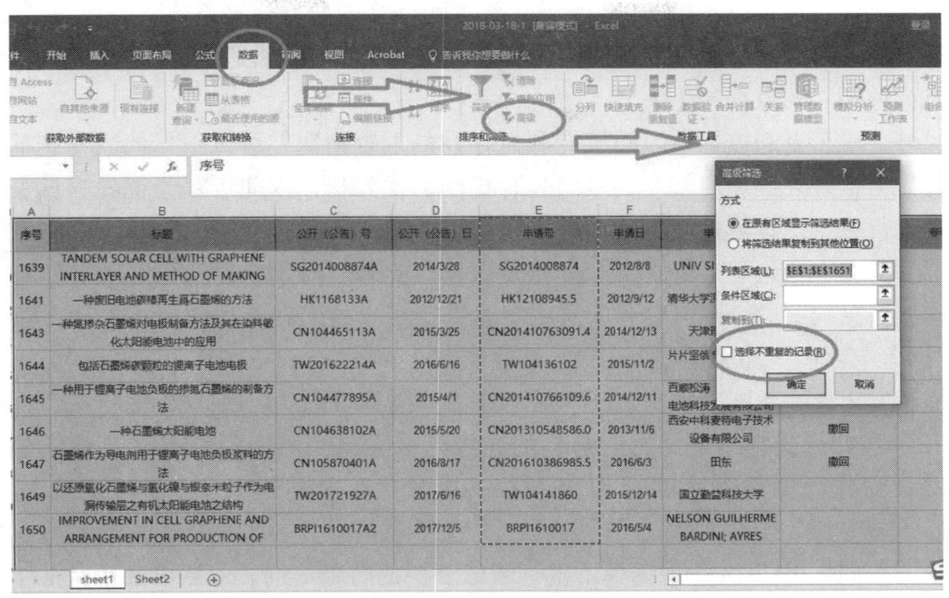

图4－17　Excel高级筛选删除重复项操作1

② 点击【确定】，即得到去除重复数据的经筛选后的数据，从1650条数据中筛选出1297条，如图4－18所示。

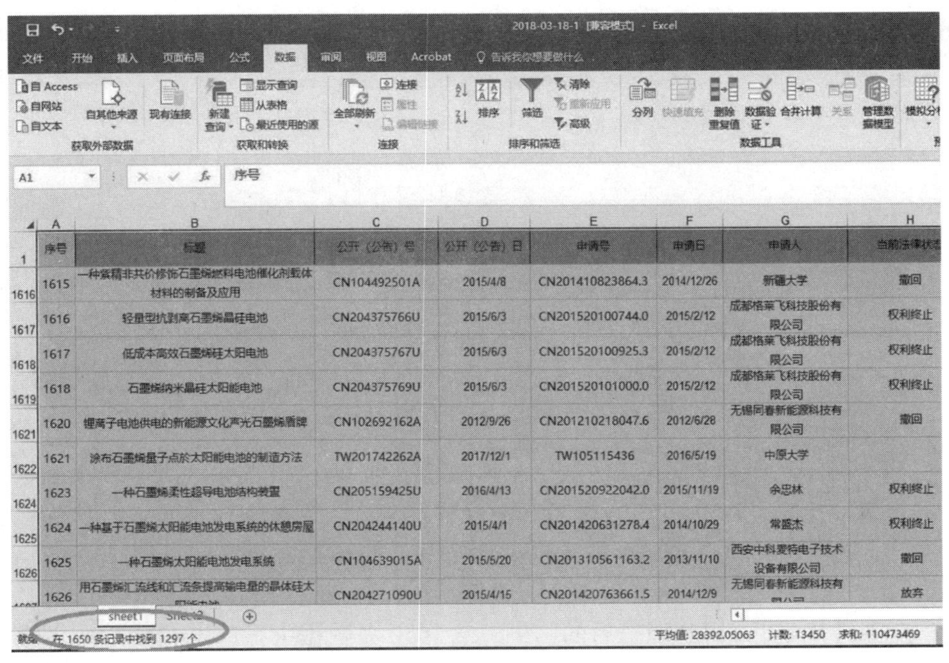

图4－18　Excel高级筛选删除重复项操作2

③ 选择全部经筛选后的数据，将其复制到另一个 sheet 表中，即可得到数据去重后的数据。

除此之外，还可以利用 Excel 的函数公式配合筛选的方式来操作，会更灵活多变，可以适应更多复杂条件。具体可使用的函数有 COUNTIF 函数，其作用是统计某个区间内与查询值相同的数据的个数。

另外，对于专利数据中因同族专利而存在的重复情况，可以根据同族专利的共性来进行数据合并去重。同族专利之间具有相同的优先权，因此可基于优先权信息对同族专利进行去重，具体操作如下：可以利用以上的“删除重复项”操作，选择数据表中的“优先权”，删除“优先权”中重复数据。此外，对于有些检索系统，其中存在关于同族信息的字段，则可以利用这些字段进行相应的同族专利的合并去重，如 incoPat 数据库中存在“简单同族 ID”“扩展同族 ID”和“inpadoc 同族 ID”。

笔者发现，针对同一数据，分别使用“简单同族 ID”“扩展同族 ID”和“inpadoc 同族 ID”进行【选择不重复的记录】的高级筛选会得到不同的结果（具体操作参见“2）高级筛选”）。其中针对 1650 条数据，根据“简单同族 ID”“扩展同族 ID”和“inpadoc 同族 ID”分别得到 1153、1132 和 1121 个结果。为了确保不误删数据，建议根据“简单同族 ID”进行【选择不重复的记录】的高级筛选，然后再利用其他手段对可能的同族专利进行合并去重。下面结合具体例子，进行简单介绍。

① 根据“简单同族 ID”进行【选择不重复的记录】的高级筛选，选中“简单同族 ID”数据列，单击【数据】—【高级】，会出现【高级筛选】对话框；选择【在原有区域显示筛选结果】，并勾选【选择不重复的记录】，如图 4-19 所示。

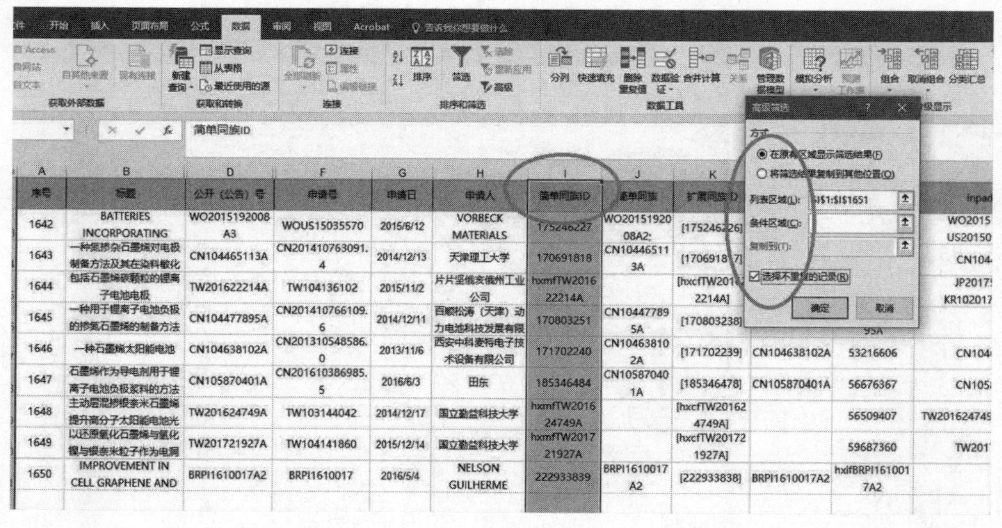

图 4-19 利用“简单同族 ID”进行高级筛选

② 点击【确定】，得到筛选后的结果，从 1650 条数据中筛选出 1153 条，选择全部经筛选后的数据，将其复制到另一个 sheet 表中。然后，利用 Excel 中的【条件格式】将“inpadoc 同族 ID”中的重复值（可能的同族专利）标识出来，具体如下：选中

"inpadoc 同族 ID"数据列，单击【开始】—【条件格式】—【突出显示单元格格则】—【重复值】，会出现【重复值】对话框，选择重复值的突出显示格式，点击【确定】，如图4－20所示。

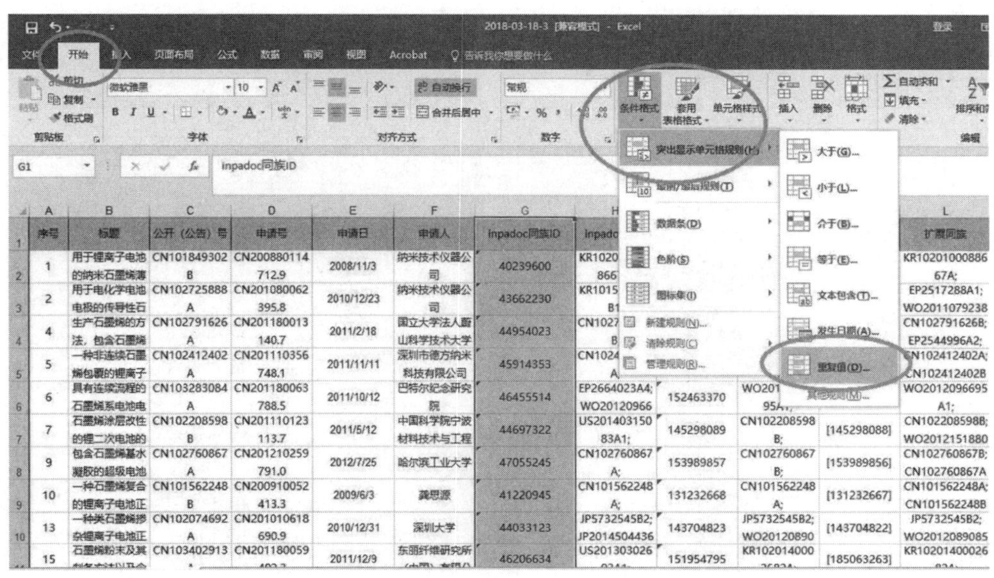

图4－20　利用"inpadoc 同族 ID"删除重复项操作1

③ 选中"inpadoc 同族 ID"数据列，单击【数据】—【筛选】，此时"inpadoc 同族 ID"单元格出现倒三角形，点击该倒三角形，选择【按颜色筛选】—【按单元格颜色筛选】点击，得到筛选结果，如图4－21所示。

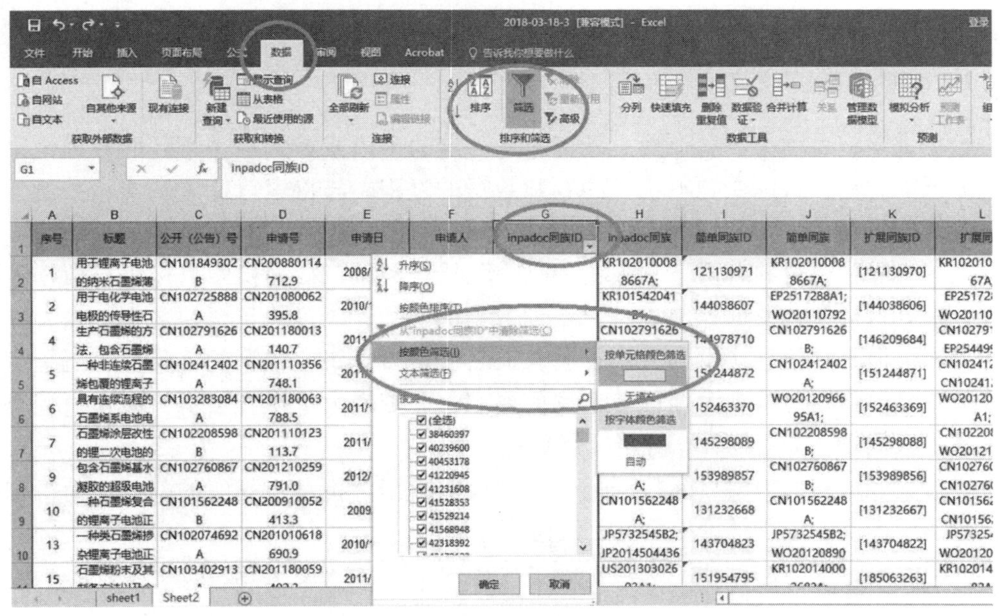

图4－21　利用"inpadoc 同族 ID"删除重复项操作2

④ 对该筛选结果进行排序，选中“inpadoc 同族 ID”数据列，单击【数据】—【AZ 排序】，在“排序提醒”对话框中选择【扩展选定区域】—【排序】，得到排序结果，如图 4－22 所示。然后，对“inpadoc 同族 ID”相同的数据进行人工甄别，对于同族专利进行合并去重处理。

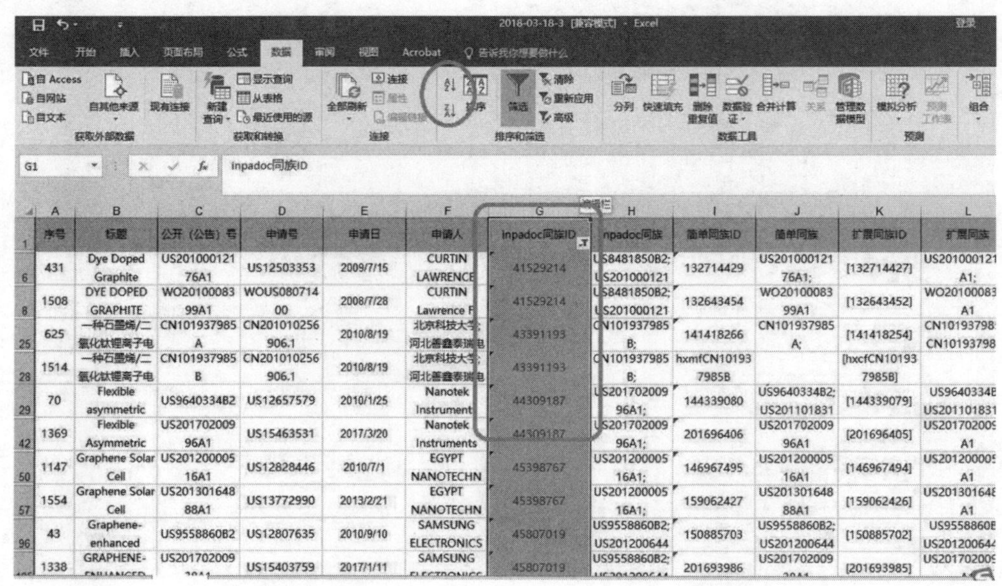

图 4－22　利用“inpadoc 同族 ID”删除重复项操作 3

4.3　数据记录的去噪

4.3.1　数据去噪的意义

数据去噪，也称为数据降噪，是指通过一定的手段或方式从去重后的数据记录中筛选、删除与检索目标主题不相关的专利数据的过程。与检索目标主题不相关的数据记录即为数据噪音。

数据去噪主要目的有以下三点：一是去除错误数据，提高检索目标集合数据的准确性，提升目标集合数据拒绝不相关专利数据的能力；二是修正残缺数据，在去噪过程中将相关但是有信息缺少的数据补全，提高检索目标集合数据的完整性；三是缩减整体数据量，前期检索中为保证查全率的要求，会带来大量噪音数据，去噪过程会大幅度减少数据量，为后期数据分析减轻负担。

经过去噪过程的检索目标数据集合将为后期数据分析奠定扎实的基础，为得到客观、真实、准确的分析结论提供可靠依据。

4.3.2　数据噪音的来源

引起数据噪音的因素是比较复杂的。在数据检索中的各个环节均可能带来数据噪音，尤其是为了达到全面检索的目标，需要通过扩展更多的检索字段和采用更多的检索手段来实现，这个过程中会带来大量的无用文献。

噪音来源按照主要影响因素来分，主要包括专利数据库的标引、关键词的选择、分类号的扩展和各类算符的使用，下面分别对以上四种来源进行介绍。

（1）专利数据库的标引

第 2 章已经提到，技术信息是专利技术的核心，然而表达技术内容的自然语言所固有的多样性使得检索和统计较为困难。为了从技术角度提供更多的检索和分析维度，数据提供商基于人工理解和智能化技术对专利原始数据进行增值性加工，使得技术信息更加突出、准确和完整。也就是说，专利数据库文献在录入数据库前，需要进行专利标引。

专利标引是建立专利数据库系统，进行专利分析获取情报的基础，专利数据库的标引质量直接影响检索质量和噪音率。专利标引就是把专利文献的自然语言转化为检索语言的过程，也就是对专利文献进行主题分析的结果，赋予某种检索标识的过程。专利标引除了著录项目等一般标引外，还有人工干预深度加工的内容，比如关键词的分词规则、摘要的二次加工、申请人的归一化处理等。这些信息对于检索匹配具有重要影响。

专利数据内容加工的标引质量主要通过标引专利文献时给出主题词的全面性与正确性来表征。全面性表现在揭示专利主题内容的广度和表达专利主题的深度，对文献的内容分析越透彻，标引词使用得越多，查全率就越高；正确性表现在揭示专利主题内容的主题词标引时选用专指性强的专利主题词越多，标引越深，与之匹配的检索词越专指，检索时检出的文献针对性越强，查准率就高。

目前专利数据库种类众多，特点各异，但是数据内容加工的准确性和深入性是专利数据库体现核心竞争力的指标之一。当检索选择不同的专利数据库时，由于数据库的标引规则、标引质量等的不同，因此带来不同的噪音。

（2）关键词的选择

关键词是专利文献核心技术内容最直接的表现，通常表征了专利文献的关键技术信息，包括出现在文献标题、文摘、正文中，对表达文献主题内容具有实质意义的词语，以及对揭示和描述文献主题内容重要、关键性的语句。在专利分析检索过程中，需要从不同角度、不同方式来表达和扩展关键词，从而获得全面、完整的检索结果集合，满足查全率的要求。关键词的选择带来的噪音主要有以下几个方面。

首先，由于关键词检索的范围一般包括专利名称、摘要、主权利要求以及二次加工的标引主题词，在确定了某一检索要素的关键词后，关键词本身就会带来一定的噪音。例如当检索“手机”时，如“手机”出现在摘要中，常常会有一部分与手机联系较弱的其他专利文献，却与检索主题不相关。

其次，当需要检索某一检索要素的关键词后，通常需要对其扩展，以获得适用于该检索要素的完整关键词集。扩展方式包括对上下位扩展、同义词扩展、不同表达方式扩展等，还包括根据表达习惯的时间性、地域性、译文以及拼写方式的多样性、和常见的错误表达方式进行的扩展，这些扩展在命中目标文献的同时，还会带来或多或少的噪音专利。

最后，在检索评估阶段，通常需要补充遗漏的关键词。这些关键词本身并不是检索领域比较惯用的表达方式，因此在补充这些关键词的时候，信噪比会非常低，引入的噪音通常要比目标文献多。

综上，关键词带来的噪音是噪音数据的主要来源，也是去噪工作的重点和难点，需要根据关键词噪音来源的不同方式采用不同的去噪手段。

（3）分类号的扩展

分类号是专利检索中获取专利数据的重要入口之一，也是体现专利分析检索最具特点和代表性的检索字段。分类号主要是对专利文献所披露技术信息的高度集中概括，使用者可以根据分类号方便地获得技术上和法律上的情报，并可以通过统计等手段对各个领域的技术发展状况作出评价。因此，分类号的确定与使用将直接影响专利分析的结果。分类号的扩展带来的噪音主要有以下几个方面。

首先，当选择不同的分类体系来表达相同技术主题时，由于分类体系的细分程度、覆盖范围、关注领域的不同而千差万别。虽然基于该分类体系可以准确表述检索主题，但会带来的大小不同的数据噪音。

其次，当采用 IPC 分类作为分类号检索时，通常要进行扩展，方式包括大小组扩展、功能和应用类扩展等。专利在分类时一般可以被准确分类至大组，但小组分的准确性不高。为了确保检索的全面性，检索时一般会采用大组的分类号，但这样会带来其他小组的无关数据。此外，除了产品、功能的分类号外，有时还需要扩展到表达应用的分类号，而扩展后的应用分类号以及其他的副分类号会带来较大的噪音。

最后，IPC 分类表的更新速度无法与其技术发展速度相适应，甚至一些关键技术都没有相应的确切分类号，尤其是对于涉及大量交叉学科的技术。所选择的分类号涵盖的内容有可能涉及所需分析的技术领域，但同时会引入大量无关数据噪音。

（4）各类算符的使用

专利分析检索中通常使用各类逻辑算符，包括布尔算符、临近算符、同在算符、频率算符等，用于表达不同检索要素之间、检索词之间的运算。在运算中，基本检索要素往往是由多个相关联的技术特征组成，一些技术特征虽然被公开，但由于所处的文献的位置不同、出现的频率不同，那么文献的相关度会大不相同。故使用算符不适当，会带来检索噪音。

4.3.3 数据去噪方式

根据噪音包含的检索要素的内容，可以将数据噪音分为绝对噪音和相对噪音两类。其中，绝对噪音是与目标检索集合明显不相关的专利数据噪音，其主要来源就是包含关键词、分类号扩展中关联度最弱的各检索要素的集合专利。相对噪音与目标检索集合不相关，主要来源是包含了检索要素扩展的关联度较高的各类要素的集合专利。

根据绝对噪音与相对噪音的两种类型，数据去噪方式包括自动去噪和人工去噪两种。

（1）自动去噪

自动去噪，也称为机器去噪、批量去噪，是指通过分析数据中绝对噪音的主要引入检索要素，将包括这些检索要素的无关专利文献从总的检索结果中排除出去的过程。

自动去噪方式最大的优点是效率高，可以批量去除绝对噪音，但是缺点是由于绝对噪音的不确定性，会发生将目标文献误删的可能性，降低查全率。

自动去噪方式通常在去噪早期过程中介入，将大量无关噪音予以排除，显著减少数据样本，为后期人工去噪奠定基础。

一般自动去噪过程包括以下几个步骤：

1）分析和构建绝对噪音的检索要素。通过阅读初步检索结果集中的文献，找到一定样本量的绝对噪音，提炼和构建绝对噪音的检索要素，执行检索，得到疑似噪音样本。

2）筛选和召回有效文献。在疑似噪音样本中，通过采用核心关键词和分类号等执行“AND”运算，找到部分有效文献集，将这部分有效文献集从疑似噪音样本中排除掉，疑似噪音样本成为绝对噪音样本。

3）执行批量去噪。将初步检索结果去除掉第二步中的绝对噪音样本，执行“NOT”运算，得到经批量去噪后的检索结果集合。

4）评估自动去噪结果。通过设定查全率、查准率，评估去噪结果是否符合设定目标。当满足目标时，结束自动去噪工作；如不满足目标。调整第一步，重复以上四步进行去噪，直到达到目标设定。

（2）人工去噪

人工去噪，也称为逐篇去噪，是指分析人员通过逐篇阅读检索结果的技术信息，将无关专利文献从总的检索结果中排除出去的过程。

人工去噪方式最大的优点是准确率高，可以准确地去除相对噪音，但是缺点是由于需要人工阅读每篇文献的名称、摘要甚至是全文，所以效率较低，工作量大。

数据去噪的主要处理更倾向于采用人工的方法来进行。这主要是因为噪音的产生源多种多样，一般来说缺乏规则性，通常很难明确其噪音来源，更不用说通过批量处理的方式完成去噪工作。

人工去噪方式通常是在自动去噪后介入，中间二者可以穿插进行。例如在进行人工阅读一定文献后，新发现了一批绝对噪音，利用自动去噪方式将这批噪音去除。此外，人工去噪方式可以配合技术标引工作同时进行，以防重复性的劳动。

4.3.4　数据去噪主要手段

在专利检索的过程中，要根据实际专利数据检索的技术领域特点、专利数据库特点、检索结果的数据量、检索策略的调整等方面，选择合理且合适的去噪手段，才能高质高效地完成检索去噪任务。本小节将介绍专利检索去噪中常用的 6 种去噪手段，包括名称去噪、关键词组去噪、分类号去噪、申请年份去噪、标引字段去噪、算符运算去噪。

（1）名称去噪

专利名称是最能反映专利核心技术信息量的字段。通常如能在名称中提炼出与检索主题不相关的噪音检索要素，可以将其列为绝对噪音利用名称检索手段去除。

【案例】关于催化制备均三甲苯行业专利分析过程，在检索结果的去噪过程中，发现标题中含有“偏三甲苯”的文献都涉及偏三甲苯的制备工艺，属于绝对噪音，因而采用了标题检索去噪。但不能采用关键词去噪，因为含有“偏三甲苯”关键词的专利文献中，有一部分是均三甲苯相关的目标文献。

（2）关键词组去噪

关键词组去噪主要是通过提炼噪音文献中出现频率较高的关键词组作为检索要素，将得到的检索结果作为噪音排除。该手段可以弥补名称去噪的不足，将其范围扩展至摘要、主权利要求、标引关键词，丰富去噪手段。当然该手段还可以采用关键词与分类号配合的方式有效排除噪音。

【案例】关于催化制备均三甲苯行业专利分析过程，在检索结果的去噪过程中，发现关键词中同时含有“检测”和“废水”时的文献都涉及制备中下游废水处理的工艺，属于绝对噪音，因而采用了关键词组合检索去噪。同时采用分类号配合的方式统计与评估绝对噪音中是否存在有效文献。

（3）分类号去噪

分类号去噪主要是通过统计分析分类号的关联度和带入的噪音率，选择合理的分类号层级来去除不相关文献。

【案例】关于催化制备均三甲苯行业专利分析过程，在检索结果的去噪过程中，发现有的专利文献主分类号为 G01N15/06，主要是涉及制备芳烃后的纯度检测方法和设备的，属于绝对噪音，但是有一部分副分类号为 G01N15/06 的文献既涉及制备芳烃本身的工艺也涉及后续检测工艺，属于相对噪音，因而采用主分类号检索去噪。

（4）申请年份去噪

申请年份去噪主要是基于调查研究，判断得出某一特定的技术领域或申请主体的专利申请的最早年份，从而将该年份之前的所有专利噪音去除。

例如对于某一技术，经过调查研究发现最早出现某一技术的专利申请为 2000 年，那么在此检索结果中 2000 年前的专利文献可以作为绝对噪音去除。

（5）标引字段去噪

标引字段去噪主要是基于选择的专利数据库标引特色字段，结合检索主题的特点所采用的特定去噪手段。

例如 CNABS 数据库提供了多个深加工技术字段，有技术方案、有益效果、主要用途等特色字段，分析人员可结合关键词、分类号等并在特色字段中结合找出相对噪音的集合予以排除。

（6）算符运算去噪

算符运算去噪是利用检索要素之间的关联程度，去除一些关联度不高的相对噪音。

【案例】关于酸菜冰箱行业专利分析过程，在检索结果的去噪过程中，发现涉及酸菜冰箱的专利中酸菜和冰箱基本上在一个段落，而且频率会达到 5 次以上，可以将频率算符低于 5 次以下的专利文献排除在外，或者同在算符不在一个段落中的专利文献排除在外。

4.4　数据记录处理常见问题

数据记录包括数据拼接、数据去重和数据去噪，其中常见问题和解决方式如下：

（1）在数据拼接过程中由于多个 Excel 数据来源不同，检索字段并不是一一对应，在拼接过程容易出现字段错位。

针对此项问题，应当在数据拼接前，将所有字段的顺序和数量调整一致。

（2）在数据去重过程中，常常会出现申请号标记不规范的情况。在去重过程中本来属于重复的专利文献，由于申请号的标记不规范，该条记录无法被删除。

针对此项问题，应当在去重前，将所有数据进行一致性规范，再进行去重处理。

（3）在数据去噪过程中，由于检索策略的不同，比如采用“分总式”或“总分式”，那么去噪的方式也要因情况而定，不能照搬照抄。

针对此项问题，应当在熟悉去噪方式、手段的前提下，通过检索策略，判断噪音的类型和来源，并采用合适的组合去噪方式，完成去噪任务。

第 5 章　数据规范化

5.1　数据规范化概述

由于数据采集是在不同的数据库中进行的，采集到的数据格式各不相同，并且之后所选用的数据统计分析工具也有所不同，因此要根据数据的现有格式，以及数据统计分析工具的数据处理功能和对数据源的格式需求，确定待规范化的数据项和规范化后的统一格式。

5.1.1　数据规范化定义

数据规范化是指对原始数据部分或全部数据项的格式和/或内容进行规范化加工处理，并修正其中存在错误，使数据具有统一的格式，符合后续的统计分析以及相应数据处理软件的需求。

一般来说，规范化数据需要遵循以下原则：

（1）规范化后的数据项标题要简明清晰，能够区分各数据项；

（2）规范化后数据项中数据要具有统一规范的格式；

（3）规范化后数据的内容要规范，便于数据统计，尽量避免同一数据项内包含多个信息；

（4）规范化的数据要修正数据之间的逻辑错误，尽可能修正错误数据。

数据项规范化主要包括分类号的规范、申请日等日期的处理、公开号的规范、申请人国别的处理、申请人名称规范化、发明人名称规范化、省市/国家/地区的规范化、关键词的统一化、数据的补充等相关内容。

5.1.2　数据规范化作用

数据规范化对于专利分析具有十分重要的意义。一般来说，数据规范化通常具有以下作用。

（1）提高后续专利分析的工作效率

通常情况下，由于数据源的不同数据项存在各种区别，如果直接进行分析，虽然可以进行，但是在每项分析中都要充分考虑数据的各种差异。这不仅会很大程度上影响专利分析的效率，而且容易引起人为操作的错误。比如，对于申请日，由于数据项中可能为数值型数据，可能为日期型数据，还可能为文本型数据，在进行申请量趋势分析、各技术领域趋势分析等分析时，如果每进行一类分析重新进行一次处理则会增加很多重复工作，且容易造成分析人员的失误。通过数据规范化处理，尤其是采用计算机手段的规范化处理，可能节约大量人力，同时有效避免人为错误，从而提高专利分析的效率。

（2）提高专利分析结果的准确性

在数据规范化后，同一数据项中不同规则的数据具有统一的标准，在进行后续分析时，可以有效地避免因数据项中的数据问题导致专利分析不准确问题。比如，申请日未进行规范化处理之前，可能存在数值型数据、日期型数据和文本型数据，同是文本型数据，还可能存在某些数据前存在空格、Tab 键等，而且某一类型的数据可能数量较少，专利分析人员容易忽视，从而导致专利分析的不准确。而在数据规范化后，专利分析人员只要关注分析的维度和项目，就可以获得准确的结果。

当然，虽然数据规范化具有十分重要的作用，但并非越充分越好。一般来说，数据规范化达到一定程度后，专利分析人员即可停止处理，进行后续分析。数据规范化依据下述几个原则进行判断，确定是否终止处理。

（1）满足使用要求原则

数据规范化的最终目的是满足专利分析的需要，因此只要将需要使用的数据进行规范化即可，不必强求让所有数据都必须进行规范化。由于专利分析的目的不同，使用者不同，要进行专利分析的项目不同，因此对于要求规范化的数据项也会存在一定的差异。专利分析人员需要确定分析所需要针对的数据项目，然后仅针对需要的这些数据项进行数据规范化即可。比如，在分析中用到申请日时，则需要对申请日进行规范化，但是如果分析中仅会分析到年，那么数据规范时将申请日规范为年份即可，而分析中因技术更新等导致以年进行统计不能够满足要求，申请日的规范则必须达到需求，比如规范为月。例如，如果在分析中不会涉及国别，则数据清理时可以不必清理国别项。

（2）资源决定原则

数据规范化虽然进行得越彻底越好，但是由于实际分析受到各种限制，专利分析人员需要考虑能够获得的资源情况。比如，由于存在同一申请人在同一数据库中名称的不统一、申请人名称的重复、不同数据库中申请人数量不同等，申请人的数据规范化包括多个方面。在进行申请人分析的情况下，对于申请人的数据规范化就是十分必要的，但是限于能够获得资源的情况，对于申请人的规范化必然不能达到十分完善的程度。比如，如果能够获得申请人更名情况、母子公司情况、申请人名称表述的差异、合资公司重组兼并等情况，专利分析人员可以将这些统一规范化为需要的内容；如果由于时间、查询手段等因素不能获得相应情况，则专利分析人员只能根据获得的信息进行数据规范化。

（3）分析工具决定原则

由于分析工具功能的有限性，采用一定的分析工具进行数据规范化时必然会受到工具功能的限制。比如在 Excel 专利分析中，如果采用数据透视的方法，则数据规范化由于数据透视的要求而需要进行得相对比较彻底；如果采用 0－1 交叉矩阵法进行专利分析，由于在基础矩阵的构建过程对于数据规范的要求较低，数据规范化则进行得相对不必那么彻底；采用其他的方法进行专利分析数据规范化的情况也各不相同。因此，专利分析人员在数据规范化之前需要基本确定其所要采用的专利分析工具和专利分析方法，然后根据各种方法的要求决定数据规范化的程度。

总而言之，专利分析人员需要根据上述的原则决定数据规范化的程度。数据规范化的程度较高对于后续的分析具有一定的好处，但具体的数据规范化程度则需要根据实际情况在不违反基本原则的情况下灵活掌握。

5.1.3 数据常见问题

专利分析数据由于采集来源等原因，存在一些常见问题，比如分类号形式不统一，日期数据格式混乱及公开号、申请人国别、申请人名称等文本型数据不规范等。这些常见问题具体可以归纳为以下几个方面。

（1）日期型数据的不统一

日期型数据不统一主要表现为：存储的数据类型不同，例如，有些存储为日期型数据，有些存储为数值型数据，有些存储为文本型数据。同为数值型数据存储的规则不同，例如，有些为年－月－日，有些为月－日－年，有些为日－月－年；年份数据有些为四位数值，有些为两位数值；月数据有些为两位，有些则1~9月为1位，10~12月为两位；日数据有些为两位，有些则在1~9日为1位，10~31日为两位。有些数据中在数据前有空格、Tab键等。

（2）数值型数据的不统一

数值型数据不统一主要表现为：存储的数据类型不同，例如，有些存储为数值型数据，有些存储为文本型数据；有些数据中在数据前有空格、Tab键等。

（3）文本型数据中表达方式不统一

由于申请人填写、数据库格式、系统升级以及输入错误等原因，文本型数据存在表达方式的不统一问题。对于不同的数据项，这种不统一的表现形式又有所不同。下面针对一些常见的文本型数据项分别进行详述。

1）分类号数据的不统一

分类号数据的不统一主要表现为：关于不同数据库导出的数据分类号，由于系统规则的不同，在类号与组号之间存在空格、Tab键等；由于IPC版本升级带来的分类号的变更的问题；原始数据源中分类号的输入错误问题，例如将“O”误写为“0”等。

2）公开号数据的不统一

公开号数据不统一主要表现为：各国家/地区对同一公布级在不同时期使用的字母代码不同；CPRS系统、S系统等早期数据缺少公开号记录等。

3）发明人数据的不统一

发明人数据不统一主要表现为：同一发明人在不同申请中的记录不同；发明人可能会在不同公司单位出现；同一发明人的中英文表达不同等。

4）申请人数据的不统一

申请人数据不统一主要表现为：同一申请人在同一数据库中的名称不统一；不同数据库中同一申请的申请人名称和数量不统一；不同申请人存在子母公司关系；申请人是否为合资公司；申请人存在公司重组兼并、公司更名等。由于申请人数据项在专利分析中应用较多，且种类繁多，下面对各种情况进行举例说明。

例1：在S系统数据库中，APPLIED MATERIALS 的中文名称有“应用材料公司”“应用材料有限公司”“应用材料股份有限公司”等表达；在DPWI数据库中，其申请人名称还有“APPLIED MATERIALS INC”“APPL MATERIALS INC”等表达。换言之，中文检索系统在记录外国人申请人时，有时使用意译，有时使用音译。同样是汉字音译名，由于同音汉字的多样性，有时又会出现同音不同字的汉字音译名。

例2：在S系统数据库中，BASF 公司的音译名有“巴斯福”“巴斯夫”等；而在DWPI数据库中，国内申请相同的申请人可能具有不同表达形式的英文形式的名称，例如，“中国科学院上海硅酸盐研究所”在DPWI中具有“CHINESE ACAD SCI SHANGHAI SILICATE INST”“SHANGHAI SILICATE INST CHINESE ACAD SCI”“SHANGHAI INST CERAMICS CHINESE ACAD SCI”等多种表达形式。

在中文数据库中，由于申请人名称中符号（例如括号）的输入格式差异，还会存在申请人名称不统一的情况；在英文数据库中，申请人名称中相同的表述可能具有不同的含义。这些情形也应值得注意。

例3：NIPPON 的中文译文根据情况可以是“立邦”或“日本”。此外，由于DWPI数据库对申请人名称的处理方式与CPRSABS及其他数据库的处理方式存在差异。对于仅由一家公司提出的申请，在DWPI数据库中可能出现两个或两个以上的申请人名称，而这些名称只是该公司的不同表述，此时，还应当对申请人名称进行合并。

例4：优先权号为WO1999JP0006346的专利申请在中国的申请人为“三菱电机株式会社”，但在DWPI数据库中，其申请人名称为MITSUBISHI DENKI KK 和 MITSUBISHI ELECTRIC CORP。因此，在进行申请人名称合并时，需要注意申请人名称的多样性，在数据处理中应当使用统一的名称，例如，可以将APPLIED MATERIALS INC 在中文和英文数据库中的申请人名称分别统一为“应用材料”和“APPLIED MATERIALS”。

例5：在硅基薄膜太阳能电池专利申请中，三菱重工、三菱电机、三菱材料及旭硝子等同属三菱集团的公司均有相关申请，因此可以使用例如“三菱集团”作为统一的名称；同样地，“住友集团”的申请量包括住友金属矿山株式会社、住友化学以及板硝子等同属住友集团的公司的申请。

例6：在某些情况下，如当子公司业务比较专一时，可以不必将子公司名称与总公司名称相统一。在Ⅱ-Ⅵ族化合物薄膜太阳能电池的申请人中，Calyxo 是 Q-cells 的子公司，但其只仅涉足碲化镉薄膜太阳能电池，因而在进行该方面的分析时，Calyxo 的申请可以不与 Q-Cells 合并。

例7：MITSUI DU PONT POLYCHEMICAL 由杜邦公司和三井公司在1960年各出资50%组成，该公司申请的申请人名称只能是三井-杜邦，而不应当是三井或杜邦。

例8：2005年，住友制药株式会社与大日本制药重组成立大日本住友制药；2009年10月，大日本住友制药收购美国制药公司 Sepracor（现名为 Sunovion）。此时，住友制药株式会社与大日本制药在2005年前的专利申请以及 Sepracor 或 Sunovion 的专利申请，均需要将其申请人名称整理为大日本住友制药。

例 9：美国的 FIRST SOLAR 公司成立于 1999 年，但其在 1992 年和 1998 年与 SOLAR CELLS 公司有共同申请的专利。通过查询公开信息发现，FIRST SOLAR 公司的前身是 SOLAR CELLS 公司，此时需要将 SOLAR CELLS 公司以及其与 FIRST SOLAR 公司共同申请的专利的申请人名称整理为 FIRST SOLAR。

例 10：申请人同时为个人与公司的美国申请，由于美国专利法规定申请人只能为个人，因而申请人同时为个人与公司的美国申请通常情况下实际的申请人仅为公司。此时，需要删除申请人中的个人，保留公司名称。

例 11：公开号为 EP1998389A1 和 JP2003142451A 申请的（第一）优先权号分别为 EP2007000109357 和 JP2001000335105，但申请人均为美国的 APPLIED MATERIALS INC，因此这两件申请的申请人国籍应当整理为 US，而不是 EP 或 JP。

5.1.4 数据规范化基本内容

由于专利分析数据存在上述问题，因此在进行专利分析之前进行数据规范化是十分必要的。数据规范化的基本内容主要是针对数据中可能存在的问题来进行的。具体的规范化内容可以概括为以下几点。

（1）日期型数据的规范化

由于日期型数据存在数据类型、格式等不同，因此针对日期型的数据规范化主要包括：去除数据中的标识算符，例如空格、Tab 键等；确定数据存储的类型；判断获得最合适的日期，例如优先权日应该寻找最早的优先权的日期作为优先权日；根据相应的类型规范化为统一的格式等。

日期型数据规范化的字段包括：申请日、优先权日、公开日、结案日、授权日等。由于专利分析中通常都会进行发展趋势等分析，因此申请日和优先权日等的规范化都是必须进行的。而公开日、结案日、授权日等其他日期更多地受到审查等因素的影响，专利分析使用较少，因此可以根据分析维度是否涉及、规范化的工作量、现有人力物力等实际情况选择是否进行规范化，何时进行规范化。

（2）数值型数据的规范化

由于数值型数据存在数据类型及格式等不同，因此针对日期型数据的规范化主要包括：去除数据中的标识算符例如空格、Tab 键等；确定数据存储的类型；根据相应的类型规范化为统一的格式等。

数值型数据规范化字段包括：申请局数量、3/5 局数量等。数值型数据字段虽然不多，但规范化的难度相对较大。利用自动化的手段实现数值型数据的规范化具有十分重要的意义。

（3）文本型数据的规范化

专利分析数据中文本型的数据字段最多，其涉及的规范化内容较多，例如申请人规范化、发明人规范化、分类号规范化、国别规范化、区域规范化等。这些字段的规范化都不相同，因此其规范化的难以用统一的方式进行。本书将在后续章节中具体讲述规范化方法，此处不再赘述。

5.2　数据字段的规范化

5.2.1　日期型数据处理

日期型数据规范化的字段虽然很多，但是规范化的方法基本都是相同的。因此本小节以用 Excel 对申请日进行规范化为例，详细介绍日期型数据的规范化处理。其余的字段例如优先权日、公开日、结案日、授权日等皆可以此为例进行规范化。

申请日处理包括两类，一类是从 WPI 等数据库中导出的同族申请作为一个记录的数据，另一类是从 Epodoc、CNABS 等数据库中导出的同族申请作为不同记录的数据。这两类申请日的处理并不相同，对于同族申请作为一个记录的数据，需要前期进行处理，找出同族申请中申请日最早的申请日，后续的操作与第二类的操作完全相同。

（1）对于同族申请作为一个记录的数据，找出最早的申请日作为申请日；对于一个申请号一个记录的数据，直接跳过本步，进入第（2）步，具体步骤如下。

1）如果有申请日字段，且申请日字段为多个申请的申请日集合时，则按如下步骤进行：

第一步，选择申请日列，如图 5－1 所示。

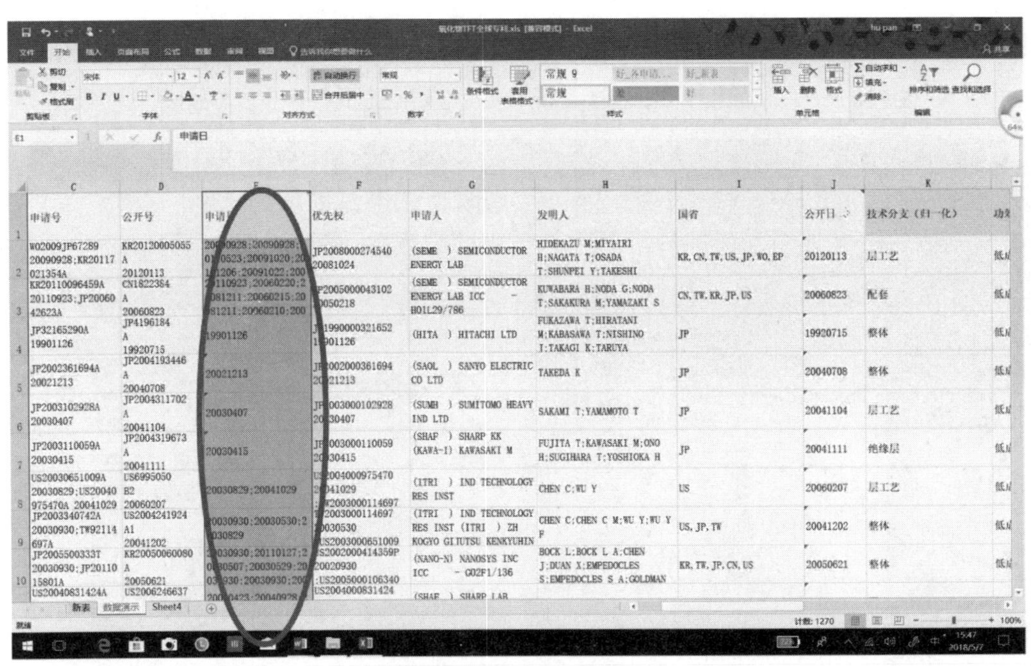

图 5－1　申请日字段规范化处理第 1 步

将选择的列复制到新的 sheet 中，然后选择该列，选择【数据】 - 【分列】，如图 5 - 2 所示。

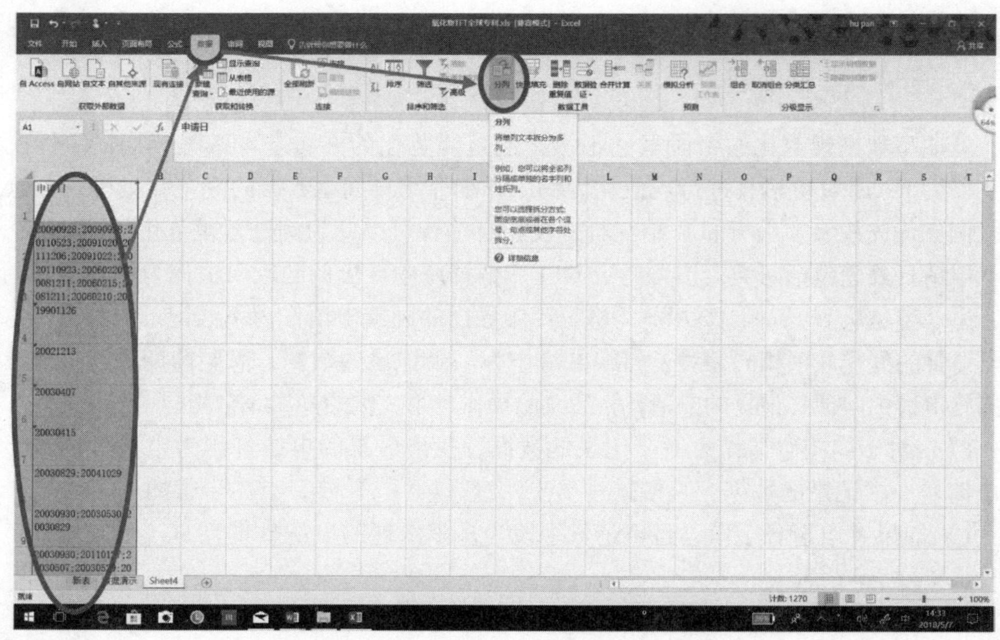

图 5 - 2　申请日字段规范化处理第 2 步

Excel 会弹出一个对话框，选择分隔符号后，点击【下一步】，如图 5 - 3 所示。

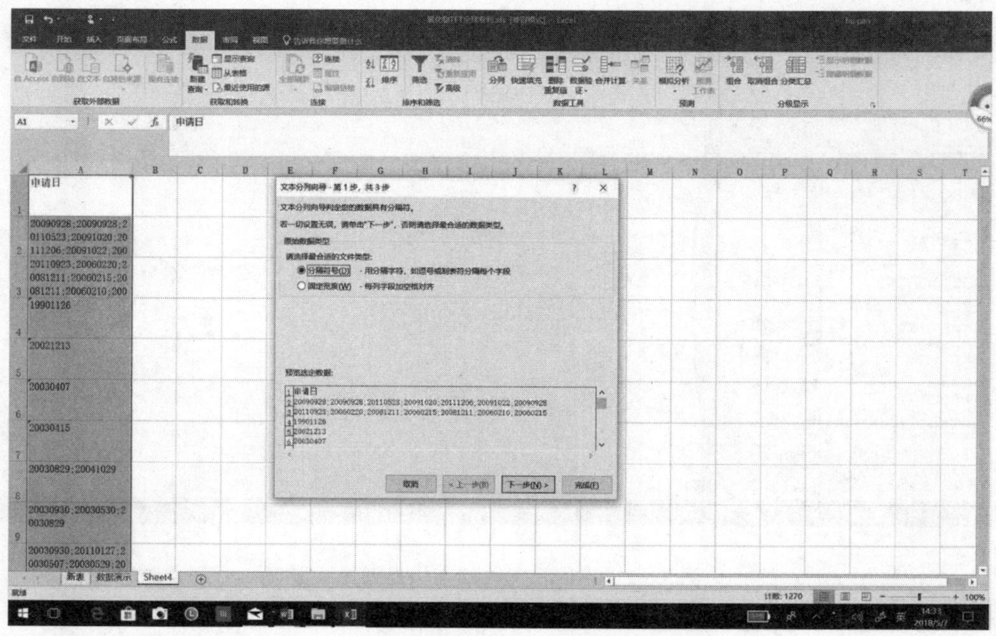

图 5 - 3　申请日字段规范化处理第 3 步

进入文本分列向导第 2 步，选择“分号”作为分隔符号，然后点击【下一步】，如图 5－4 所示。

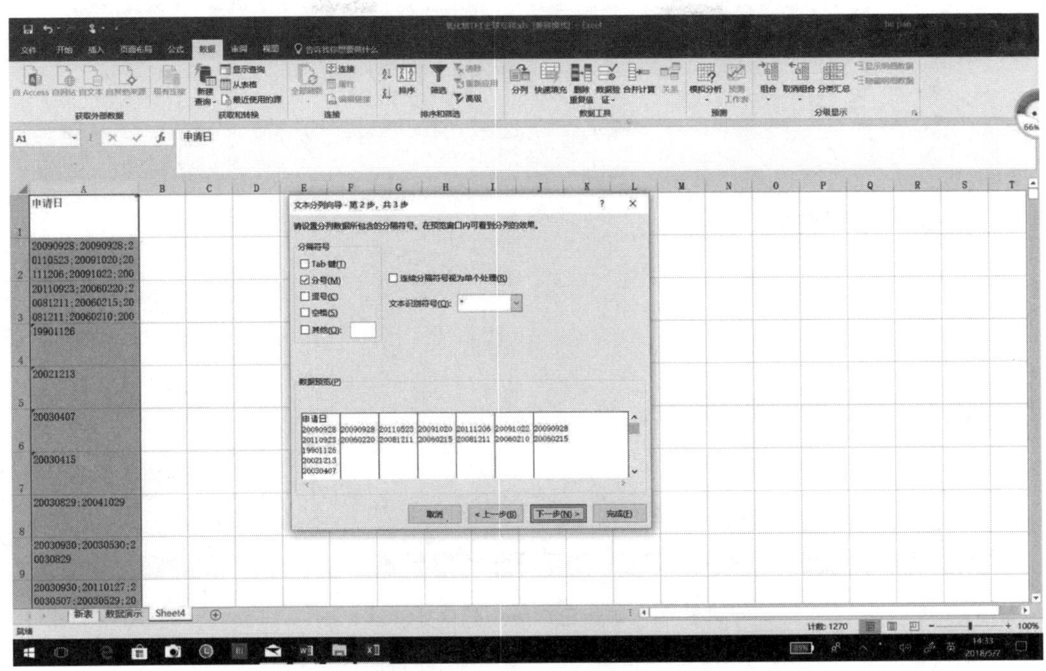

图 5－4　申请日字段规范化处理第 4 步

然后点击【确定】后完成分列，如图 5－5 所示。

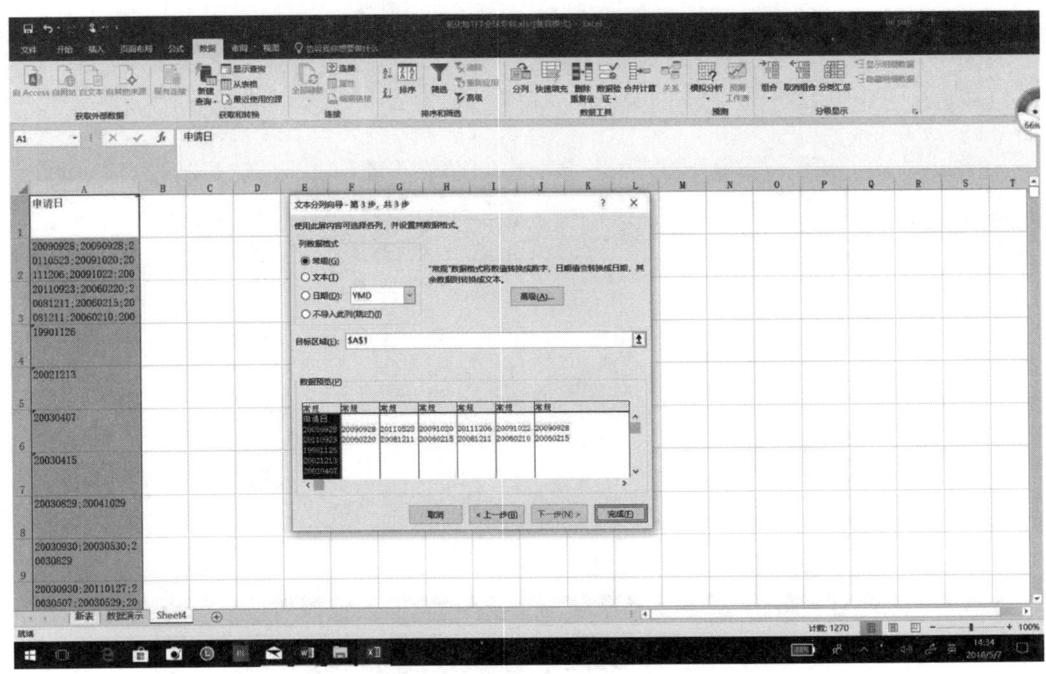

图 5－5　申请日字段规范化处理第 5 步

然后在第一列之前插入一列，用于计算最早申请日，如图 5－6 所示。

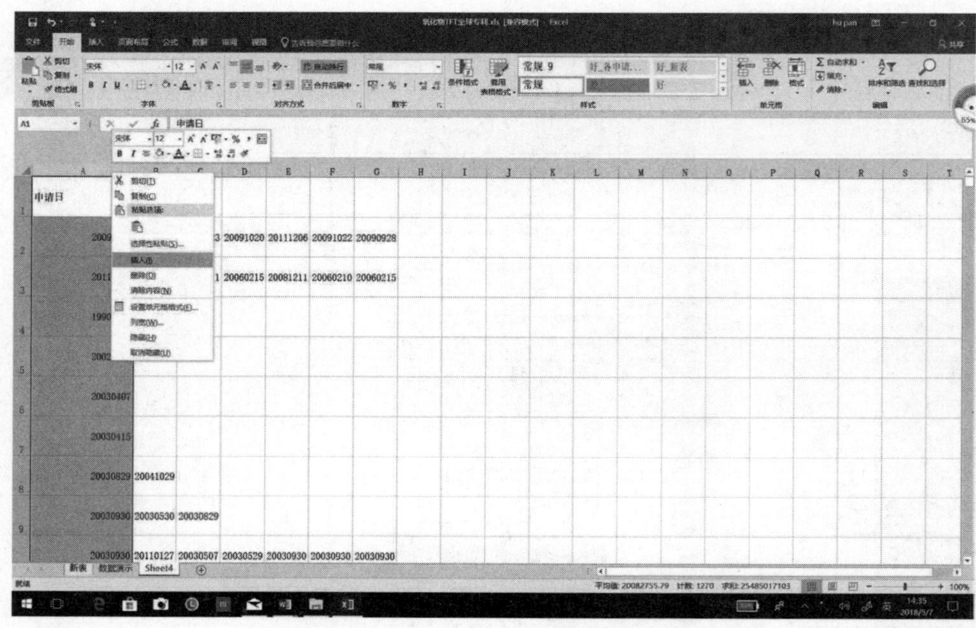

图 5－6　申请日字段规范化处理第 6 步

在 A2 中输入“＝min（B2：Q2）”，需要说明的是具体分列后的最多列确定，最多列的确定可是利用 Excel 中的算动筛选功能确定，例如，如果分列后直到 Q 列都有数据，R 列没有任何数据，则输入“＝min（B2：Q2）”，如图 5－7 所示。

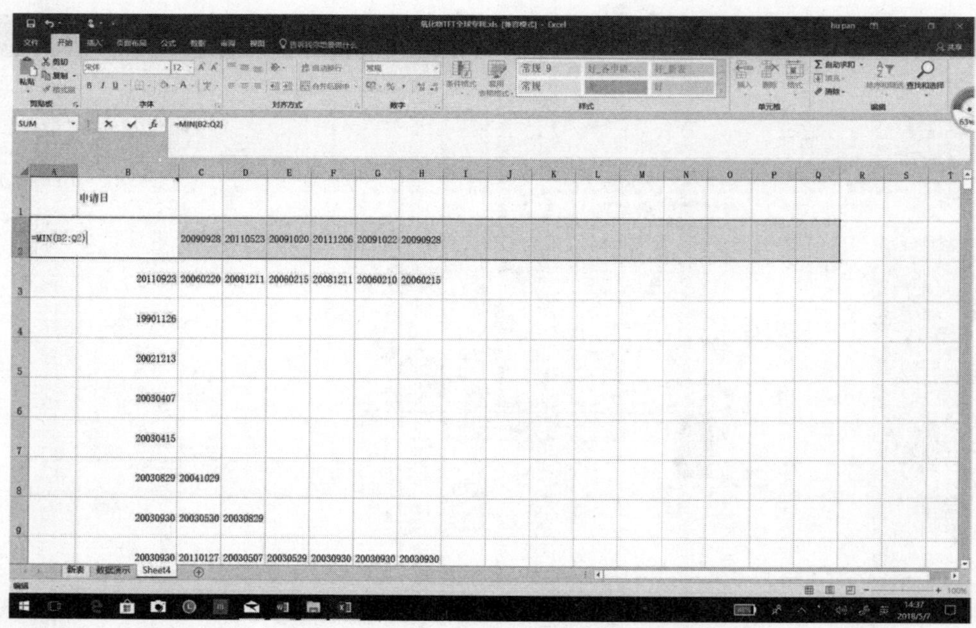

图 5－7　申请日字段规范化处理第 7 步

复制上述公式直到最后行，即可获得申请日，如图5－8所示。

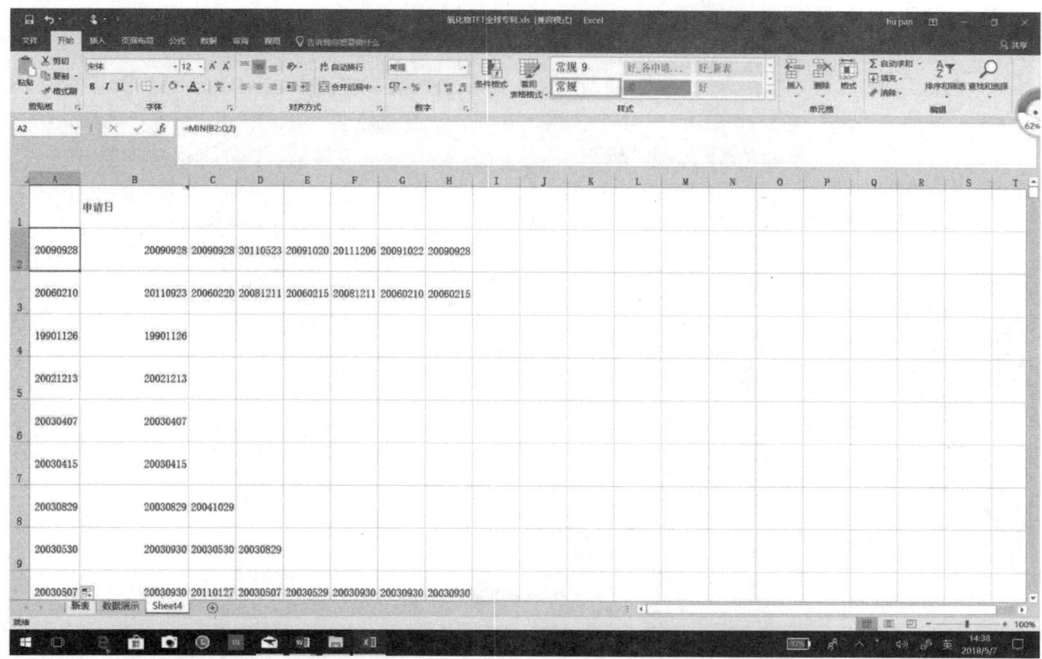

图5－8　申请日字段规范化处理第8步

将处理后的数据复制到表格中，从而完成申请日的规范化，如图5－9所示。

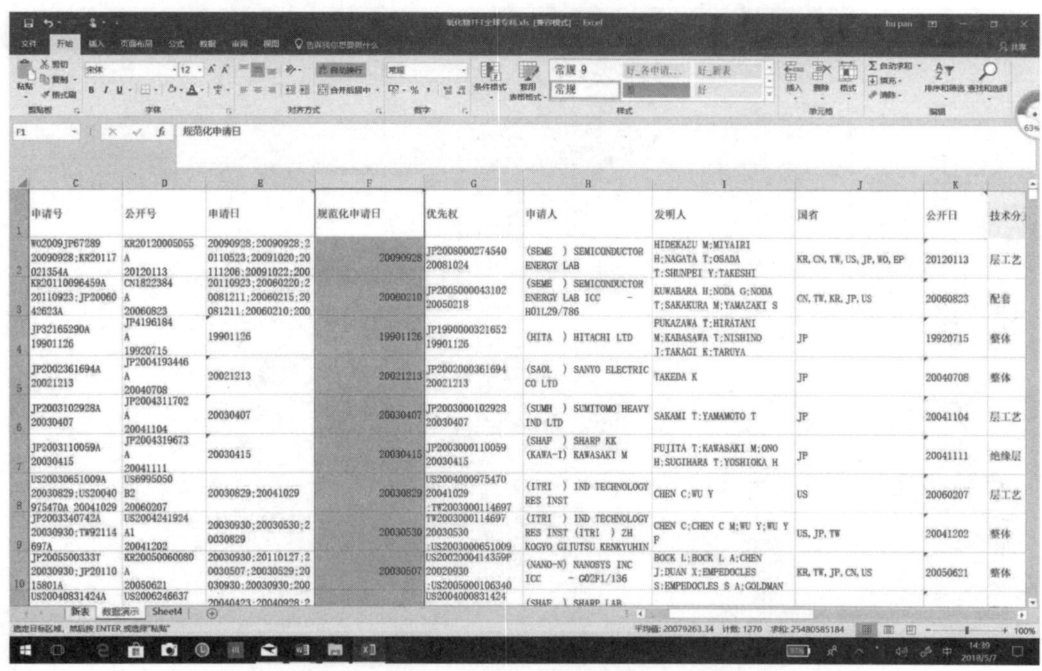

图5－9　申请日字段规范化处理第9步

2）如果数据中没有申请日字段，则需要从申请号字段进行提取，具体步骤如图5－10至图5－16所示。

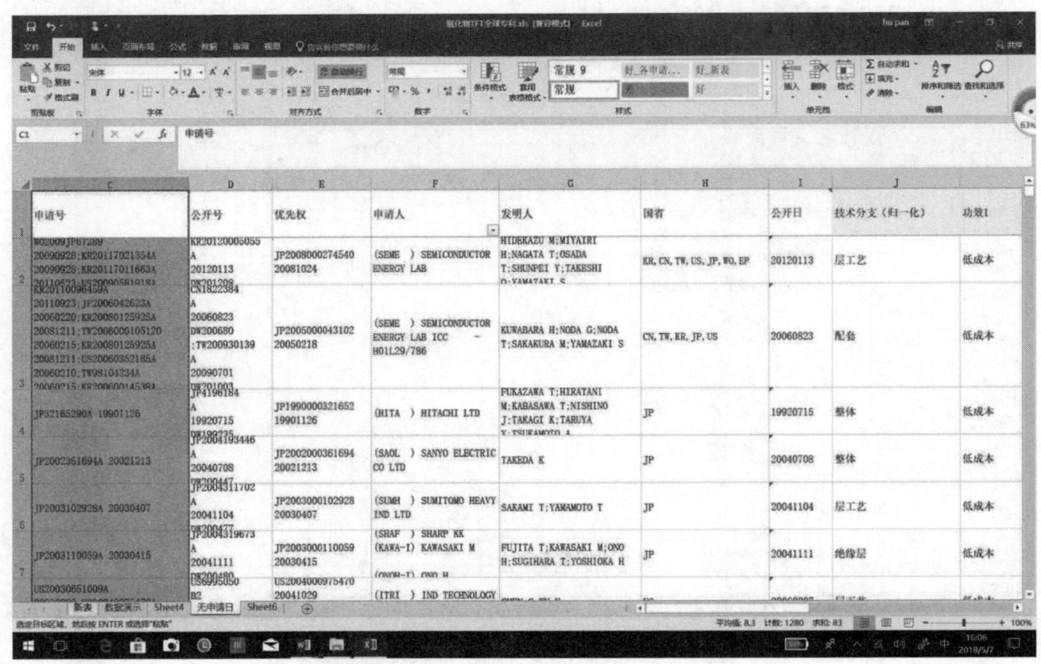

图5－10　无申请日字段数据规范化处理第1步

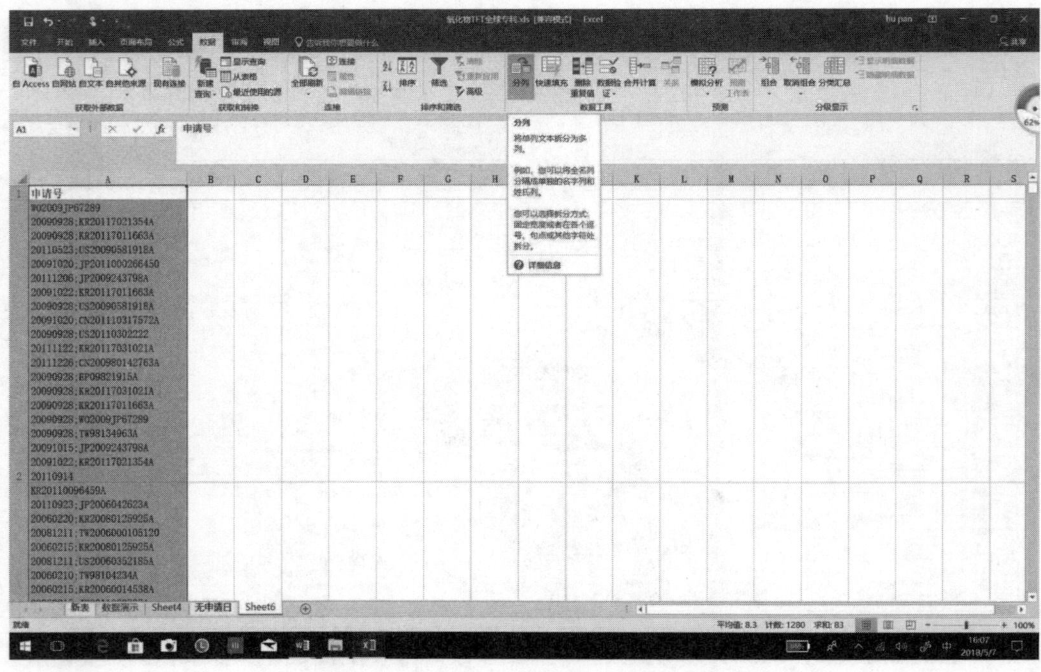

图5－11　无申请日字段数据规范化处理第2步

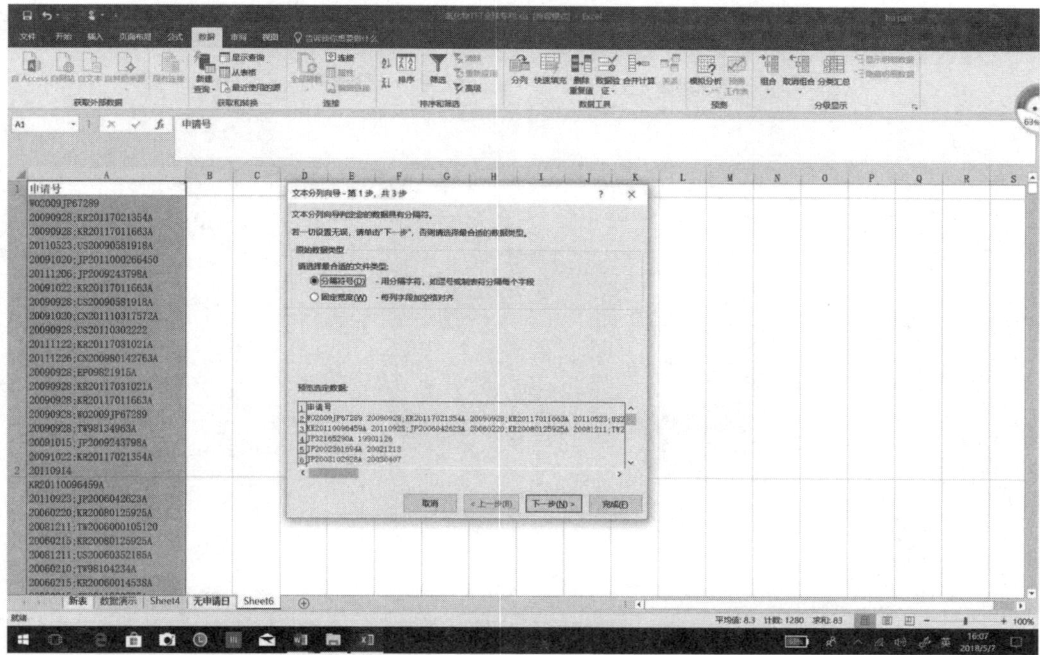

图5-12　无申请日字段数据规范化处理第3步

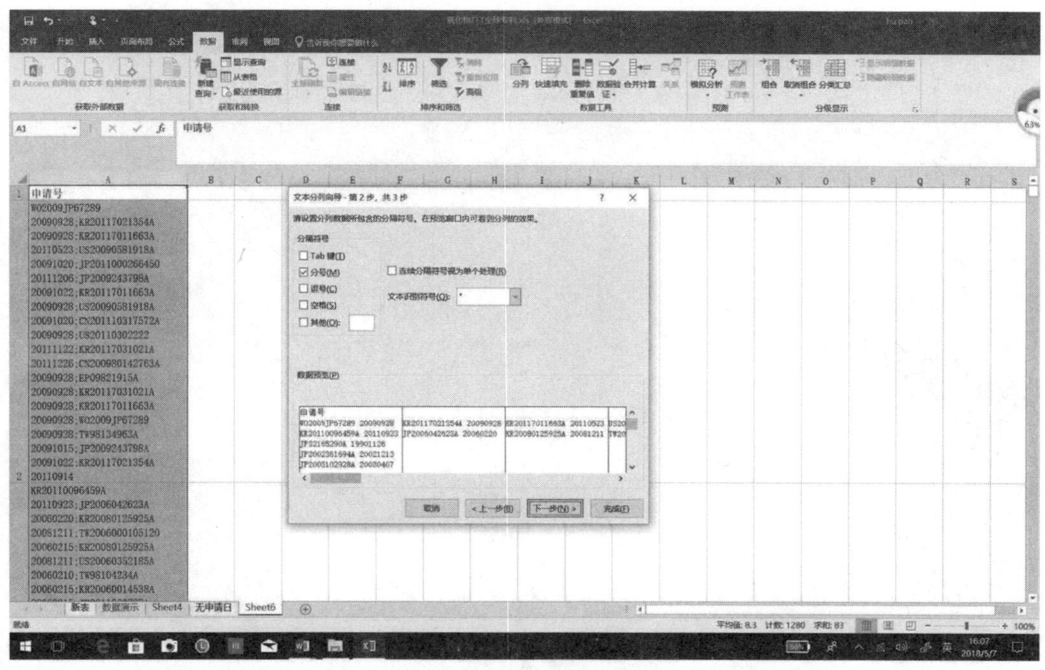

图5-13　无申请日字段数据规范化处理第4步

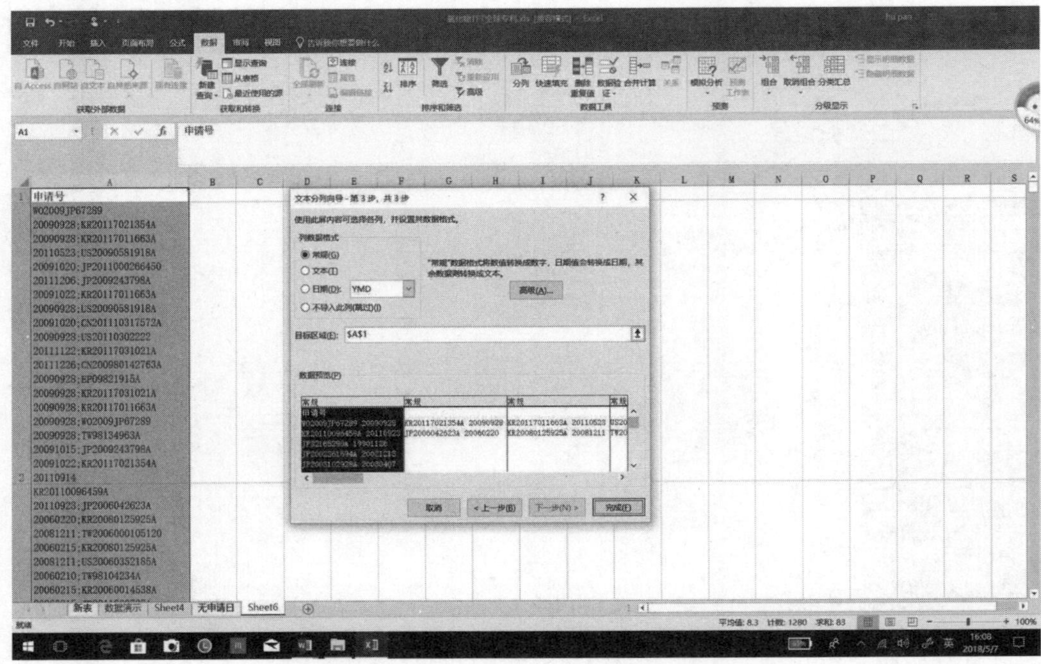

图 5－14　无申请日字段数据规范化处理第 5 步

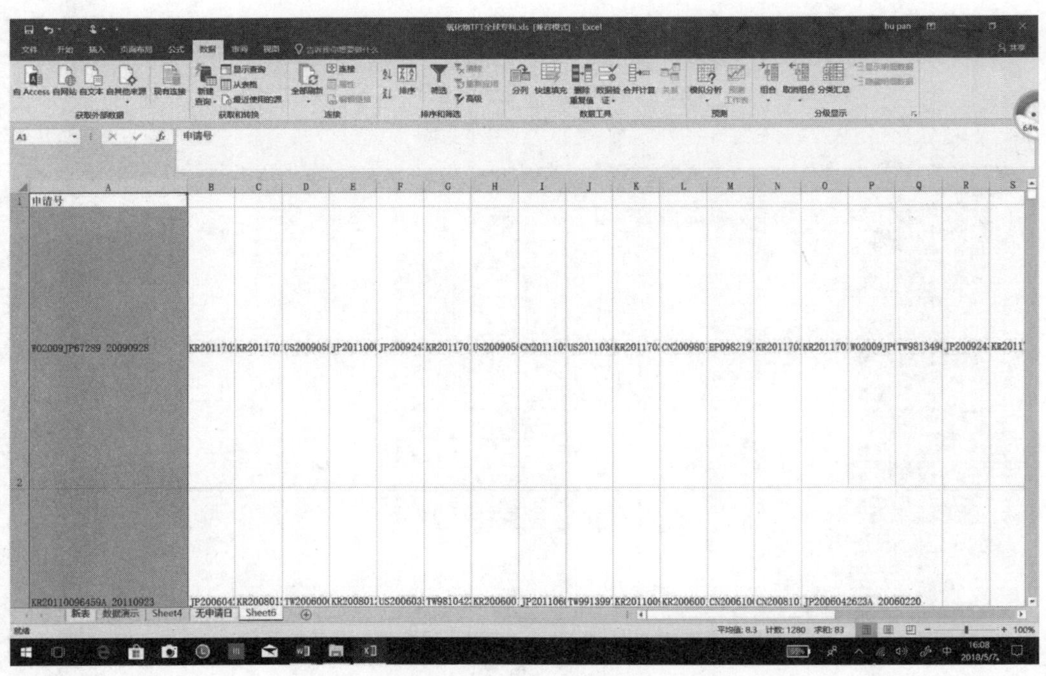

图 5－15　无申请日字段数据规范化处理第 6 步

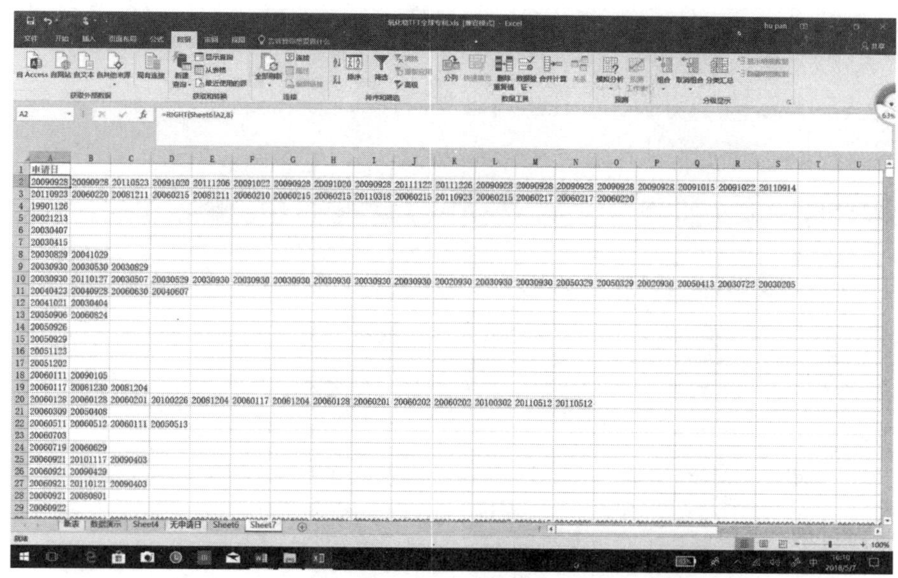

图 5－16　无申请日字段数据规范化处理第 7 步

后面的步骤与上面的情况相同。

3）如果有申请日字段，但是申请日字段中仅有一个日期时，需要分析数据库的日期是否正确。如果申请日正确，则可以直接使用申请日；如果数据库中的数据存在错误，则需要分析人员重新提取。例如图 5－17 是从 Epodoc 数据库导出由某系统自动化处理得到的数据，明显可以看到第二条记录中处理的申请日并非最早的申请日。这种情况下应从申请号中重新提取申请日，提取的方式具体见上面的方法。

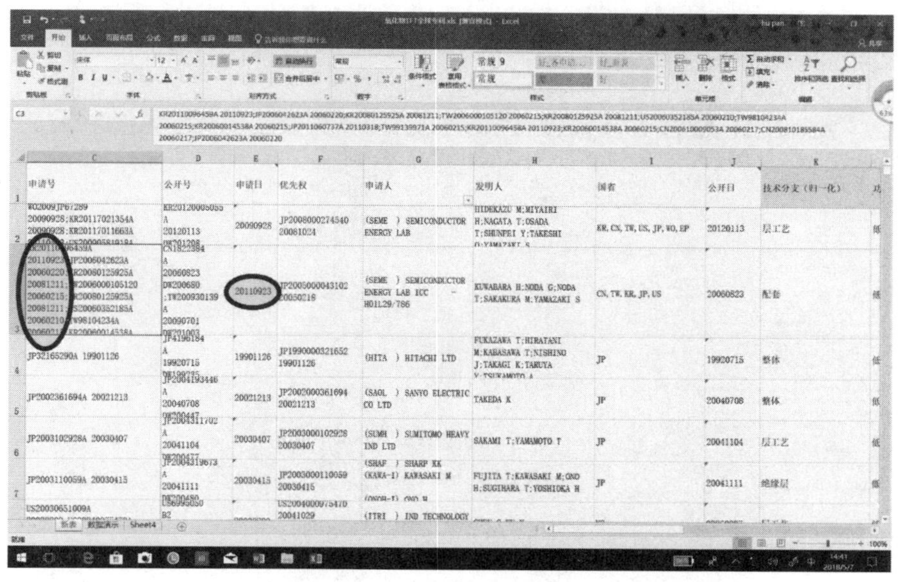

图 5－17　Epodoc 数据库导出经自动化处理的数据

（2）判断申请日中是否存在标识符，如果有，去除数据中的标识算符（例如空格、Tab 键等），没有进入直接进入下一步。

方法一：用 Excel 打开数据，在申请日之后插入一列辅助列，在辅助列 F2 中输入“left（E2，1）”，如图 5－18 所示。

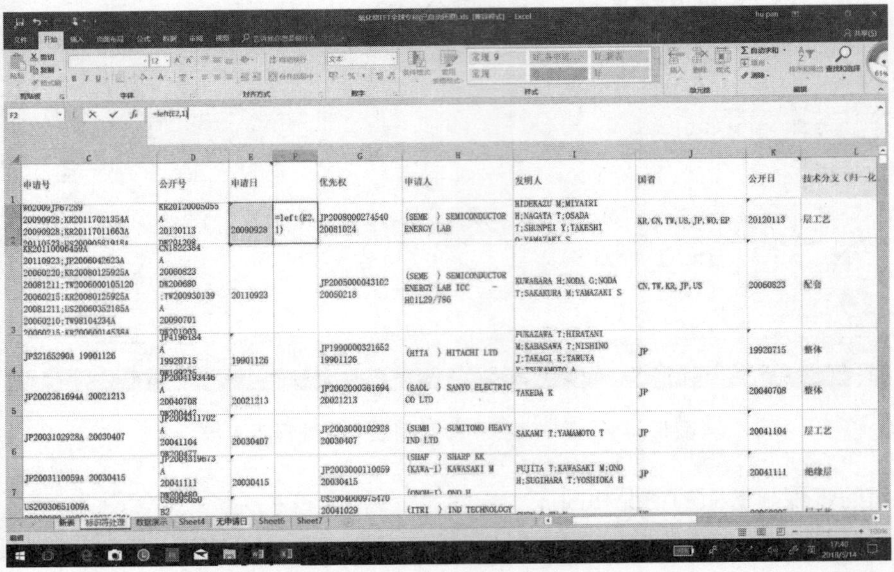

图 5－18　Excel 去除标识符第 1 步

复制 F2 到 F 列全列，如图 5－19 所示其值为空，表示有表示算符；如果为 2 或 1 等数值，表示前面没有标识符号。如果有标识算符或者部分数据有标识算符，则在 F2 中输入“＝IF（OR（LEFT（E2，1）＝2，LEFT（E2，1）＝1），E2，RIGHT（E2，LEN（E2）－1））”。

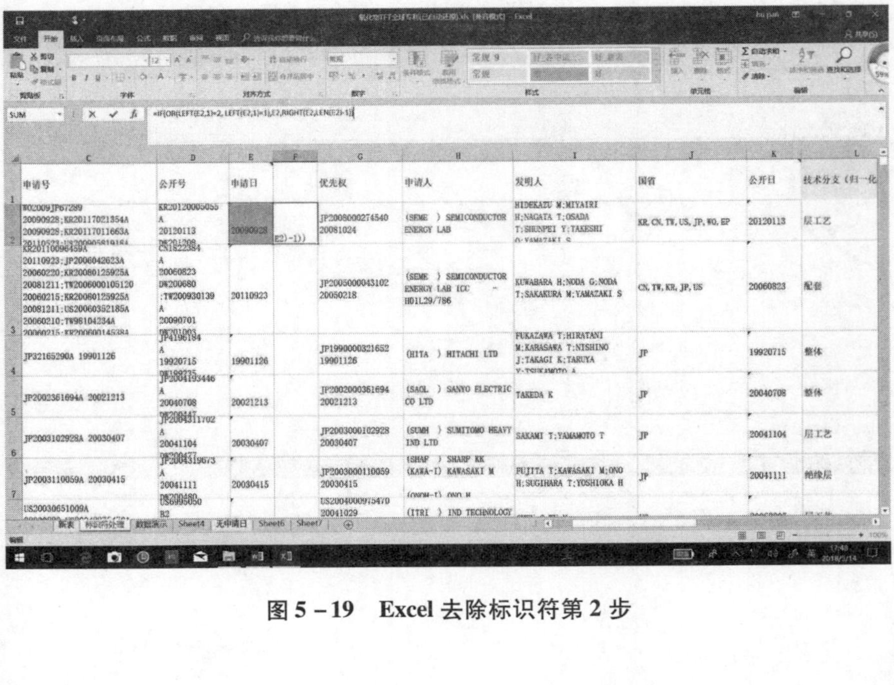

图 5－19　Excel 去除标识符第 2 步

然后复制 F2 到全列，完成申请日的规范化。

方法二：用 TXT 打开数据，然后查看申请日数据前是否存在标识符号。如果有，则利用文本中的替换功能将标识符号替换为空即可完成申请日的规范化。

（3）获取分析维度字段。一般情况下，获取申请的年份即可。对于技术更新较快的领域，有些时候分析维度可能要到季度或者月份。

首先插入一列作为提出维度存放的位置。

1）对于仅需要分析年份的情况下，在 G2 中输入 “ = left （F2，4）”，如图 5 - 20 所示。

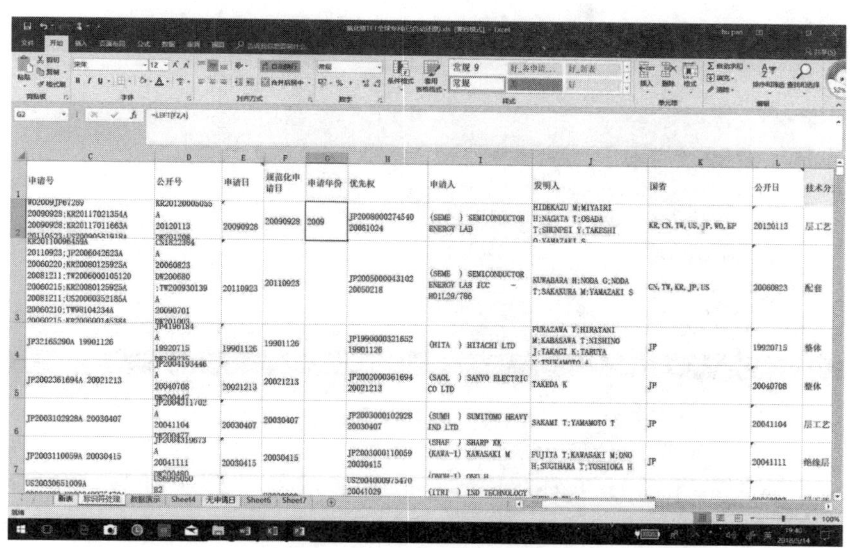

图 5 - 20　Excel 中提取申请日年份第 1 步

复制 G2，在整列中粘贴，完成申请年维度的提取，如图 5 - 21 所示。

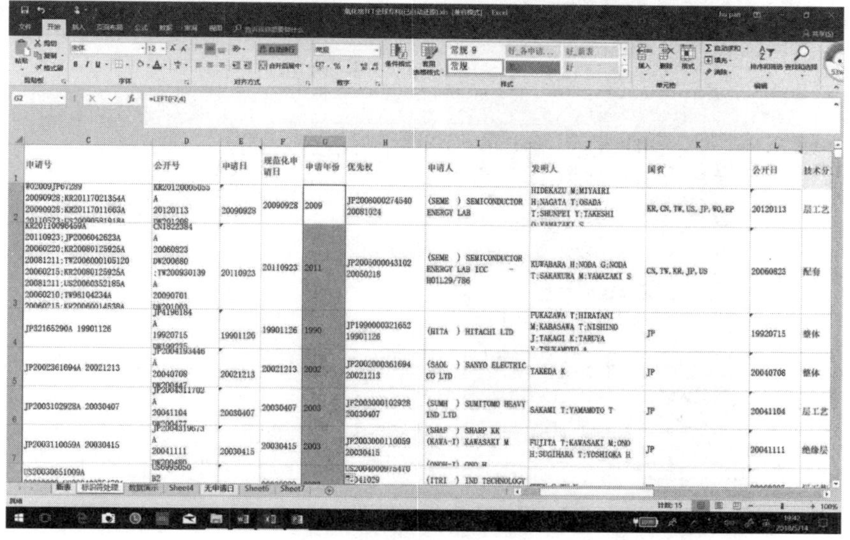

图 5 - 21　Excel 中提取申请日年份第 2 步

2）对于分析维度需要精确到月份的情况，在 G2 中输入“ = left（F2，6）”，然后复制 G2，在整列中粘贴，完成申请年月的提取，如图 5 - 22 所示。

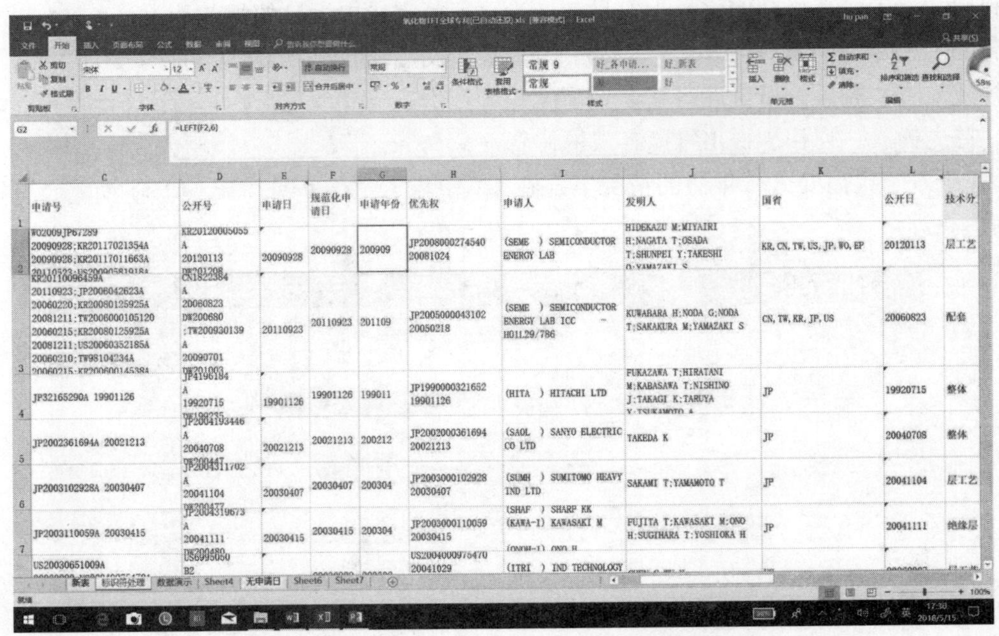

图 5 - 22　Excel 中提取申请日月份的方法

（4）将所有规范化的日期列（F 列）以及提取的分析维度列（G 列）复制，在该列中选择【选择性粘贴】，选择【值和数字格式】，点击【确定】，完成申请日的规范化。

总之，日期型数据的规范化的步骤如图 5 - 23 所示。

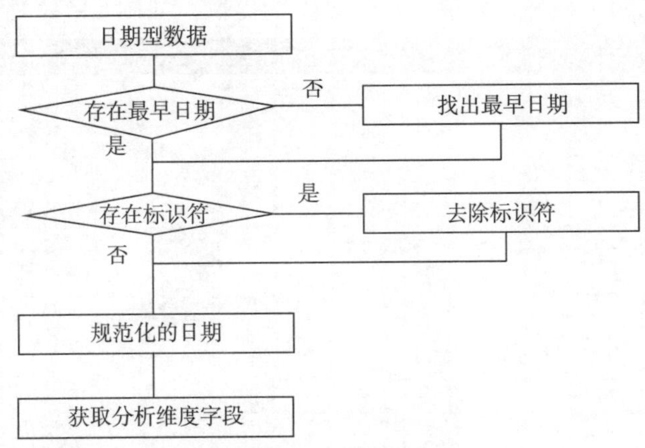

图 5 - 23　日期型数据的规范化流程

优先权日是除了申请日以外另一个更重要的日期型数据，其规范化的方法与申请日完全相同，按上面的步骤进行规范化即可。

需要指出的是，专利分析中趋势类分析的申请日不是申请日，而应该是在存在优先权日时以规范化的优先权日为准，不存在优先权日时以申请日为准。换言之，专利分析中的申请日应该以优先权日和申请日中最早的日期为准。

5.2.2　数值型数据处理

数值型数据规范化一般包括两种类型的数据：一类是原始数据本身就是数值型数据，只不过需要将这些数值型数据统一为相同格式的数据，方便后续专利分析，例如权利要求数量、说明书数量等；另一类是原始数据本身并非数值型，但是数据分析的内容是数值型数据，分析人员需要将原始数据规范化为数值型数据，例如申请局数量、五局数量、申请人数量等。

对于第一类数据，由于数值型属存在数据类型及格式等不同，因此分析人员只需要根据数据的情况进行相应的规范化即可。此类规范化主要包括去除数据中的标识算符、根据相应的类型规范化为统一的格式等。具体的规范化方法与日期型的方法类似，读者根据上小节方法进行规范化即可。

对于第二类数据，分析人员需要首先了解要分析的内容，然后根据目的将数据从原始数据中分析出即可。下面以申请局数量、五局数量为例，详细介绍数据型数据的规范化。

申请局数量和五局数量主要来源为申请号中申请国别，还可根据公开号中的申请国别来获得。下面以从申请号中规范化申请局数量数据为例来介绍，具体做法如下：

（1）复制申请号列，粘贴到新的 sheet 中；将申请号列分列，并获得申请号中的国别（“=left（A2，2)”），然后利用去除重复项获得申请号中出现的所有国别。

当然，分析人员也可以利用其他途径获得所有申请国国别，备用。

（2）在 D2 中输入"=COUNTIFS（C2,"*"&"KR"&"*"）+COUNTIFS（C2,"*"&"JP"&"*"）+COUNTIFS（C2,"*"&"US"&"*"）+COUNTIFS（C2,"*"&"CN"&"*"）+COUNTIFS（C2,"*"&"TW"&"*"）+COUNTIFS（C2,"*"&"EP"&"*"）+COUNTIFS（C2,"*"&"GB"&"*"）+COUNTIFS（C2,"*"&"AU"&"*"）+COUNTIFS（C2,"*"&"DE"&"*"）+COUNTIFS（C2,"*"&"FR"&"*"）+COUNTIFS（C2,"*"&"IN"&"*"）+COUNTIFS（C2,"*"&"RU"&"*"）+COUNTIFS（C2,"*"&"CA"&"*"）+COUNTIFS（C2,"*"&"BR"&"*"）"（参见图 5－24）。

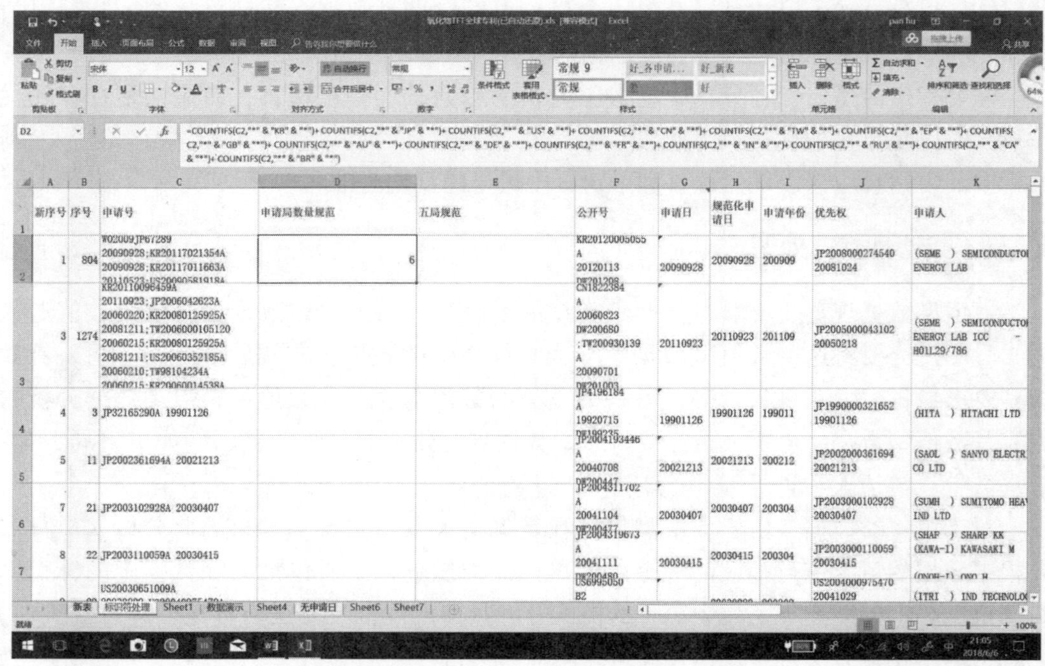

图 5－24　Excel 公式提取申请国国别第 2 步

（3）复制 D2 到 D 列，如图 5－25 所示。

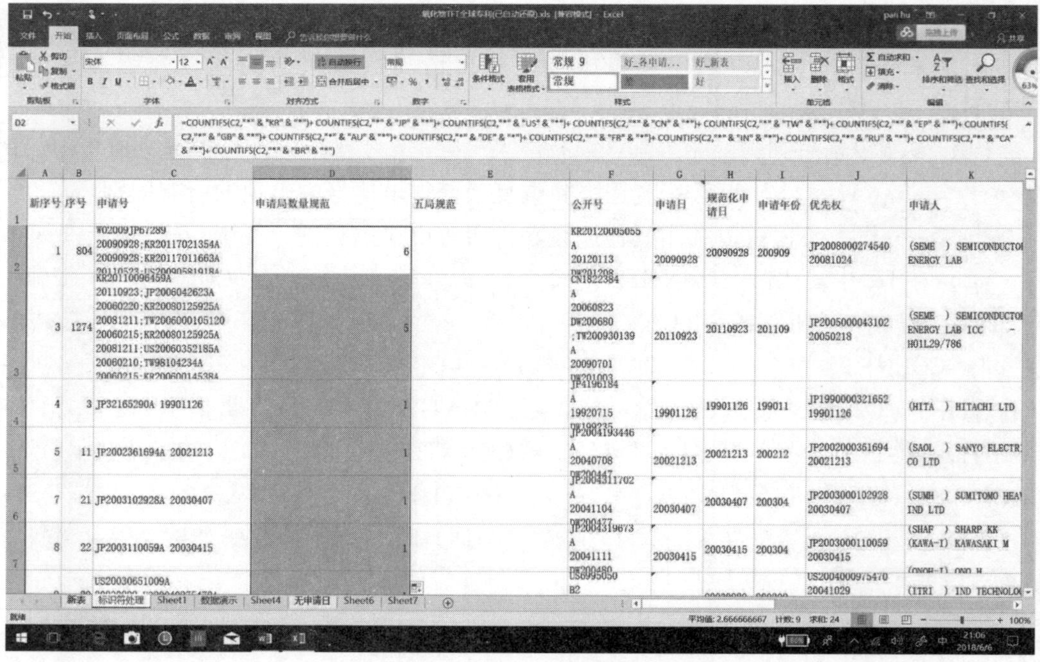

图 5－25　Excel 公式提取申请国国别第 3 步

（4）复制 D 列，然后选择【选择性粘贴】，完成申请局数量规范（参见图 5－26）。

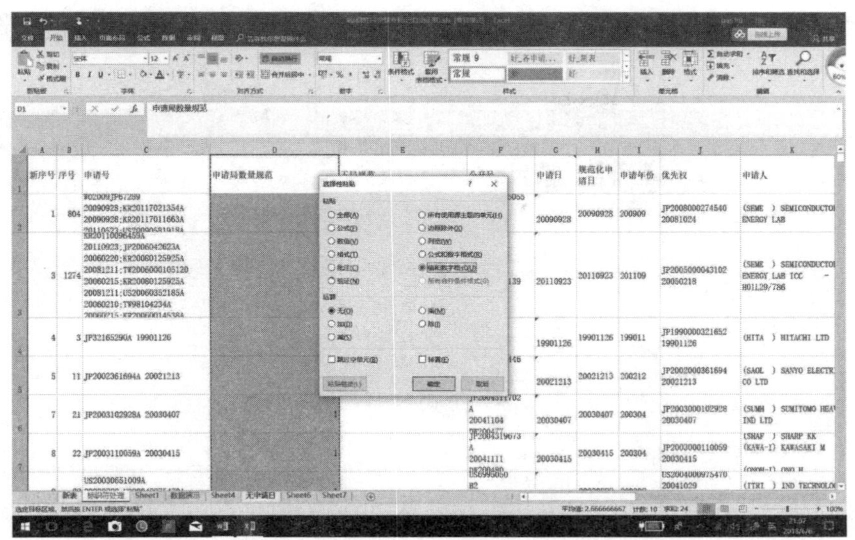

图5-26　Excel公式提取申请国国别第4步

对于五局数量规范化，与申请局数量的规范化方法相同，不同点仅是计算局数量时，仅计算“CN、US、EP、JP、KR”五局即可。

5.2.3　文本型数据的规范化

文本型数据的规范化主要就是将各类不同表述的内容统一成规范化的格式，主要利用工具的替换等功能完成。下面以Excel为例介绍替换功能的使用，然后简述几个常见的文本型数据的规范化方法。

首先，选中要替换的范围（以A列为例，即选中A列），点击【开始】-【替换和选择】-【替换】，如图5-27所示。

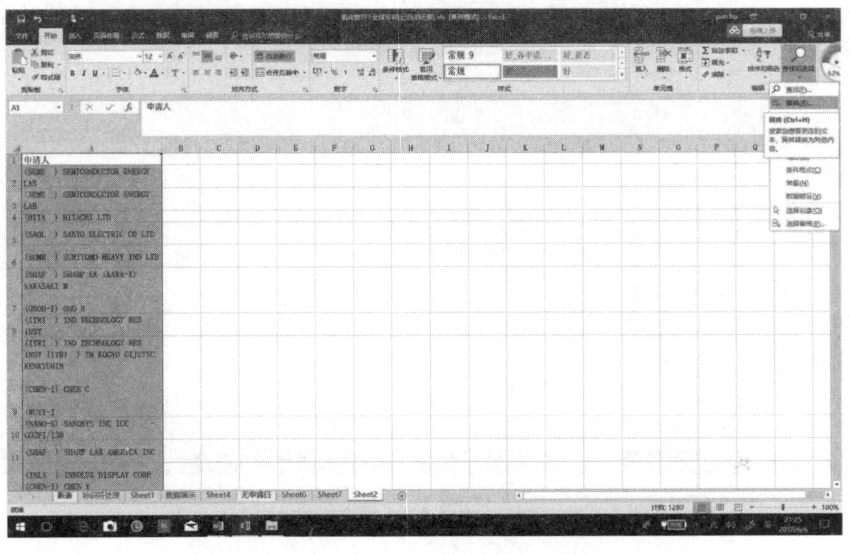

图5-27　Excel文本替换规范化数据第1步

其次，将替换的内容和替换后的内容填写好后点击【全部替换】，如图 5－28 所示。

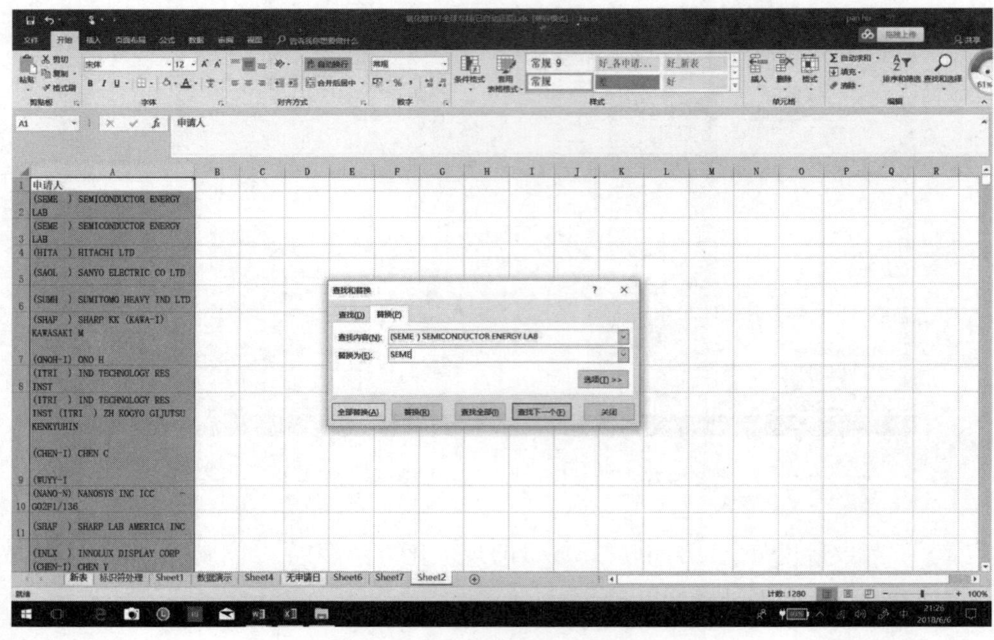

图 5－28　Excel 文本替换规范化数据第 2 步

最后，点击【全部替换】完成替换，如图 5－29 所示。

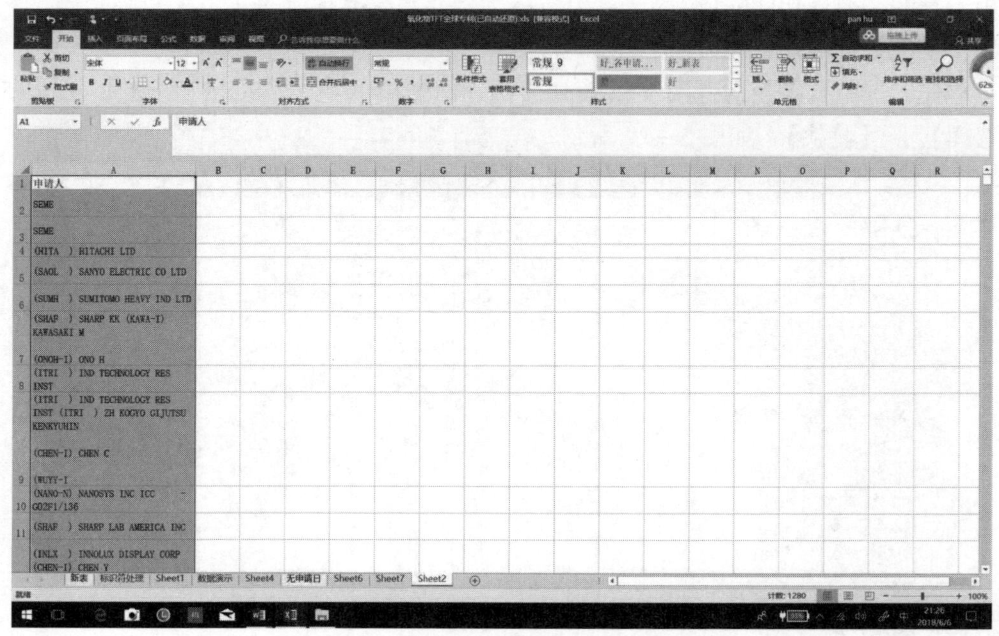

图 5－29　Excel 文本替换规范化数据第 3 步

具体的文本数据规范化项目众多，主要规范化的内容包括申请人名称、发明人名称、公开号等的规范化。

（1）申请人名称规范化

申请人分析是专利分析中一个十分重要的内容，因此申请人名称规范化是文本型数据规范化的重要而且是必须进行的项目。申请人不规范的内容包括：同一申请人在相同数据库和/或不同数据库中名称的不统一；申请人名称重复/叠加出现；申请人名称的改变、申请人关系的确定、申请人类型的确定、申请人的国籍确定等；相同申请人的名称表述在局部存在差异；总公司与子公司导致的申请人差异；合资公司、重组兼并、公司改名等导致不规范。利用工具的替换作用将申请人名称中上述不规范规范化为相同的申请人名称。

（2）发明人名称的规范化

发明人名称的规范化就是对同一发明人在各数据源中的不同的语言、拼写表达方式进行统一化处理。比如：在 Excel 中统一发明人名称的方法是利用 Excel 中的替换功能，将不同源的发明人名称替换为统一的发明人名称。由于难以对所有的专利申请的发明人名称进行处理，一般情况下，主要利用 Excel 针对申请量排名靠前和知名的发明人、主要公司的研发团队的发明人进行替换即可。

（3）公开号等的规范化

公开号等的规范化是指对于一个国家/地区对同一公布级在不同时期使用的不同字母代码进行统一化处理，并对 CPRS 早期数据中缺少公开号的文献补充其公开号。这种项目的规范化通常采用人工规范化。在 Excel 中，利用筛选功能筛选出公开号为空的专利申请，人工补充其公开号。对于不同时期时使用的不同字符代码，在 Excel 中，利用筛选功能筛选出特定时期的专利申请，使用 Excel 的替换功能更换成统一化后的字母代码。

第6章　数据的深加工：标引

从整个专利分析的流程角度来看，专利分析中数据标引是数据处理的最后一个环节。其是指根据不同的分析内容和所要呈现的分析结果，对检索数据记录添加若干数据标签，从而有利于在后续信息呈现环节中，根据不同的分析项目定位并筛选出有效的数据记录，提高专利分析工作的整体效率。数据标引结果的准确性和规范性将直接影响后续信息呈现和分析环节的可信度。因此，数据标引环节是整个专利分析流程至关重要的一环。

然而，数据标引环节是伴随着分析人员对技术文献理解的不断加深而逐步进行的，因此，其必然会导致前期技术分解表、检索策略等的动态调整。本章将从数据标引所涉及的内容出发，逐步探讨其基本原则和基本方法，以期为分析人员在开展数据标引时提供相关帮助。

6.1　数据标引的基本内容

数据标引的内容包括每条专利信息的基本字段和自定义编辑字段两大类。其中，基本字段是由专利本身属性决定的，其占据数据标引的大部分内容，概括起来有如下几类（如图6－1所示）。

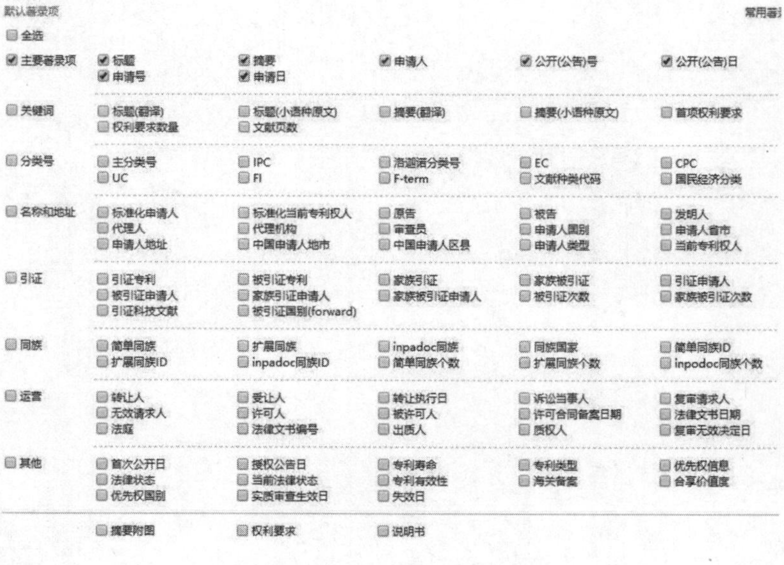

图6－1　基本字段的主要类别

（1）著录项目类信息：包括标题、摘要、申请人、公开号、申请号、申请日、优先权日等；

（2）关键词类信息：包括标题（或翻译）、摘要（或翻译）、独立权利要求等；

（3）分类号信息：主分类号、IPC、CPC、EC、UC、FI、FT、洛迦诺分类号、国民经济分类等；

（4）名称和地址信息：标准化申请人、申请人国别、申请人类型、中国申请人地市区县等；

（5）专利引证信息：如引证专利、被引证专利、被引证次数、被引证国别等；

（6）同族信息：inpadoc 同族、扩展同族、同族国家、同族个数等；

（7）专利运营信息：如转让人、受让人、法律状态、复审请求人等。

上述基础标引字段虽然内容较多，但并不因分析人员的不同而变化。因此，其标引内容较为固定，分析人员在进行具体专利项目实施时，可以根据分析项目的需求，选择合适的标引信息。值得一提的是，目前主流的专利分析系统均支持对基础字段的自动化导出，因此，专利分析人员可以将有限的精力放在自定义编辑字段的标引上。

自定义编辑字段则是专利分析人员从技术角度对每篇文献分配的标签。一般包括：独权概要、一级技术分支、二级技术分支、三级或四级技术分支、技术问题、技术手段、技术效果等。在上述自定义编辑的标签中，诸如技术分支，需要分析人员在理解每篇文献的基础上，从事先定义好的技术分解表中选择出恰当的分支属性，将其标注。而其他如技术问题、技术手段等则需要分析人员基于技术方案的理解将其抽象概括出来。

6.2　数据标引的基本原则

正如前文所述，数据标引环节和专利分析流程中的技术分解表、检索策略环节密切相关。可以说技术分解表是指导数据标引的蓝图，而数据标引环节对技术分解表的制作也会产生反馈和调整的效果，甚至根据标引的结果，对前期检索策略环节还需要作出调整。因此，本书有必要对技术分解环节先作一定总结和说明。

6.2.1　技术主题分解环节的定位

技术主题分解是专利分析前期的基础性工作，具有提纲挈领的作用。通过清晰、准确的技术分解得到一张技术主题分解表，有利于专利分析人员从技术上统一对该课题技术分支的认识，是分析人员分工合作的基础。其在明晰各个技术分支的基础上界定了专利分析中各个分析主题的技术范畴，是指导后续数据检索环节的重要指南，防止数据标引环节的数据交叉与重叠。此外，一张准确的技术主题分解表还是撰写高质量专利分析报告的重要基础，能凸显分析报告的技术价值，便于与行业技术人员进行交流。

6.2.2　技术主题分解的原则

技术主题分解是围绕研究的技术主题进行的，既要便于分析人员进行后续的数据检索，也要符合行业的一般技术规范，得到行业技术人员的认可。因此，它既不同于专利分类，也和行业的技术划分有一定差别，是带有专利分析烙印的一种技术分解工作。

（1）充分调研，对接行业

专利分析报告的研究对象是行业某一特定技术领域。因此，该领域专家和技术人员应该最熟悉其技术现状，专利分析人员应当在初步检索的基础上大致了解该技术行业，并根据掌握的现有专利和非专利资料拟定初步的技术主题分解表。在此基础上，分析人员最好能和行业专家或技术人员进行充分的沟通，条件允许的话，可以安排分析人员去行业一线实地参观调研。这样，可以确保得到一张行业普遍认可、能够契合当前技术发展现状、反映技术热点的技术主题分解表，避免在后期进行频繁的调整。

（2）便于检索，数据适中

技术主题分解的核心目的在于对分析主题进行技术剥离和进一步细化，并针对细化后的各技术分支进行相应的数据采集。因此，分解的各技术主题要具有“可检索性”，即分析人员能够在数据检索阶段，利用检索系统的对话语言表达该技术主题，并将该主题下的专利文献尽可能地检索出来。此外，还需要兼顾各个技术分支下的专利文献数据量，避免某些分支下数据量过少，否则后续分析阶段将难以进行数据分析，画出的图表也很难做到美观和协调。

（3）边界清晰，重点突出

技术分解表一般采用一级、二级、三级、四级方式进行技术分支划分。因此，分析人员需要对各个技术分支下的技术含义赋予较为清晰、明确的定义，避免边界重叠，这样才能使后续标引的数据更加准确。此外，由于企业的经营范围通常只涉及某一行业的某几个技术分支，它们可能对自己的研究方向更感兴趣，因此，考虑到分析报告的可读性，分解的各个分支既要能涵盖行业的主要研究范围，也要能突出当前的技术热点，使得阅读人员在了解行业整体发展态势的基础上，获得其深耕的研发技术领域的技术情报。

（4）灵活调整，科学准确

技术分解工作并非一蹴而就，需要分析人员不断地进行动态调整。一方面需要在听取行业专家和技术人员的反馈建议后进行适当的调整，使其符合创新主体的需要；另一方面，还需要根据实际的检索结果、数据量、标引难度进行适当的拆分和组合，以保证后续分析工作的顺利进行。另外，在图表制作和报告撰写阶段如果发现有不符合实际情况的现象，例如，现实情况是该技术分支下的申请量是逐年上升的，但绘制出来的图表却存在几个低谷，则需要查找原因，对技术分解表进行适当的调整，使报告的分析结论与实际相符合。

6.2.3 技术分解环节的几种常见形式

分析人员在掌握技术主题分解的原则并充分了解技术主题发展情况的基础上，就需要着手分解所要分析的技术主题，得到一张技术分解表，从不同层次展示该技术主题所涉及的技术分支，从而便于后续标引。限于时间和精力有限，本小节将专利分析项目中几种常见的技术分解环节总结如下。

（1）从产品类型入手，以产品结构为分解边界

当所要分析技术主题的产品线类型定义清晰时，可以尝试从产品类型角度入手，层层分解，以最终分解到具体的产品结构为目标，划分出边界清晰的技术分支。

图6－2为断路器课题中的技术分解表。笔者对其技术分解过程作简要分析：由于断路器的应用场合既有普通的家用220V低压断路器，也有30KV以上的高压断路器，不同电压等级的断路器在结构上差异很大，因此，课题组首先根据断路器的应用场合（电压等级）的不同将断路器的产品类型划分为三类：低压断路器、中压断路器和高压断路器，此为一级技术分支。以低压断路器为例，产品类型又可以分为框架式、塑壳式和小型式，因此，二级技术分支继续按照产品类型分类，分为框架式断路器、塑壳式断路器、小型断路器。再以小型断路器为例，根据其在电路中所起的作用，可以分为短路保护、过载保护、欠压保护、漏电保护四种，每种保护作用都有对应的电路结构支撑。以短路保护为例，其主要具有触头系统、操作机构、灭弧系统、脱口机构和外壳。此即所要研究的技术分支，各个分支以电路结构为特征，边界清晰，易于检索，还便于行业技术人员对感兴趣的研究热点进行追踪。

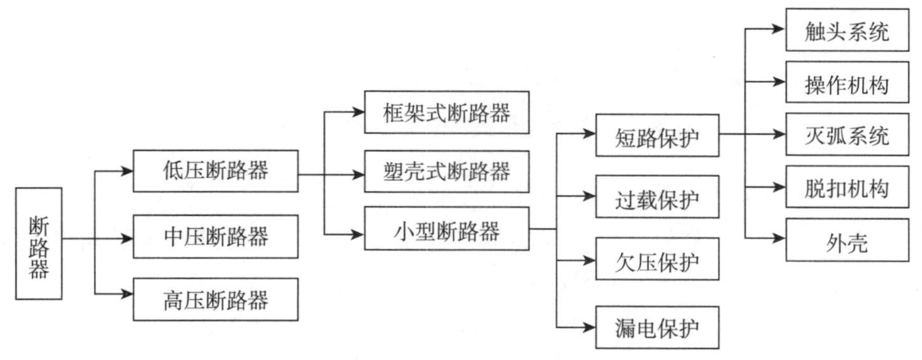

图6－2　断路器技术主题分解表

（2）从产品技术构成入手，逐层进行技术分解

当针对某一特定领域的产品进行专利技术主题分解时，可以从产品技术构成角度入手，分析其产品的技术驱动因素，全方位、多角度、逐层分解制造该产品所涉及的各项技术构成因素。

图6－3为液体变焦透镜技术主题分解表。根据技术原理的不同，液体变焦透镜主要可分为三种：①基于电润湿原理的双液体变焦透镜；②通过机械力改变透镜外形和体积的单液体变焦透镜；③通过加电改变液晶分子排列状态从而引起折射率变化的液晶变焦透镜。以主流技术，即基于电润湿原理的双液体变焦透镜分支为例，从技术层面看，其可以分为四个部分，分别为外壳及外围组件、液体材料、弯月面、电极及驱动；再具体到弯月面技术分支，根据弯月面技术驱动因素可以进一步细分为角度变化、弯月面平移、液体切换等3个三级分支。

该类技术分解从最上位的技术分支出发，依次进行技术剥离，从上到下，逐级分解为更详细、更具体的下位技术分支，直至分解到需要的重要技术分支。

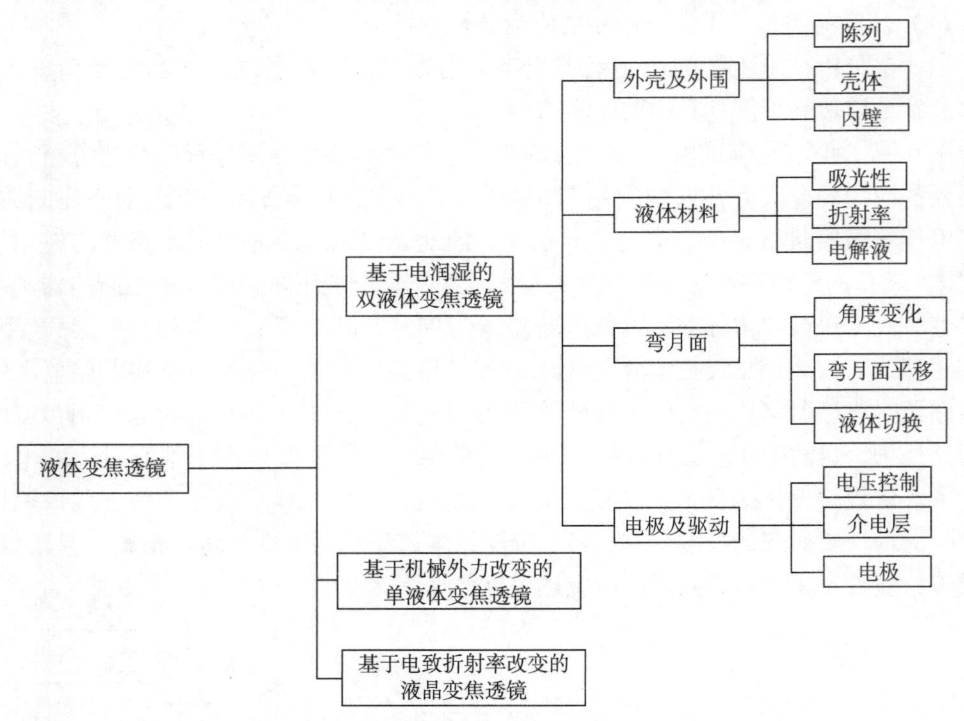

图6-3 液体变焦透镜专利技术主题分解表

(3) 从产业链角度入手，以关键技术环节为分解边界

当产品类型单一，无法划分不同的产品类型时，可以考虑从产业链角度入手，根据其技术输出的全流程，进行关键技术环节的技术划分。

图6-4为ATM存取款机课题中的技术分解表。笔者对其技术分解过程作简要分析：ATM存取款机产品类型单一，世界各主要生产商的产品均为纸币存取款机，因此，可以从纸币存取的全流程入手，考虑ATM存取款机的全产业链，进行主要技术环节的分解。首先是纸币吞吐、分钞传送、纸币暂存环节，上述三个环节是ATM存取款机技术的核心，可以归纳为机芯传输部分。此外，ATM存取款机接收和吐出的纸币需要进行钞票验证，此时需要进行电磁检测、厚度检测、条形码检测、图像识别以及波粒辐射检测等，由此构成了验钞模块。除此之外，ATM存取款机对用户的身份验证也非常关键，主要是信息安全环节，诸如指纹识别、人脸识别、身份验证、交易跟踪等，这些都归纳到信息安全部分。最后是界面显示、键盘输入、凭条打印等用户交互环节。

从以上ATM存取款机技术主题分解过程可以看出，针对产品类型单一的技术主题分解，可以从产业链角度入手，根据技术全流程，以关键技术环节为最终技术分支，并通过对二级技术分支的归纳概括，提炼其上位概念，构成产业链的几个重要组成部分并作为一级技术分支。

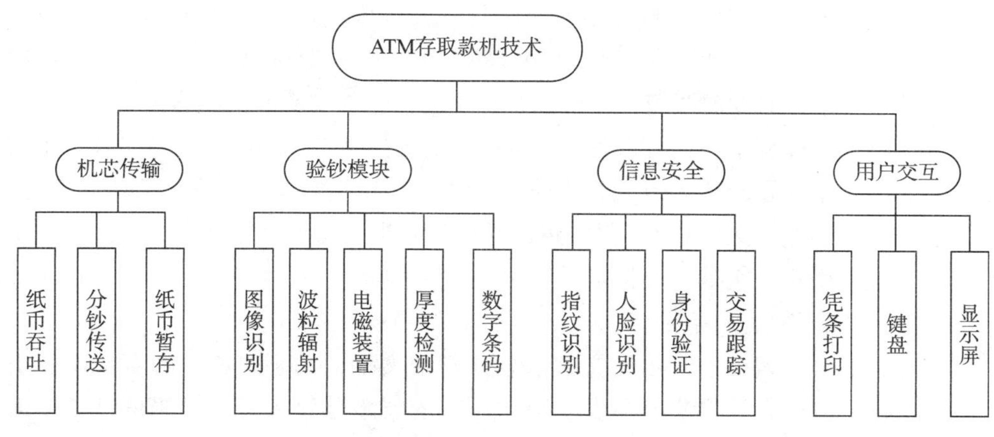

图6-4 ATM存取款机技术主题分解表

6.2.4 数据标引的基本原则

基于前述关于技术主题分解环节的研究，笔者进一步总结出有关数据标引环节的基本原则。由于基础标引字段由专利文献本身属性决定，并不因标引人员的不同而改变，因此，本文关于数据标引原则的总结更多关注的是自定义编辑字段的标引。

（1）统一标引标准

标引工作是对检索数据进行的精细化清洗和整理。分析人员要阅读文献摘要或说明书等，总结概括其技术方案并将其分配到拟定的技术主题下，因此工作量较大。一般的课题分析工作均由多人承担，这就会造成不同的分析人员在面对同一篇文献时，会出现将其归纳到不同的技术主题下的状况。一方面是由于一篇文献可能属于多个不同技术分支，另一方面是因为不同的分析人员对同一篇文献的理解方式略有不同。因此，为尽量保证文献标引结果不因标引人员的不同而变化，需要课题组事先统一定义每一个技术分支，对各技术分支给出若干篇范例性文献，并对每个技术分支进行讲解，确保课题组全体人员熟悉并理解各技术分支的含义，从而保证标引标准的一致。此外，在标引过程中，课题组成员仍然要密切沟通，及时反馈标引过程中出现的问题，避免返工。

（2）单条横向标引

在标引工作量较大时，为提高标引效率，一般采用单条记录横向标引。即在精读和泛读完一篇文献后，将该条记录下的所有数据项全部标引完成，如技术问题、技术手段、技术功效、一级分支、二级分支等，采用逐条记录标引。

（3）关键信息的利用

标引过程中分析人员需要快速浏览文献摘要或者全文，从中获取该篇文献所要解决的技术问题、所采用的手段，以及达到的技术效果，并将其分入合理的技术分支下。因此，为提高效率，分析人员需要合理利用文献中的关键信息提高标引速度。

对于解决的技术问题，一篇文献常常在发明内容的开始处进行描述，技术效果一般撰写在发明内容的末尾、实施例的前面，分析人员可重点关注这部分内容。对于外文文献而言，可重点关注 NOVELTY、ADVANTAGE、PURPOSE 关键词，从中提炼出技术问题和技术手段。必要时，可利用辅助翻译工具消除外文文献的语言障碍。

此外，在标引过程中，还可以关注文献的分类号。例如，FI/FT 分类体系常常从发明所要解决的技术问题和技术效果出发进行分类，UC 分类体系更倾向于功能性分类，即 UC 分类原则是从产业或用途、最接近的功能和效果等角度进行分类。因此，分析人员，可以合理利用相应文献的分类号，从而辅助快速标引。

（4）标引对前流程反馈

标引过程是分析人员不断接受文献信息并归纳文献的动态过程。随着文献标引数量的不断增加，分析人员很快就会发现当初设定的技术分解表有不恰当的地方，需要增加相应的技术分支，或者根据课题分析需要，要将某一分支进行进一步细分，甚至根据标引结果，需要调整检索方向。这些都是标引工作对专利分析前流程的反馈。上述反馈环节是提高整个分析质量的重要环节，分析人员应充分重视。通过汇总标引工作中发现的问题，及时对分析工作的前序流程进行调整，从而在正式开始数据分析之前，最大限度地提高数据质量，保证数据的全面性和准确性。

6.3 数据标引的基本方法

6.3.1 基于 Excel 的人工阅读标引方法

Excel 表格是大家广泛使用的电子表格。相较于商用数据分析工具/系统，Excel 具有完全免费、普及率高、学习成本低、能够进行数据透视等优点。并且用 Excel 进行标引的成果容易在各方间分享。

基于 Excel 的人工阅读标引主要有以下几个环节。

（1）基础数据的收集

对于手头没有专利分析工具/系统用来批量导出基础字段并且数据量较小的情况，可以人工在 Excel 表格中逐篇记录公开号、申请号和必要信息，并且附加上自定义编辑字段（如技术功效）等。

目前，大部分专利分析工具，甚至一些免费的检索平台均可以实现将基础字段自动导出到 Excel 表格中，因此，在大部分情况下，已经无须投入大量人工在基础数据的收集上。在实际标引过程中，需要注意各专利分析工具导出的基础数据并不完全相同，因此，在正式标引前，尽量选择用基础数据导出较为完备的分析工具来收集基础数据。

常规需要收集的基础数据有如下几类。

1）申请公开信息：主要是公开号、申请号、国家和申请日。其中，公开号和申请号用以区分各专利文献，在后续报告撰写时还经常需要引用具体的公开号或者申请号。国家在地域分析时需要用到，而申请日可用于分析申请趋势等用途。

2）相关人的信息：主要是申请人、发明人。有些专利分析需要分析专利权人，或者第一发明人的情况，这时候就需要专门导出专利权人、第一发明人字段。

3）技术信息：主要是标题、摘要。标题、摘要的收集有利于标引时快速理解发明内容。另外，建议收集分类号信息，在检索过程中没法保证完美的查全率和查准率，最终的检索结果通常是一个兼顾查全查准的折中方案。在标引过程中，会经常发现部分分类号下出现噪音文献的概率更大，因而 Excel 标引时，分类号辅助有利于快速分辨噪音文献，识别有效文献。

对于其他的基础数据，比如同族信息（包括同族国家数）、引用/被引用信息、法律状态、诉讼、无效、复审、专利类型等，如果专利分析工具支持导出到 Excel 表格，并且后续专利分析中能够用到，则建议全部导出。针对 Excel 表列数过多影响标引操作的情况，可以采用隐藏部分列的形式予以解决。

（2）用 Excel 进行数据清洗

为了应用于后续的专利分析，从专利分析工具/系统导出到 Excel 的部分数据需要进一步进行清理。下面以年份和申请人标准化作为例子进行介绍。

1）年份的清理

如果导出的数据仅有年月日如 20060811 或者 2006/08/11 等，没有年份数据，这时候需要进行简单的清理工作。一般在日期列的左边或右边新增加一列，用 LEFT、LEFTB、RIGHT、RIGHTB、MID、MIDB 等函数来提取。LEFT、LEFTB 的区别在于 LEFTB 是按照字节数来提取，而 LEFT 是按照字符数来提取。

2）申请人、国别的标准化

由于申请人/专利权人名称变更、中英文不同、拼写差异、子母公司关系等问题，专利分析中一般需要对申请人/专利权人进行标准化处理，以保证专利分析数据的可靠性。目前，大部分商用专利分析工具均支持申请人自动标准化清洗以及用户自定义标准化申请人数据清洗。如果没有这样的专利分析工具，还可以采用 Excel 完成清洗工作，具体操作如下。

需要自行收集申请人的名称表达。收集的时候需要综合关注工商注册数据、企业官方公开资料（网页、财报等）、金融信息、商业机构数据，并且可以结合自身的项目积累和专项调研。

例如，图 6－5 展示的就是某课题组搜集的部分申请人名称表达。将这些申请人列表放入单独的一个 sheet 中，标准化时可以先新建几个数据列（考虑到共同申请的情况，一个数据列不足以标准化所有申请人），然后用 IF 和 VLOOKUP 函数抓取搜集的申请人表达，统一为标准化的申请人。利用类似的方法，还可以进行国别、省市的标准化（有些情况下，比如华为是中国公司，但是在美国进行专利申请，系统可能会将其归为美国公司，这时候就需要进行国别的标准化）。

帝人纤维株式会社	帝人
teijin	帝人
帝人纤维	帝人
帝人制药	帝人
帝人高科技产品	帝人
teijin kakoshi	帝人
teijin monofilament ger	帝人
teijin nestex	帝人
teijin	帝人
帝斯曼知识产权资产管理有限公司	帝斯曼
dsm	帝斯曼
dsm nv	帝斯曼
dsm nv	帝斯曼
帝斯曼知识产权资产管理	帝斯曼
denki kagaku kogyo	电器化学工业
雷気化学工業业株式会社	电器化学工业株式会社
东丽株式会社	东丽
toray	东丽
opelomtex	东丽
toyo rayon	东丽
toray chemical korea	东丽

图 6－5　申请人名称表达示例

（3）对噪音文献的处理方法

由于大部分情况下检索的数据查准率不可能达到100%，标引时可以采用直接删除噪音文献行的方式。但是在实际标引过程中，有时会存在如下情况：①原先自己的理解有偏差，随着文献阅读量的增加，对技术的理解更加深入，有些文献被误判为噪音文献；②客户的需求可能发生变化，原先的一些噪音文献可能在新的需求下是需要的；③需要总结噪音文献涉及的关键词、分类号，从而反向来完善检索式。如果将噪音文献直接删除，一旦遇到上述情况，将会比较被动。比较推荐的做法是增加一个数据列，用以记录该文献是否是噪音文献。比如1篇文献不是噪音文献就记录为1，是噪音文献就记录为2；或者可以更加简化为不是噪音文献就不操作，是噪音文献就标记为1。当然，用“是”“否”来标记也可以。

（4）标引标准的建立

整个标引过程是多人协作的过程，容易造成标引不一致的情况，因此非常有必要建立统一的标引标准。标引标准需要通过小组的反复讨论，并且随着标引的深入，能够在一定程度上进行动态调整。

可以采用标引定义表的形式来记录标引标准。标引定义表主要用于确保不同人员标引的逻辑统一性和标引层级的统一性。可使用文字、典型图例、化学结构式、代表性专利文献等多种方式对技术主题标引进行定义描述。

某课题的标引定义表如表6－1所示。

这里的示例是用了化学领域的课题，如果是机械领域的课题，定义里面可以直接用结构图之类的图表。只要能够确保不同的标引人员根据定义能够获得一致的标引结果即可，形式并不局限于文字。

表 6-1　标引定义表示例

<table>
<tr><th>一级技术主题</th><th>定义</th><th>二级技术主题</th><th>定义</th><th>三级技术主题</th></tr>
<tr><td rowspan="14">聚酯</td><td rowspan="14">……</td><td rowspan="6">染色性质</td><td rowspan="6">发明点涉及染色性质的，如：CN××××××××××、CN××××××××××</td><td>匀染性</td></tr>
<tr><td>上染率</td></tr>
<tr><td>色牢度</td></tr>
<tr><td>染色速度</td></tr>
<tr><td>有色纤维</td></tr>
<tr><td>其他</td></tr>
<tr><td rowspan="3">阻燃</td><td rowspan="3">普通的阻燃，
标引到“阻燃”即可</td><td>耐久性</td></tr>
<tr><td>抗熔滴</td></tr>
<tr><td>其他</td></tr>
<tr><td rowspan="5">热学性质</td><td rowspan="5">……</td><td>耐热</td></tr>
<tr><td>导热</td></tr>
<tr><td>热定型</td></tr>
<tr><td>热粘合</td></tr>
<tr><td>其他</td></tr>
</table>

（5）标引的方法

1）用下拉菜单法进行标引

在收集、清理完基本字段之后，可以通过进一步附加数据列来针对自定义编辑字段的标引。在具体标引时，可以利用下拉菜单法进行标引。该方法标引方便，技术领域直观，便于后续筛选、数据透视。下拉菜单分为非关联性下拉菜单和关联性下拉菜单两种。

① 非关联性下拉菜单

非关联性下拉菜单主要针对技术分支较为简单的情况。由于技术分支层级较为简单，仅需要根据技术分支级数建立对应的多个数据列，然后利用 Excel 文件中的数据有效性设定各自标引项的下拉菜单，标引时，直接点击下拉菜单选择相应技术分支即可。

公开号	申请号	国家	标题	摘要	是否相关	一级技术主题	二级技术主题	三级技术主题

（a）数据列

一级技术主题	二级技术主题	三级技术主题
一级1	二级1	三级1
一级2	二级2	三级2
一级3	二级3	三级3
一级4	二级4	三级4

（b）下拉菜单

图 6-6　非关联性下拉菜单

② 关联性下拉菜单

针对技术分支较为复杂的情况，比如有 4 个一级分支，每个一级分支下有 8 个二级分支，如果用非关联性下拉菜单，二级分支下拉菜单将达到 32 个标签，在标引时效率较为低下，因此，非常有必要建立多级联动的关联性下拉菜单。

多级联动的关联性下拉菜单主要利用 INDIRECT 函数，具体而言，先按照非关联性下拉菜单的方法建立一级菜单，然后二级菜单的数据有效性——来源中采用 INDIRECT 函数关联到一级菜单。某课题的下拉菜单示例如图 6－7 所示。

差别化一级	染色性质	阻燃	力学性能	使用性能	抗性	热学性质	电学性质	特殊结构纤维	环保	其他
抗性	匀染性	耐久性	拉伸性能	吸湿放湿	耐氯	耐热	导电	细旦	可生物降解	远红外
力学性能	上染性	抗熔滴	弹性	手感	耐光耐黄变	导热	抗静电	粗旦	可回收	光学性质
阻燃	色牢度		耐磨	形状记忆	耐水解	热定型	电磁屏蔽	纳米	生物来源	保健
热学性能	染色速度		耐疲劳	悬垂性	耐微生物性	热粘合		超纤		粘合性
使用性能	有色纤维		尺寸稳定性	耐用	化学稳定性			异型		产品质量
用途					耐候性					生产效率
染色性质										加工性
电学性质	其他	其他	其他	其他	其他	其他	其他	其他	其他	其他
特殊结构纤维										
环保										
其他										

图 6－7　多级联动的关联性下拉菜单

2）用数字扩展法进行标引

数字扩展法本质上和下拉菜单法相同，只不过用具体数字代替菜单中的内容。一般可以用数字 1、2、3……这些 1 位数字来代替一级技术分支；用 11、12、13、14、21、22、23……这些 2 位数字来代替二级技术分支；用 111、112、113、121、122、123……这些 3 位数字来代替三级技术分支；依次类推，4 位数字代表四级分支（如表 6－2 所示）。

表 6－2　数字扩展法表示技术分支示例

一级技术分支	二级技术分支	三级技术分支
1（装配手段）	11（卡吊）	111（轴向）
		112（周向）
	12（连接件）	121（销）
		122（挡圈）
		123（弹簧）
	13（混合）	131（卡＋销）
		132（卡＋挡）
……	……	……

数字扩展法可以非常直观地表现出其所属的技术分支，标引时相对于下拉菜单法而言，更加便捷，仅需要通过键盘输入数字即可。但是其需要所有标引人员记住分支内容，并且误操作率高。

（6）“其他”选项的控制

技术分解表是指导数据标引的蓝图，但是在深度标引工作之前，对技术、专利文献分布情况的了解是有局限性的，有时候随着标引的进行，甚至会推翻原先的技术分解表。

为了确保标引效率，首先应当尽可能多地泛读检索出来的专利文献。尽量尝试粗标一定量的文献。通过泛读和粗标，将一、二级技术分支定下来（假设有多级技术分支的情况），确保一、二级技术分支不再变化。在此基础上，每个层级的分支都设置一个“其他”。如果正式标引时，出现了技术分解表中无法归类的情况，则暂时放入“其他”。随着标引文献的增加，随时关注“其他”分支的文献量。如果“其他”文献量占比较高，比如某三级分支总共 200 件专利，“其他”分支有 100 件，这种情况下就需要将“其他”分支的文献拿出来进行分析，看是否应当增加出一个平行的三级分支，在特殊情况下，由于原先技术分解表制定得不够恰当，甚至要增加出更上位的二级分支。需要说明的是，并不需要在完全标引结束之后才去分析“其他”分支，应当在标引过程中一旦发现诸多文献没有合适的分支，都必须放入“其他”，这就需要开始分析解决了。

例如，某课题原技术分解表中二级分支“其他”的文献量明显偏大，经过分析，发现“其他”分支的文献主要涉及远红外、光学性质、保健、黏合性、生产效率、加工性，并且远红外涉及的文献较多是造成“其他”文献量偏大的主要原因。因此，最终可以新增一个二级技术分支“远红外”，并将已经标引的“其他”分支中涉及“远红外”的打上新的二级分支标签，而后续的标引将采用最新的含有“远红外”分支的技术分解表。

（7）技术功效的标引

技术功效涉及技术手段和技术效果，这类信息通常难以通过检索得到，需要逐篇阅读，经过人工总结归纳获得。根据目的的不同，技术功效的标引分为两种情况。

1）无下拉菜单

当不需要制作技术功效图，或者文献量非常少，或者技术手段、技术效果非常复杂，难以制作下拉菜单时，可以直接增加两个数据列，用以分别记录专利涉及的技术手段和技术效果。但是仍然需要注意，描述时尽量统一术语，精简语言。如果描述时比较随意，将不利于后期总结、撰写。

2）有下拉菜单

目前，大部分情况下是需要制作下拉菜单式的标引。这种方式条理清晰，后期也有利于数据透视，制作各种图表，并且技术分析容易有层次性。对于技术功效的下拉菜单，考虑到技术手段和技术效果的复杂性，项目组前期需要做好充足的准备工作。一方面，需要大量阅读期刊、书籍，咨询行业专家，明了常见的技术手段和技术效果；另一方面，需要大量泛读专利文献，总结归纳可能涉及的技术手段和技术效果。如果前期工作准备不充分，技术功效的下拉菜单非常容易反复修改，影响工作进度。

另外，一项专利涉及的技术手段和技术效果经常是多样的，项目组需要提前开会讨论，根据领域、分析主题的特色，商讨一项专利重点标引的技术手段和技术效果的数量。例如下面的例子中某课题组根据分析主题的实际情况，选择了最多标引两个技术手段和两个技术效果。

（8）备注列的使用

如果后续的专利分析报告涉及技术路线等各种技术层面的分析，推荐在标引过程中增加一个备注列（可以叫备注、发明点、创新点等），在标引过程中随时记录阅读过程中的感想，总结专利的创新点等。一般这类备注数据列仅需要针对标引过程中发现的重点文献进行标引，无须针对所有文献，否则标引效率会受到非常大的影响。

（9）专利文献的翻译

在标引过程中，标引人员对于自身母语较为敏感，把握发明要点速度快、效率高；而针对英文等其他语言，阅读速度较慢，严重影响标引速度。目前，incoPat、patentics等分析工具可以针对英语或者部分小语种进行翻译，可以借助这些分析工具导出中文翻译结果。如果手头没有相关功能的分析工具，还可以借助 Google 等进行批量翻译（建议参考互联网上的各种 Google 批量翻译的使用教程）。

6.3.2 基于检索辅助的批量标引方法

检索辅助的批量标引一般适用于具有非常明确的分类号、关键词的技术分支，或者文献量非常大，需要先进行检索的技术分支。尽量将相关的一类文献聚集在一起，减少人工标引的强度。

（1）大数据量的宏观分析

对于大数据量的宏观分析，比如智能制造的一级、二级分支，数据量非常大，全部人工标引的成本过高。同时考虑到属于宏观分析，用检索式将主要文献区分出来，虽然有可能存在漏检以及一定噪音文献，但是其占比较小，并不影响宏观分析结论。在标引时，可以先检索一级分支，检索完成即完成了对一级分支的标引工作。在二级分支标引时，通常采用在一级技术分支的总体文献量范围内进一步通过关键词、分类号进行限定，从而检索出二级技术分支的文献，完成批量的标引工作。

（2）具有精确分类号、确定关键词的分支

对于有非常明确的分类号或者确定关键词的技术分支，可以直接用精准的分类号（例如采用 CPC、FI、FT、EC 等）或精准的关键词进行检索，批量标引。

（3）以批量标引作为初步的标引，减少后续人工标引的工作强度

对于难以用分类号、关键词完全区分的技术分支，可以先通过检索大概圈定一个范围，由于圈定范围内的文献总体相关度较高，能够有效减少人工标引的强度。

（4）进行技术手段、技术效果的标引

技术手段和技术效果经常涉及特定的词。比如技术效果是阻燃性能好，那么可以先用阻燃相关的关键词在标题、摘要中检索，将相关文献集中在一起，这类文献涉及阻燃的概率非常高，可以提高标引效率。

6.3.3 基于专利分析系统的数据标引方法

6.3.3.1 主流专利分析系统中的数据标引举例

在数据标引的人性化方面，本部分将从标引可自定义性、标引操作便捷性、机器辅助标引支持性、标引字段可利用性对专利分析系统进行探讨。

（1）标引可自定义性

专利分析工具中数据标引功能最为基础的要求是具备自定义标引功能。在此基础上，其功能如果能够进一步符合分析人员的工作习惯和要求，将会在一定程度上节省分析者标引操作所花费的时间和精力，而体现出功能的人性化。经过对多个专利分析系统的综合分析，筛选出体现“标引可自定义性”人性化的功能涉及如下方面：标引层级设定、标引项即时修改和更新、标引项类型和单选/多选设定、标引多人协作支持性，以下分别进行详述。

1）标引层级设定：一般专利分析工作的标引项是所分析的技术/产业结构的技术细化标题，因此其通常会按照技术分支呈现出多层级的标引架构。同时，在标引后为了便于继续利用标引文献，会按照所标引的架构整理文献形成文献库进行使用，由此均要求标引项需要支持多层级的结构以满足技术细分和文献库架构的需求。对于该人性化需求，多数专利分析系统提供了两层级关系的自定义标引字段设置。以 Derwent Innovation 系统为例，如图 6－8 所示，如其中上级字段中“电池”字段中包含了“锂离子电池－正极材料”“锂离子电池－电解质介质材料”等下级字段。同样设定两层级自定义标引设定的系统还包括 incoPat 和万象云。

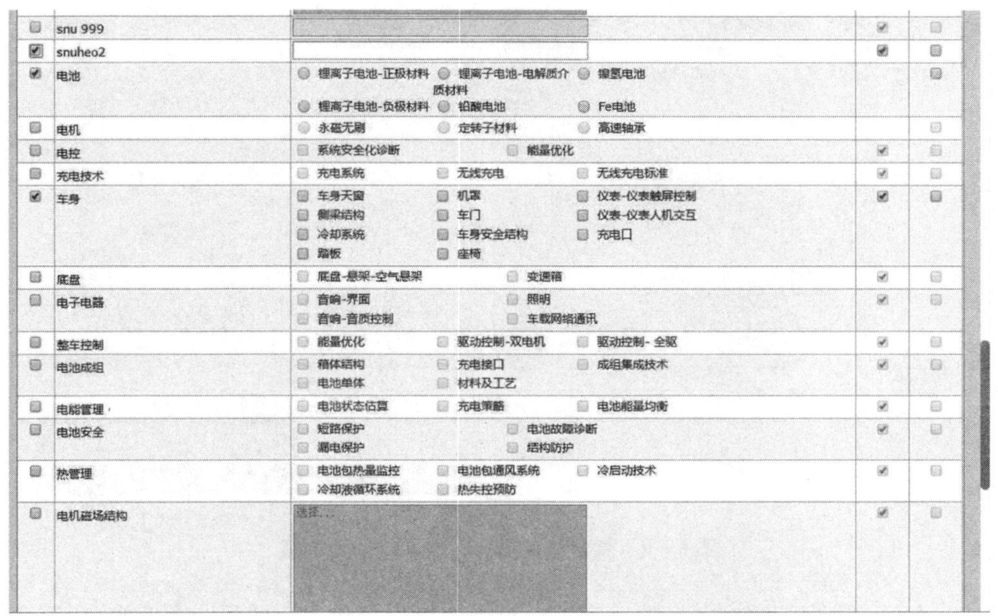

图 6－8　Derwent Innovation 自定义字段编辑界面图

2）标引项即时修改和更新：在实际标引过程中，往往需要根据已标引文献内容适时对标引项进行调整，但是一旦对已经使用的标引项进行调整，则势必需要对已标引的文献进行相应更正。因此，从人性化角度来讲，为了尽可能减少分析者的工作量，分析系统应当具有包括自定义标引字段的增减、修改替换等功能，以避免人工进行标引项修正。对此，绝大部分的专利分析系统支持标引过程中即时增减标引字段。多数专利分析系统均提供了对于自定义标引字段的增减功能，值得提出的是，智慧芽和 Derwent Innovation 还支持了对于自定义标引字段的修改替换——对已定义标引字段通过输入新值对旧值进行替换，由此实现了对标引字段的即时修改替换，在人性化方面更为突出。以智慧芽为例进行说明，如图 6－9 所示，用户已经对部分专利添加了关于“一级主题”和“二级主题”的自定义标引信息。此时希望在随后的标引中将其中的“一级主题”中的“阻燃性”修改为“难燃性”，对“二级主题”中的“纤维纤维”重复字段进行删除，并同时实现对已标引信息的相应修正。那么仅需要通过设定“一级主题”和“二级主题”自定义标引信息（即将“阻燃性”更新为“难燃性”，并删除“纤维纤维”重复文字）。在更新保存上述两字段信息后，系统即时完成已标引信息的相应修正，如图 6－9 所示。

图 6－9　智慧芽自定义标引字段修正示例

3）标引项类型和单选/多选设定：针对不同标引目的，需要不同类型的自定义标引项字段数据类型，多数系统给出了自定义文本类标引类型。另外，Derwent Innovation 提供了多达 7 种可用于检索、分析的自定义字段类型，包括日期、多选（多选列表和下拉框）、数字、单选（下拉列表和单选按钮）、文本（可用于文本聚类和地图分析）、URL、年。

在专利分析系统中标引项一般均以勾选方式选取实现文献标引，然而，不同技术类别的标引项存在单选和多选的可能。如在化学纤维领域中，“纤维种类”技术类别的标引项仅会存在如“涤纶”“腈纶”等单一选项；而“纤维功能”技术类别的标引项可能会出现兼具“保温”“透气”等多种选项。对此，Derwent Innovation 系统在自定义标引字段设定时能够对其标引项的单选/多选类型进行设定，由此能够减少人工标引误操作。

4）标引多人协作支持性：由于标引工作较为耗时耗力，因此往往需要多人协作。但依然需要保证标引人员采用同样的标引表进行标引，因此要求系统在多人协作中支持标引表的共享以及随修改即时更新。在此方面，Derwent Innovation、incoPat、万象云能够共享专利文献的标引字段内容，并均能够对该标引共享权限进行设定。与此同时，Derwent Innovation 和万象云对于标引共享权限提供了更为细致的选择，包括对于标引项的查看、可编辑、导出、分析等权限的设定，由此能够在多人协作中更为细致地划分标引工作以及标引数据加工任务。图 6－10 为万象云中对于标引员角色的权限设定界面。

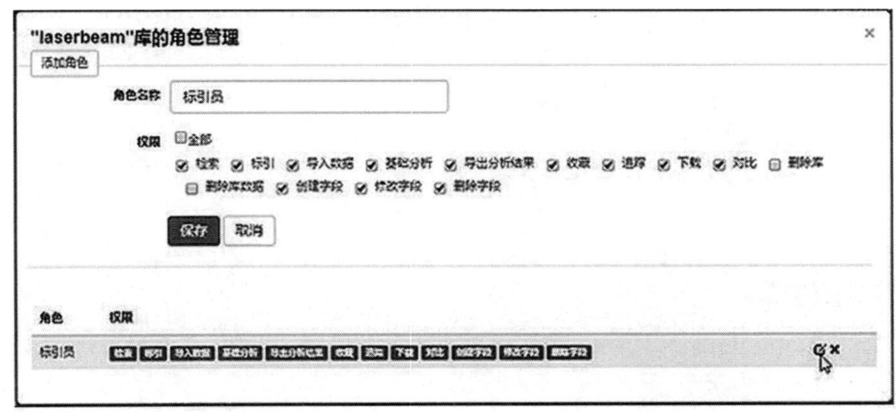

图 6－10　万象云标引员权限设定界面

（2）标引操作便捷性

在标引过程中，需要涉及两种操作——阅读文献和添加标引字段，因此，标引操作的人性化具体体现在对上述两种操作的优化方面。

1）标引和浏览界面设计：具体而言，分析者的一般标引过程为在阅读文献过程中，在获取特定技术信息后选取或设定相应的标引字段进行标引。这就对阅读文献的界面提出了要求，即需要兼顾文献阅读和随时标引的双重功能。在此方面，这里介绍的是万象云、智慧芽和 Patentics 的标引界面。

万象云标引界面的设定如图 6－11 所示，其将专利文献浏览区域和标引字段选择区分列于界面右侧和中部。这样既保证文献浏览和标引的双重工作要求，而且两功能界面相互独立而不相冲突。

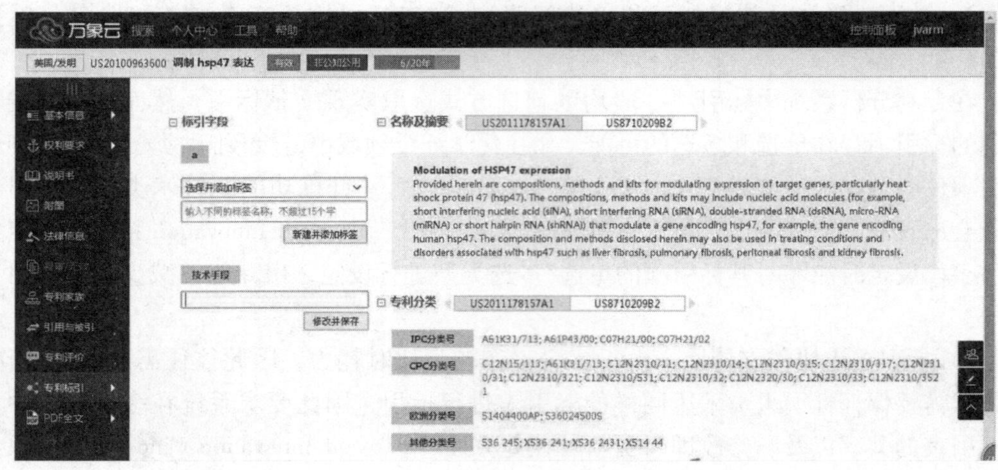

图 6 - 11　万象云标引界面

智慧芽的标引界面如图 6 - 12 所示，其以列表概览形式显示文献信息，对系统给出的信息列后空缺的列和作为标引列进行添加——如图中已添加的“一级主题”和“二级主题”。在标引中，通过选取专利对应标引列单元格的标引选项即可实现标引，其操作与传统通过 Excel 下拉菜单标引的方式基本相同，因此该界面设定对于习惯 Excel 标引方式的分析者来说更容易上手。

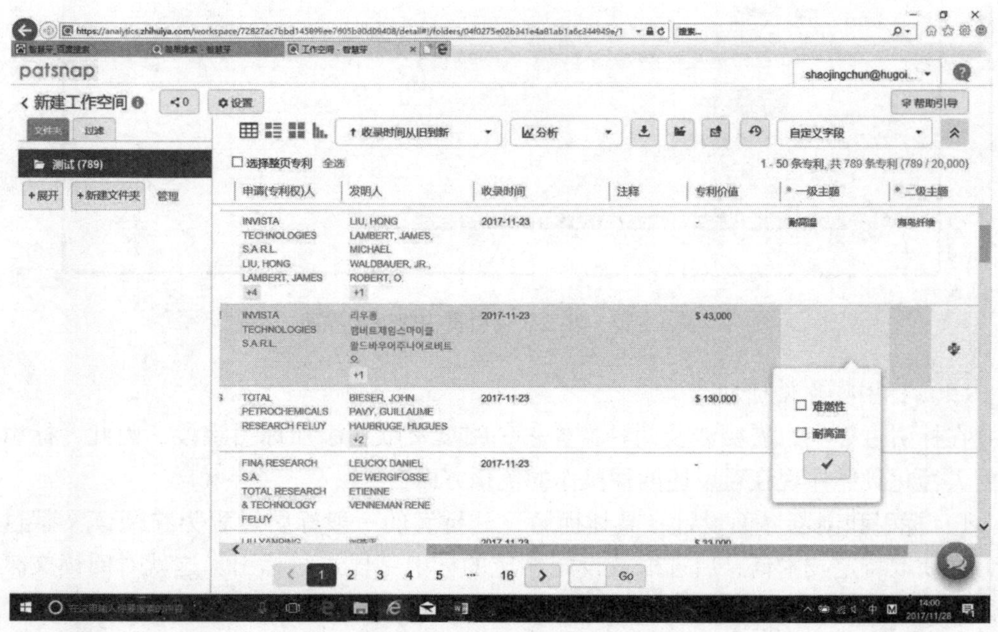

图 6 - 12　智慧芽标引界面

如图 6 - 13 所示，Patentics 标引时将专利文献全文信息（左界面）和标引界面（右界面）分双界面分别显示。同时，如图 6 - 14 所示，其同样能够实现文献的双界面对比浏览，兼顾了文献浏览、对比浏览和标引几种功能。

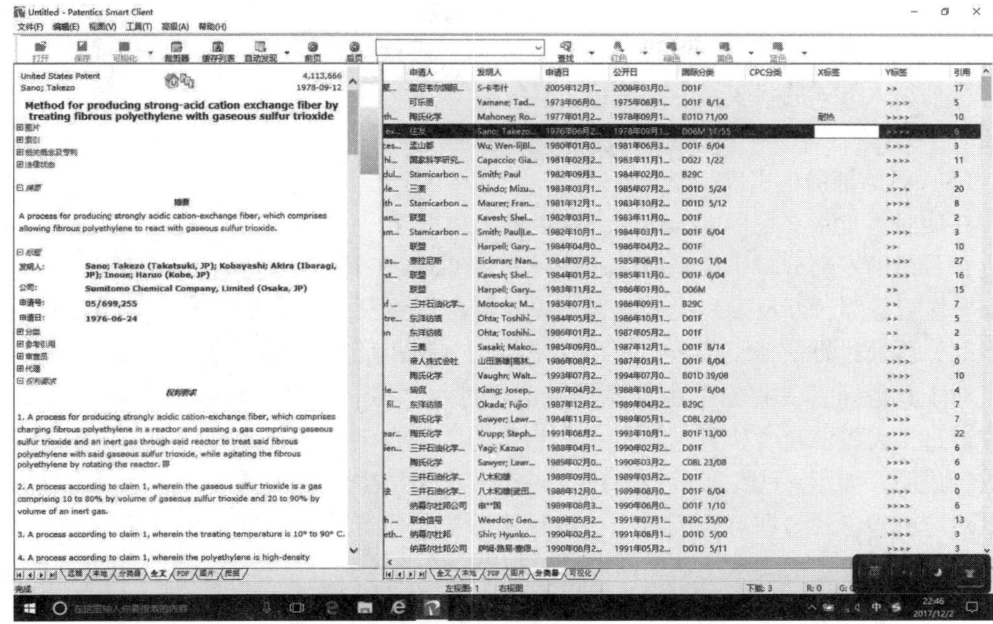

图 6－13 Patentics 标引界面 1

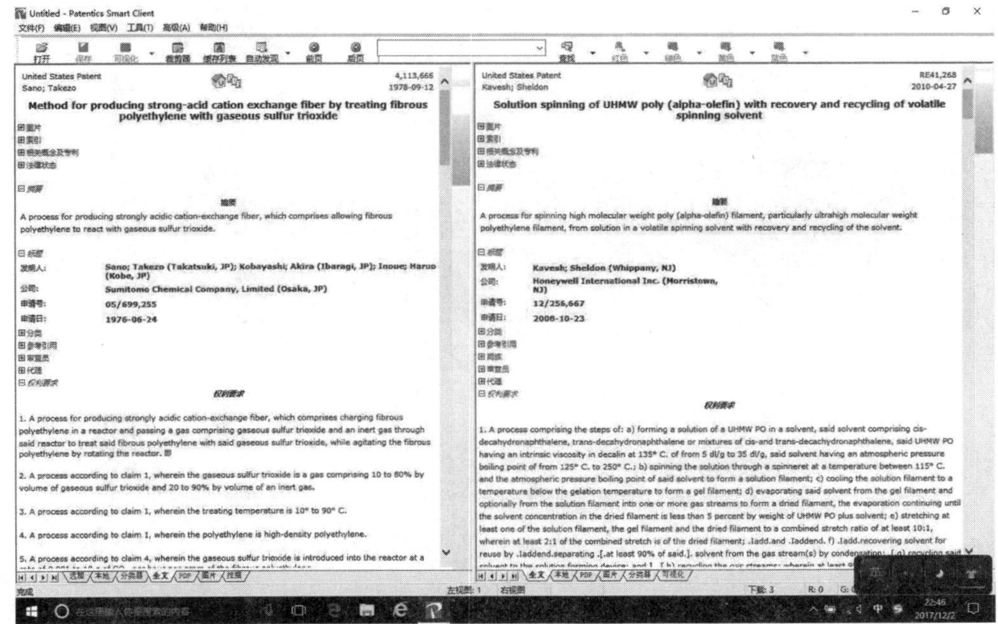

图 6－14 Patentics 标引界面 2

2）标引项的加入方式：在标引项加入操作方面，目前的专利分析系统中有两种标引项加入方式：一种是通过用户手动输入添加自定义字段内容，另一种是首先预先设定标引项而后在标引时通过勾选预设标引项。后一种加入方式避免了对同一标引项的反复输入，同时无须分析者记住标引项，并且还为后续对标引项批量修正奠定了基础。因此，从人性化角度来看，通过预设标引表而后进行勾选标引的方式更具优势，采用此标引项加入方式的代表性专利分析工具包括 Derwent Innovation、incoPat、智慧芽和万象云。

（3）机器辅助标引支持性

在面对大批量文献标引工作时，除了人工标引外，还需要借助检索机器辅助标引。对此，目前的专利分析系统一般采用两种思路实现：一种思路是以 Derwent Innovation、incoPat、智慧芽、万象云为代表，通过先对待标引专利进行二次检索，筛选出待标引的专利，再通过批量标引功能对检出文献标引，但由此仅实现了对于有限标引项的标引，对于其他标引项的标引还需要重复前述过程。另一种思路是以 Patentics 为代表，能够通过预设置的包含检索式和标引信息代码文件自动实现文献标引分组。以如下实例进行说明，如图 6－15 所示，通过预先在文本文档中设定出需要分组的节点名称以及其对应的检索式，即可完成对于文献标引分类信息的设定。在需要搜索标引时，仅需要调取上述设定的文本文档，即可按照预设命令将专利分至各节点中，结果如图 6－15 中左下方所示。

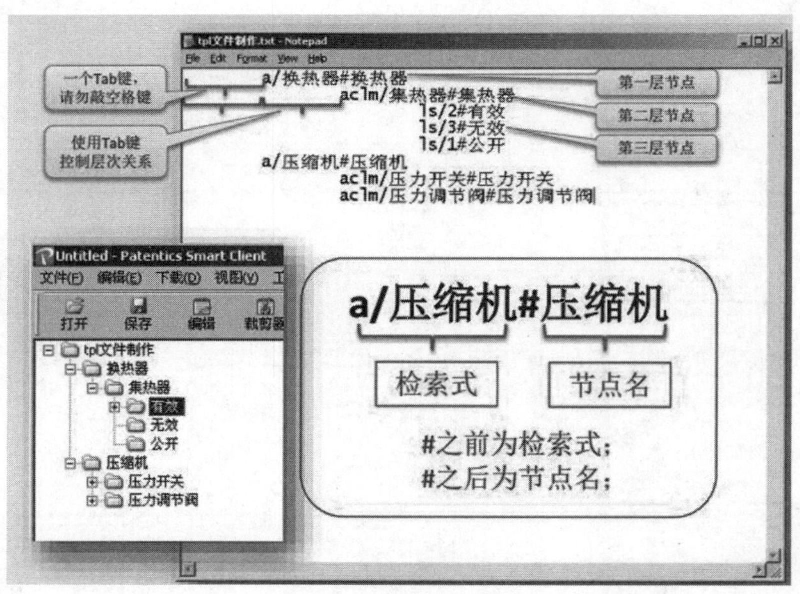

图 6－15　Patentics 自定义搜索分组

可以发现，两种思路实现的检索机器辅助标引的机理本质上是相同的，但第二种思路相较第一种思路较好，其优势在于，所需的全部检索式仅需要一次输入，因此极大地降低了重复输入检索式和批量标引的工作量，在人性化方面更为突出。

（4）标引字段可利用性

文献标引是为了在后续分析中利用标引字段进行数据分析从而得到最终结果，因此，专利分析系统在数据标引中仅支持在线标引功能是远远不够的，还需要具有在线标引字段的相关利用功能。如不具有利用功能，则必然还需要进行数据导出和导入，并借助其他工具，这显然不是人性化的。因此，这里针对标引字段可利用性方面的人性化进行探讨，具体包括可统计分析性、可检索性、可即时统计性等方面。

对专利文献的标引是为了梳理出专利文献的技术架构以便进一步分析利用，因此，必然要求专利分析系统能够对标引字段进行统计分析。在此方面，Derwent Innovation、incoPat、智慧芽和万象云均提供了对于自定义标引字段的基本的统计分析功能。其中，incoPat、智慧芽能够在标引过程中实时显示所用标引字段的统计信息，便于实时查看。如图6－16所示的incoPat标引界面，其中显示了“一级主题”（该标引项为上级主题因此加粗表示）标引文献量为3，“阻燃”标引文献量为2。

图6－16　incoPat标引界面图

另外，Derwent Innovation除了支持标引字段的基本数据统计分析功能外，其标引字段同样能够用于专利地图聚类分析，标引字段的可分析性进一步加强。

此外，在对已标引专利进一步分析时，可能需要筛选出某些特定标引项的专利文献，这就要求专利分析系统对于自定义标引字段能够进一步检索。对此，Derwent Innovation、incoPat、智慧芽和万象云均提供了针对标引字段的检索功能，为标引数据进一步利用提供了便利。

6.3.3.2　专利分析系统中数据标引的智能化方法

数据标引智能化是指系统可通过算法“理解”待标引文献的含义，按照用户指定的标引结构，自动将专利文献进行分类，辅助用户进行人工标引，提高标引效率。目前，可实现智能标引的系统主要有与Derwent Innovation配套使用的Derwent Data Analyzer和

Patentics 系统，主要采用监督学习和无监督学习两种机器学习算法进行智能标引。在实际标引工作中，比较推荐的使用模式是首先使用系统进行智能标引实现粗分，再进行人工核对实现准确分类。

（1）Derwent Data Analyzer 智能标引方法

Derwent Data Analyzer（DDA）采用监督学习和朴素贝叶斯算法实现智能标引。过程大致为：需要用户对待标引的部分数据进行人工标引，当标引量达到一定数量之后（最低5%～15%，基数越大最低，标引比例要求越小），系统就可以根据朴素贝叶斯算法和用户所选择的训练字段（文本中的段落、分类代码等）对用户的行为和分类模式进行学习，并产生一个将此模式用以对待标引文献进行准确标引分类的信心得分，即预估的分类准确度。如果用户接受该预估的分类准确度，就可以让系统开始自动标引。正如任何机器学习算法一样，提供的样本数据越多，自动分类的准确度也就越高。在样本量较小的情况下，采用德温特改写摘要、德温特分类等更准确规范的数据也能提高分类准确度。

智能标引的具体操作流程如下。首先，如图 6－17 所示，在“分析”模块下，点击【记录分类】，创建分类。其次，可以进行人工标引训练，即人工逐条对专利文献进行标引。如图 6－18 所示，在左侧细节窗口，点击右键，选择【记录分类】，勾选相关分类。

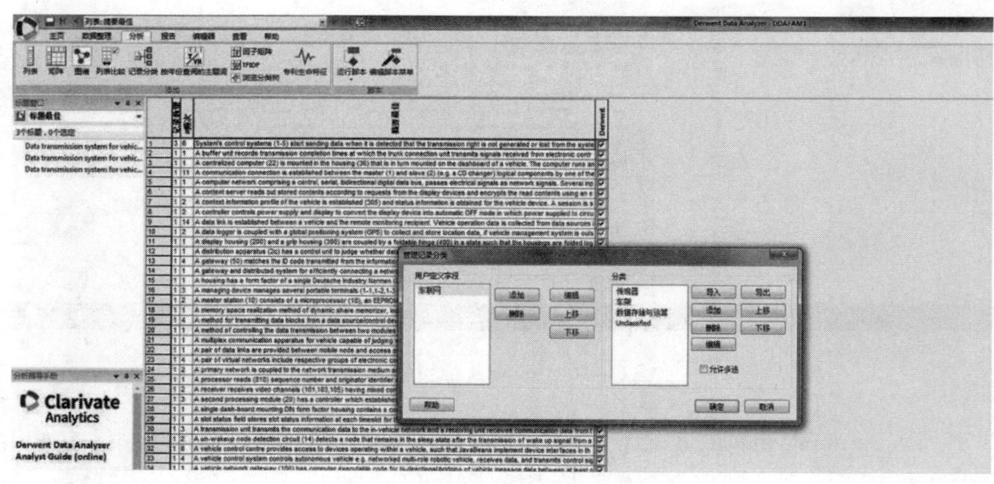

图 6－17　DDA 中创建分类示例

值得注意的是，在人工标引过程中，DDA 还支持批量检索标引，从而有利于提高标引的效率。在人工标引达到一定数量之后，自动分类系统会通过用户如何对记录分类来寻找模式，然后基于对剩余记录分类的准确性产生一个信心得分，并根据收集的用户分类（标引）信息为数据集中未分类的记录预测其分类（如图 6－19 所示）。如果有自动分类无法预测分类结果的文献，系统将不会对其进行分类。分类成果会生成一个新的字段，在总览表中可找到新字段。另外，标引字段还可以上传到 Derwent Innovation 数据库作为用户自定义字段。

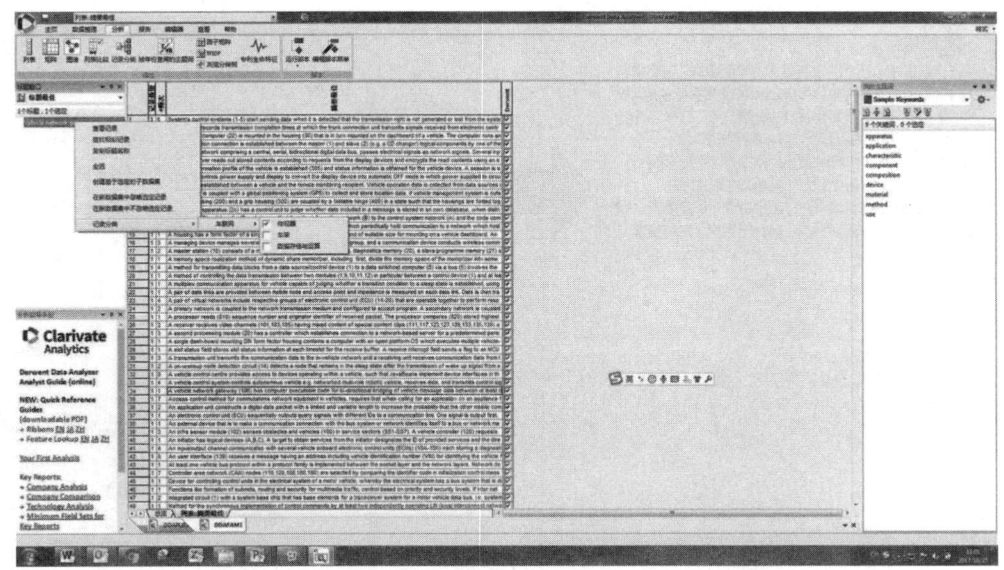

图 6－18　DDA 中记录分类示例

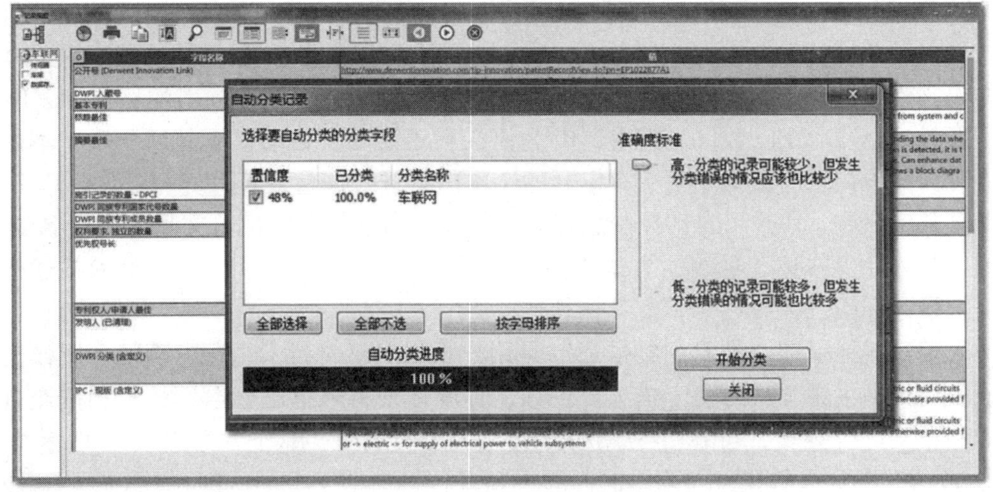

图 6－19　DDA 中自动分类记录

（2）Patentics 智能标引方法

Patentics 主要采用基于大数据的无监督学习和向量聚类运算实现智能标引，可针对技术分支不明确和技术分支明确两类不同的标引场景。

1）技术分支未确定的情景

针对不了解技术领域或对标引样本内容不确定的情况，Patentics 可通过【技术分组】或【拆分】功能，基于大数据的无监督学习和向量聚类运算将专利集自动聚类为 2～8 个技术主题。如图 6－20 所示，系统会自动给出各主题最相关的 4 个主题词，便于用户了解各类含义。

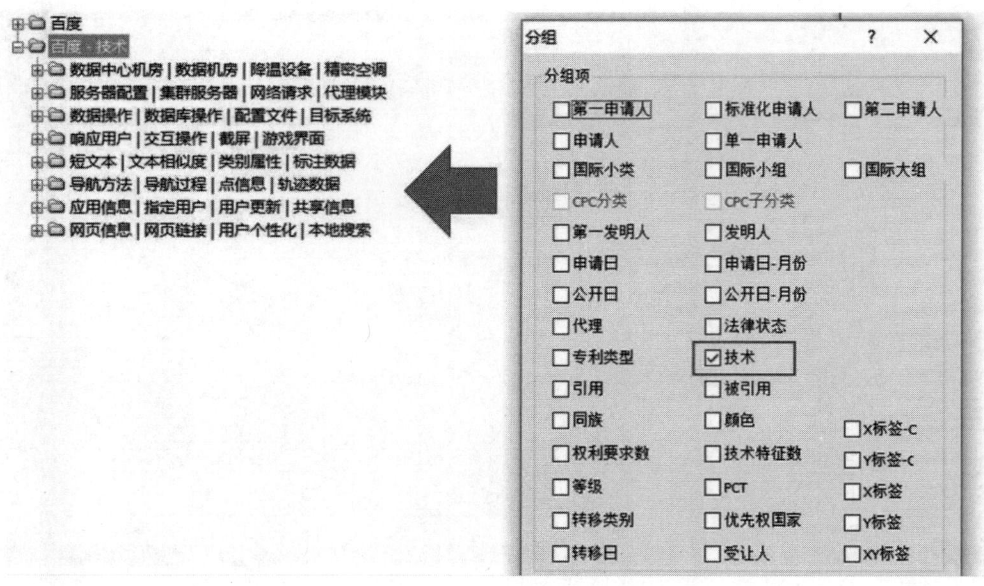

图 6-20　Patentics 自动技术分组

2）有明确技术分支的情景

针对已明确技术分支的文献样本，Patentics 可通过【搜索/分组】功能，采用基于潜在语义索引的语义检索实现类似于监督学习效果的智能标引。标引的格式为：R/技术主题描述 AND REL/数值，其中，R/为语义检索命令，自动提取其后所跟文本内容或专利为文本向量与数据库中所有专利的文本向量进行向量运算计算相关度，REL/为相关度限定命令，用户可自动控制想要文本相关度高于某个阈值的文献。根据 R/之后所跟“技术主题描述”的表达方式不同，还可分为人工描述标引、先前经验描述标引和复合描述标引三类。

人工描述标引即“技术主题描述”是用户根据自己对技术主题的理解，所作出的最能表达技术主题含义的文字描述。例如，百度计划将阿里巴巴申请的专利按照自己的专利布局进行分类，可在【搜索/分组】功能中输入“R/技术主题文字描述 AND REL/数值”的语义检索式对阿里巴巴的专利进行自动语义分类。图 6-21 使用百度专利自动分类的结果作为百度专利布局中的技术主题，将各主题最相关的前四个词作为该技术主题的文字描述，并取语义相关度大于 80% 的专利文献作为相关文献对阿里巴巴的专利进行分类。在实际分类中，R/之后的技术主题文字描述应选取最能代表该技术主题内容的一段文字，越准确越详尽越好，REL/之后的相关度也可根据需要自行调整。

先前经验描述标引指的是利用专利文本向量合成的机理，在人工标引基础上，使用某个技术主题下先前已经标引好的部分专利作为该技术主题的“技术主题描述”，对剩下的文献进行自动标引。特别针对技术功效标引等由人归纳概括的标引，要进行批量标引比较困难，前面提及的自动聚类的技术主题往往很难对应到真实的技术功效，人工描述标引又难以表达详尽准确，仅仅能够辅助粗分，此时，采用先前经验描述标引，就可能达到较好的标引效果。

图 6 - 21　通过 Patentics“搜索/分组”实现智能标引

如前文对 Patentics 检索机理的描述，Patentics 语义检索的基础，就是把每篇专利文献通过由上百个、上千个不同维度构成的文本向量来表示，对文本向量进行向量运算计算不同专利文献的语义相关度，从而在大数据和高维度对比的基础上找出密切相关的文献。利用向量运算的原理，将属于同一技术/功效标签的专利的文本向量进行向量合成，就会强化其中共同的技术/功效特征，合成的向量就会更多地指向所标引的技术/功效标签。在实际操作中，将“技术主题描述”替换成同一技术主题下已标引的专利文献号码即可，系统会自动进行向量合成和运算。

向量合成聚类的机理如图 6 - 22 左图所示。如果已经人工标引的文献 A、B 归为同类，在 Patentics 系统中，文献 A、B 向量夹角一定范围内的文献应该也属于 A、B 同类标引。为了找出这些文献，可以在 Patentics 中先通过合成文献 A、B 两个文档向量得到合成向量 C’，由此可以直接通过向量 C’ 对未标引的文献进行语义检索，圈定与 C’ 向量夹角小（余弦值大）的目标文献 C——通过设定合适的相关度筛选指标，继而圈定与向量 A 和向量 B 同类的文献，实现所述范围内未标引专利的分类及机器辅助人工标引。然而，由于人工标引可能只提取专利文献中的部分内容，而机器向量化处理是针对专利全文内容，因此，实际操作中可能会存在一定的分类偏差，特别是人工标引有错时，偏差会较大。如图 6 - 22 右图所示，如果先前标引将技术主题偏差过大的错误文献 B/B’ 标引了进来，合成的向量 C’ /C’’ 就会偏离技术主题的向量描述。因此，在标引先前经验描述文献时，应该选择更加接近技术主题描述的文献进行标引，或者增大先前经验描述的文献量。

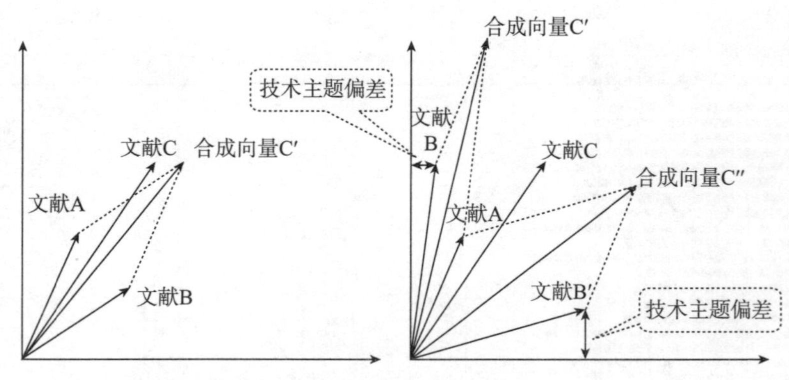

图 6-22 向量积概念

举个例子进行说明。某项课题共有氨纶相关文献 1195 件，氨纶按照技术效果分为染色性能、耐氯性能、力学性能、热学性能等，在已经完成人工标引的 20 件专利文献中涉及染色性能的有 3 件，分别为 CN105837780、CN103147160、CN101984158，那么后续可以以这三件专利合成向量，对所有 1195 件专利进行相关度排序，根据课题的不同，可以确定 REL/相关度达到一定值的归类为染色性能。具体操作如图 6-23 所示。

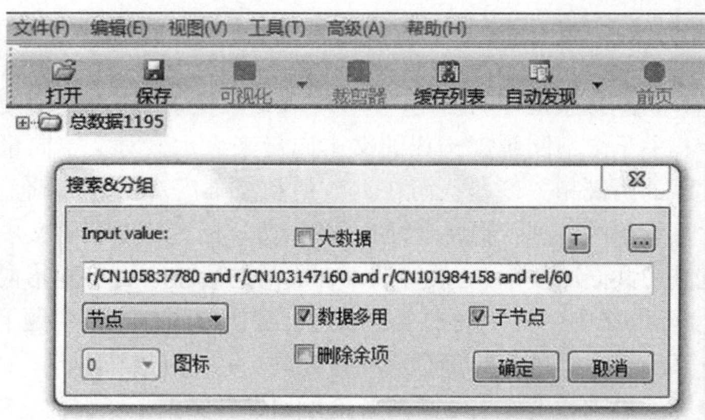

图 6-23 向量积搜索分组

这里，以 REL/相关度为 60 的情况作为示例，获得结果如图 6-24 所示。

可以发现，虽然仅仅用了三篇中文文献，但是 1195 件专利集合中的中英文文献都进行了排序，获得的 REL/60（即与合成向量相关度高于 60%）的文献大多数也都是染色性能相关的。虽然其还有部分归类错误，但是通过机器的智能标引，确实可以大大降低人工成本，提高标引的效率。

复合描述标引即人工描述标引和先前经验描述标引综合使用，将先前标引文献和文字描述一起作为“技术主题描述”，此处不再赘述。

总数据1195
r/CN105837780 and r/CN103147160 and r/CN101984158 and rel/60
US3993619 Process for dyeing polyurethane resins
US4026931 Process for dyeing polyurethane plastics
US4038240 Process for dyeing polyurethane resins
US5086150 Process for the production of PUH elastomer threads and films resistant to li
EP0140378 Discoloration-resistant spandex fiber
EP1676941 Process for the preparation of polyurethane nanocomposite fibers or films ha
KR1020000027866 METHOD FOR PRODUCING POLYURETHANE ELASTIC YARN
KR1020010078541 PRODUCTION OF SPANDEX EXCELLENT IN DISCOLORATION RESISTA
KR20010066600 Preparation of Spandex Fiber Characterized by itsSuperior Anti-Discolor
KR1020020092588 POLYURETHANEUREA DOPE DYED YARN AND PRODUCTION THEREO
KR1020030057585 SPANDEX FIBER HAVING EXCELLENT COLOR FASTNESS
KR1020030029168 POLYURETHANE UREA ELASTIC FIBER HAVING EXCELLENT LIGHT RES
KR20030029167 Polyurethaneurea elastic fiber with excellent lightresistance and dyeing p
KR1020060035336 Polyurethane elastic fiber having excellentchlorine-resistant and antista
KR1020060084151 Polyurethaneurea elastic fiber with excellent dyeingproperty and light
KR1020060084150 Polyurethaneurea elastic fiber with excellent dyeingproperty and light
KR1020060084152 Polyurethaneurea elastic fiber with excellent dyeingproperty and light
KR1020080060507 Polyurethane elastic fiber having improved resistance of discoloration
KR1020110079374 SPANDEX FIBER WITH IMPROVED DISCOLORATION RESISTANCE ANI
CN101096780 彩色氨纶纤维的制备方法
CN102557991 一种氨纶防黄剂及其制备方法和应用
CN103696038 一种易染氨纶纤维及其制备方法
CN103726127 一种添加碳纳米管的黑色聚氨酯脲弹性纤维及其制备方法
CN104153033 一种多孔易染氨纶的制备方法
CN104878463 一种超分散剂及无染聚氨酯弹性纤维的制备方法
CN105420843 一种易染聚氨酯弹性纤维的制备方法
CN105442083 一种活性染料易染氨纶的制备方法

图 6-24　向量积分组结果

第7章　信息的呈现

专利作为技术信息最有效的载体，囊括了全球90%以上的最新技术情报。在大数据时代，让纷繁复杂的专利数据更易于理解，让更多的人能够挖掘和读懂专利数据背后潜在的价值是一件重要的事情。因此，在收集、整理专利数据后，对专利数据蕴含的信息进行有效的可视化呈现将在未来信息世界中扮演着举足轻重的角色。

本章将以信息可视化呈现为切入点，主要围绕专利分析维度与可视化图表的适用关系展开叙述，并结合目前主流专利分析系统在专利信息可视化方面的人性化、智能化的表现，介绍目前专利分析可视化的实现方式。

7.1　信息可视化概述

信息可视化也被称为信息设计、数据可视化，旨在利用合理的设计方法，分析并展示数据或信息，让复杂的数据易于理解，实现信息有效、直观、快速的传递，由此大大提升阅读者的阅读效率。

专利分析就是对专利信息进行科学的加工整理，采用定量和定性的方法，结合产业技术等信息，经过深度挖掘和剖析，转化为具有较高技术和商业价值的可利用信息的过程。专利信息的可视化有助于分析专利数据，挖掘专利情报，并且能够使复杂的专利分析数据及大量产业技术、法律信息更加明确，有效、美观地呈现给读者。可见，好的可视化图表制作在专利分析中能起到事半功倍的作用。

可视化图表按照制作的复杂性可分为以下三个层次：简单/静态、复杂/静态、交互/动态。简单/静态的图表一般可借助于Execl、PPT完成，复杂的一些静态图可借助于Adobe Illustrator等辅助软件进行设计，而动态交互式的图表则需要Tableaue、Echarts等可视化工具进行制作。

而如果从需要使用的工具来进行分类，可分为以下三个层次：

（1）Excel（以及寄生于Excel平台的各种辅助软件Dashboard、Think - cell - chart）；

（2）桌面端可视化工具（以Tableau、PowerBI等）；

（3）编程工具（以R语言、Python以及各种Js开源可视化库）。

而与此同时，专利分析系统正伴随着网络和信息技术的发展，发生着巨大的变化。国内已经出现了许多革命化的专利分析工具，如Patentics、万象云、incoPat等，采用更为先进的算法和分析理论，并提供了大量的数据分析可视化模块。通过对专利数据的统计分析处理，可直接形成各种直观、形象的常规分析图表，以及如专利地图等复杂的分析图形。

7.2　专利分析维度与图表的适用

目前，专利分析的方法主要分为定量分析和定性分析两大类。定量分析主要是依靠统计学的方法对专利文献固有的标引项目进行统计分析，取得专利发展态势方面的情报；定性分析则是通过阅读分析，发现专利中未进行标引的市场、技术、法律等信息并进行综合分析得出技术动向、技术热点和空白点等情报。专利分析主要包括以下三个分析维度：

专利态势分析，即对某一对象的所有专利进行分析，得出总体的态势。专利态势分析包括申请趋势、技术构成、地域分布、申请人排名等分析维度。

专利技术分析，即针对特定技术进行定量和定性分析。专利技术分析包括技术工效、技术路线、重点产品、重点技术等分析维度。

申请主体分析，即针对某个申请人进行定量和定性分析。申请主体分析包括研发团队、实力比较、专利合作申请、专利诉讼、企业并购等分析维度。

这三个分析维度，在图表制作方面都有固定的套路。本节将梳理这些专利分析维度与图表类型的对应关系，以及各种的图表的制作流程。

7.2.1　专利态势分析

专利态势分析是指对某一行业或技术领域总体专利状况的分析，有助于迅速了解整个产业技术市场或地域的发展态势。总体状况分析，主要是针对专利数量的统计分析。这些专利数量统计分析对应的图表形式主要是数据统计图表，均能够用 Excel 生成。

（1）申请趋势分析

申请趋势分析通常是指专利申请量、申请人数量、发明人数量等随时间变化的趋势展现，图表主要包括折线图、面积图和柱形图等（参见图7-1）。

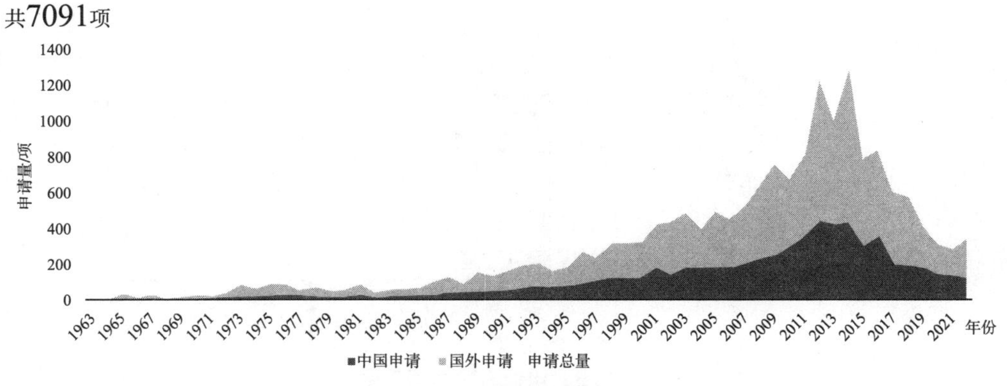

图7-1　申请趋势图示例

（2）技术构成分析

技术构成分析，通常需要对技术分解表中各技术分支的专利申请量进行统计分析，以了解专利分析技术的分布情况。通常可采用柱形图、条形图、饼图/环图、矩形树图、瀑布图、维恩图等（参见图7-2）。

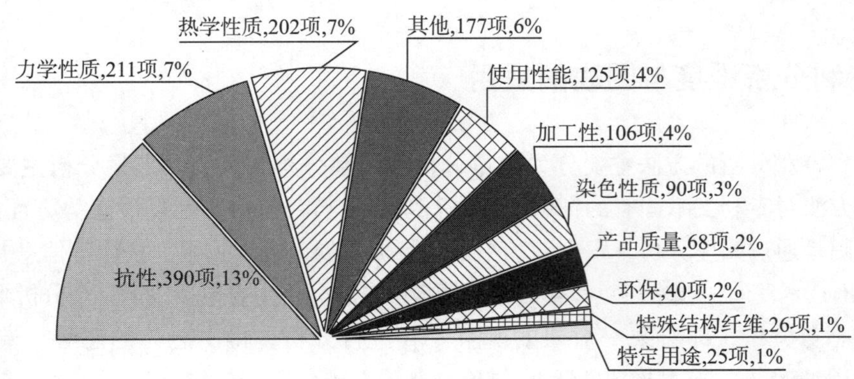

图7－2　技术构成图示例

（3）地域分布分析

专利分析中的地域分析是在对专利进行定量和定性分析的基础上，制作与区域相关的专利分析图表。地域分布分析得到的数据通常是比较类数据或份额类的数据。对于比较类数据可以用柱形图、条形图、瀑布图来展示；对于份额类数据，可以采用饼图/环图、矩形树图来表示。

地域分布分析也常采用与地图相结合的方式呈现，具体又分为热力地图、气泡地图、热力气泡地图、标签地图等。

（4）申请人排名分析

申请人排名分析是对申请人的申请量、授权量、有效量等进行排名，通常可采用柱形图/条形图、矩形树图来展示（参见图7－3）。

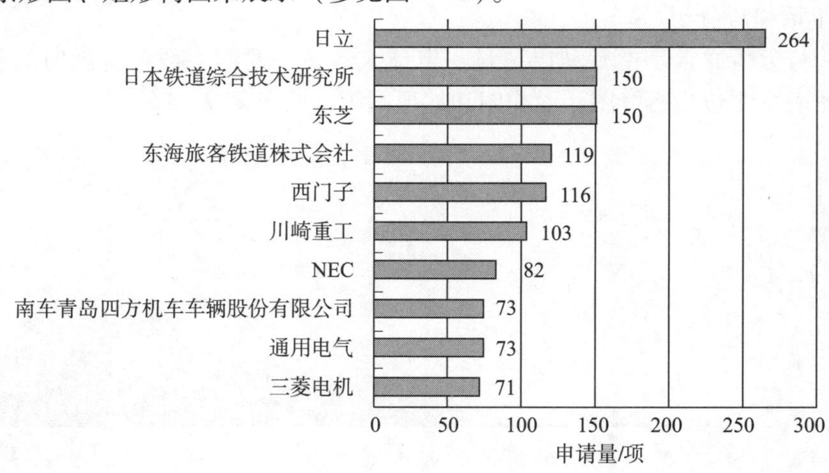

图7－3　申请人排名图示例

7.2.2　专利技术分析

专利技术分析是在对专利进行定量分析或定性分析的基础上，制作与技术相关的专利分析图表，并对图表进行解读，得出相关结论的过程。专利技术分析的方法主要包括技术趋势分析、技术功效分析、技术路线分析、重点产品专利分析、重点技术专利分析等。

技术趋势分析的数据通常采用统计分析图表来展示，前面已介绍此处略，因此本小节主要介绍技术功效分析、技术路线分析、重点产品专利分析、重点技术专利分析对应的图表，具体包括矩阵图、气泡图、线性进程图等。

（1）技术功效分析

技术功效分析表达的是技术手段和技术效果之间的关系。通过技术功效的分析，可以发现某一技术领域的专利雷区和专利空白区，技术功效分析主要借助气泡图来表示。而除了基本形式的气泡图外，还可对气泡图进行变形，形成重叠气泡图、饼状/簇状气泡图（参见图7-4）。

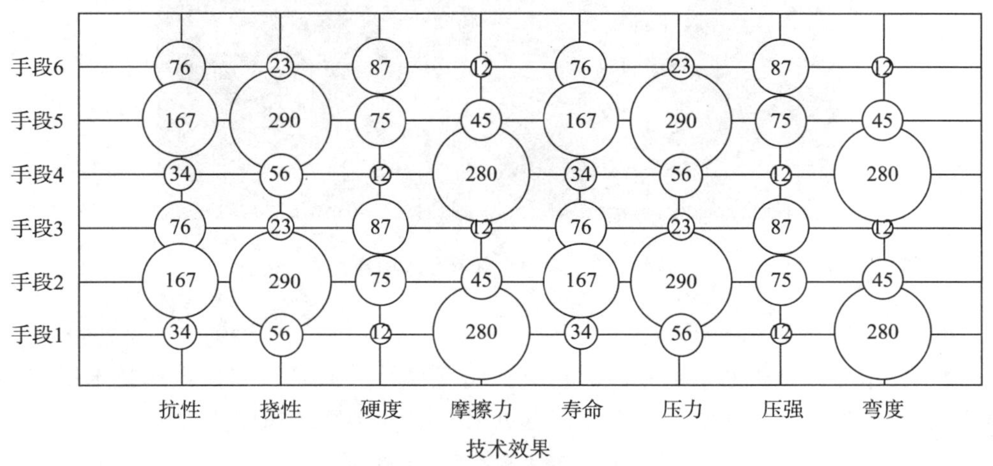

图7-4　技术功效图示例

注：图中数字表示申请量，单位为项。

（2）技术路线分析

技术路线用于表示某行业、领域、申请人等技术发展衍变的过程，可通过线性进程图、泳道图和地铁图表示（参见图7-5）。

	1994	1997	1998	1999	2000	2001	2004	2005	2006	2007	2008	2009
耦合结构	US5343970 动力输出装置及控制方法	JP9266601 动力输出装置	JP10075501 混合动力车辆						CN1876421 混合动力汽车传动系统	CN1986268 混合动力汽车驱动系统		CN101342859 混合动力驱动系统
									CN1876420 混合动力汽车传动装置			
电控										JP2007160991 电控/发动机停止控制		
										JP2007126091 电控/整车控制		
			JP10306739 发动机控制	US5929595 混合动力车辆控制方法		JP2001055941 发动机起/停控制	JP2004268901 电控/制动控制	US2005049100 电控/整车控制		JP2007069789 电控/整车控制	JP2008001349 电发动机起动控制	
				JP11164406 混合动力车辆控制装置			JP2004092791 电控/离合器控制	JP2005337491 电控/变速控制		US2007164693 A1 电控/整车控制		
							JP2004084581 电控/整车控制	JP2005278387 电控/整车控制		JP2007297014 A 电控/变速控制		
电机							JP2004215483 电机/磁极	US2005146308 电机/电机控制器	JP2006050779 电机/电机驱动装置	JP2007306658 电机/电压控制	JP2008236890A 电机/磁极结构	JP2009089456 电机/定子结构
							JP2004274945 电机控制	JP2005204361 电机/电压控制	JP2004535861T2 电机/散热	JP2007151336 电机/电机控制		JP2009072055 电机/定子制造方法
电池								KR20050061386 电池/估计充电状态	KR20060072922 电池/电池组件		KR20080000160 电池/电池状态估计	US2009263707 电池/高能量电池
					US6031711 电容器		JP2004273424 电池/负极材料	KR20050036751 锂离子电池	KR20060027578 电池/温度控制	JP2007099223 电池/电量控制	JP2008034377 电池/正极材料	US2009214941 A1 电池/温度控制
								JP2005268004 电池/结构	KR20060113817A 电池/防止短路		JP2008084625 电池/温度控制	

图7-5　技术路线图示例

(3) 重点产品专利分析

重点产品专利分析多以展示重点产品的关键技术为主要目的，通常以实物图（参见图7－6）或系统树图展示为主要表现形式。

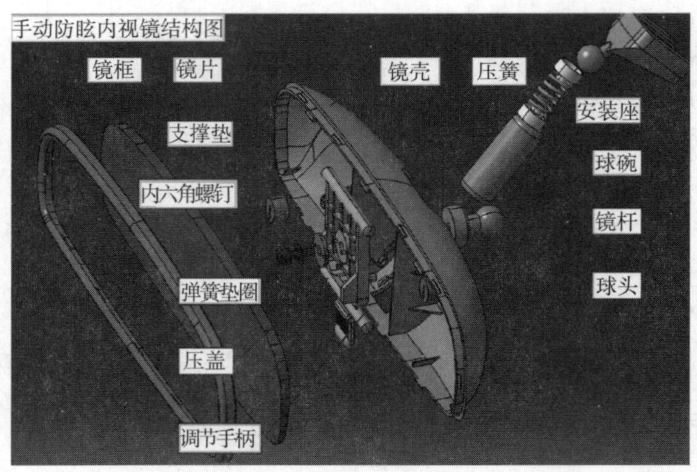

图7－6　重点产品专利分析示例

(4) 重点技术专利分析

重点技术专利分析通常不专门针对某一特定产品，而是以体现重点技术所涉及的重要专利以主要内容，通常采用表格（参见表7－1）或系统树图来展示。

表7－1　重点技术专利分析示例

申请号	申请日	发明名称	技术主题	相关附图
US3796278A	19740312	Electric vehicle control systen – incorporates circuits to prevent unnecess – ary charging and discharging of fbattery	整车控制	
DE2261623A	19721213	Static convetor fox HV networks – has aningput, aswitching mechanism, a semiconductor switch, a regulator and an output	车身布置	
FR7437124A	19741108	Power supply for eletrically propelled vehicles – has both accumulators and has auxiliang generator source driven by IC engine	车辆电能量供应	
DE2813988A	19780331	Batterty charging system for vehicles – has DC = DC Converter circuit with provision for main and boost battery operation	电池充电系统	

7.2.3　申请主体分析

申请主体分析主要包括确定重要市场主体，分析市场主体的专利分区分布重点技术、重要产品研发团队、专利技术合作、技术引进、企业并购、专利诉讼分析和竞争对手等，主要通过弦图、力导图、散点图等展示申请主体之间合作、诉讼等关系。还可利用南丁格尔玫瑰图（参见图7-7）、雷达图等展示不同申请主体的实力比较。

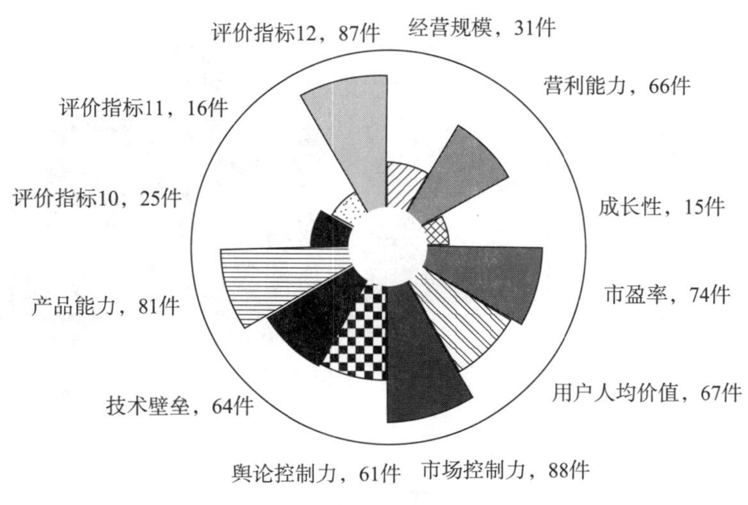

图7-7　南丁格尔玫瑰图示例

7.3　主流专利分析系统数据可视化的表现

目前，主流的专利分析系统均可实现常规、多维度的基础统计分析，即可独立完成专利态势分析，部分专利分析系统还可完成如技术功效图等专利技术分析以及专利合作分析等申请主体分析。并且随着专利分析产业的不断发展，越来越多的专利分析系统开始配备专利地图功能，提供了更加直观、多维度的信息呈现方式。下面将从人性化、智能化的角度切入，探讨目前主流专利分析系统在数据可视化方面的表现。

7.3.1　信息可视化的人性化表现

（1）基础分析

目前的主流专利分析系统均可实现多维度基础统计分析，数据分析的角度基本能满足常规分析需求。

incoPat系统提供了多种基本统计分析功能，包括专利态势分析、技术分析、申请主体分析、地域分析，法律及运营状态分析、专利代理分析。通过选取相应的统计分析类别，系统自动给出相应的图表。而其他专利分析系统，如智慧芽（Patsnap）、科睿唯安（Clarivate Analytics）、中国知识产权大数据与智慧应用服务系统（DI Inspiro）、万象云等在基础统计分析方面与 incoPat 系统操作方式基本类似。

下文选取 incoPat 系统进行基本统计分析方法示例说明。

用户在文献浏览界面中通过点击【分析】按钮即可切换至在线统计分析界面。如图 7-8 所示，左侧列出了可选统计分析选项，右侧显示分析图像，并且其图像支持多种图形方式切换，如柱状图、折线图等。

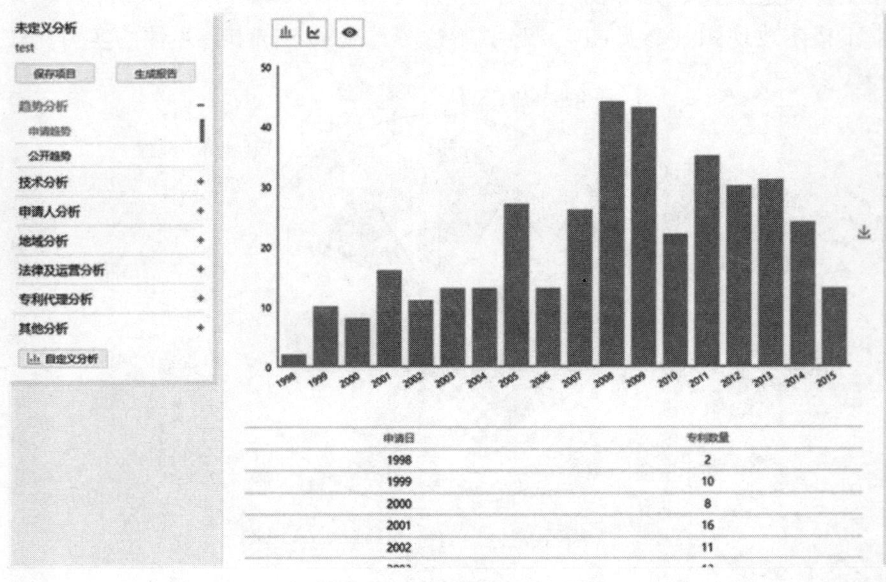

图 7-8 incoPat 系统统计分析界面

其中，值得重点指出的是“其他分析”，其界面如图 7-9 所示。其提供了针对两个自定义变量（可以包括在线标引的自定义标签）的统计分析，同时给出了多种可选图像类型（如饼状图、柱状图等）。具体操作为，点击分析页面左侧分析模板下方的【自定义分析】按钮，进入自定义分析设置初始页面，设置自定义分析名称，并选择自定义分析所在分组、分析维度、分析字段和图形类型。当进行一维分析时，仅设置

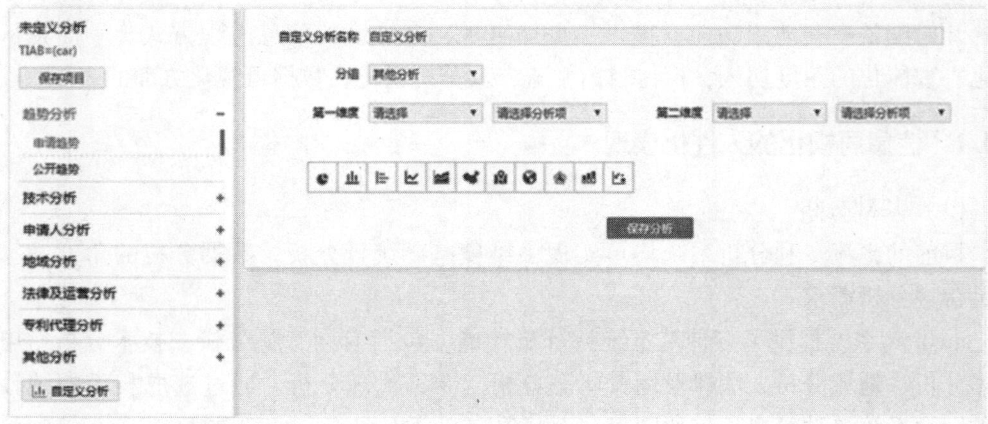

图 7-9 incoPat“其他分析”界面

“第一维度”字段即可。分析图表以该字段内容为横轴，以专利统计数量为纵轴。当进行二维分析时，需同时设置“第一维度”字段和“第二维度”字段。分析图表以“第一维度”字段内容为横轴，以“第二维度”字段为图例，以专利统计数量为纵轴。选中分析字段后，需选择统计分析显示的数量，点击【保存分析】按钮即可生成分析图表。

在基础统计分析中，除上述以 incoPat 系统为代表的一类专利分析之外，还有以 Patentics 客户端分析软件为代表的一类专利分析系统。其拥有分组、搜索 & 分组和大数据分组三个层次的常规统计分析功能，能完成对不同复杂程度和不同数据量的统计分析场景。但上述分析方法均需要一定的统计分析指令配合，某种程度上来说，其人性化方面略逊于 incoPat 系统。限于篇幅，本小节不再对 Patentics 系统在基础统计分析方面进行实例演示，仅对其相关基础分析功能进行概述。

Patentics 分组功能一般可对 20 万以内数据（视电脑配置而定）在日期类、地域类，相关人类，技术类，价值类，标记类等共计 38 个维度上进行任意层次递进式的可排序自动统计分析。

Patentics 搜索 & 分组功能是通过检索式对检索结果或某个节点进行分组，可实现专利信息内部全字段的自定义复杂统计分析。使用规定格式，可进行任意层次的递进式批量分析，但无法实现自动排序，也不能对标引信息进行统计分析。同时，只能使用指令检索进行分组，对用户要求较高。

Patentics 大数据分组可对任意数据量在日期类、地域类、相关人类、技术类、价值类共计 51 个维度上进行任意层次递进式的可排序自动统计分析，并预置 15 组二维分析命令和 6 组三维分析命令。但是，大数据分组功能仅输出节点统计结果，而不能输出对应专利，也不能对标引信息进行统计分析，同时需要学习一定的使用命令，对用户要求较高。

（2）高级统计分析

在数据分析环节中，除了基本的统计分析之外，还有其他高级统计分析方法，诸如引证分析、共现分析等。而高级分析方法中的聚类分析目前主要是基于语义识别为内核，将其归入智能化分析方面。当前的专利分析系统在高级统计分析环节上同样提供了一些人性化的分析方法。

1）引证分析

以引证分析为例，诸如 incoPat 系统和智慧芽系统，可以在单件专利详情界面的右上角点击【引证专利】标签，从而对该专利的前后多级引证情况进行分析。

如图 7 - 10 自定义分析界面所示，引证分析图中根节点显示为当前专利的公开（公告）号，号码左侧的数字代表该专利的引证专利数量。右侧的数字代表该专利的被引证专利数量。点击【实心圈】按钮可以展开该节点专利的下一级引证专利，点击【空心圈】按钮可收回下一级引证专利，点击单件专利的公开（公告）号，可以进入该件专利的详情页面，鼠标悬停在专利公开（公告）号上，会浮现出该专利的公开（公告）号、公开（公告）日、申请号、申请日、申请人（专利权人）、标题等主要著录项目信息。

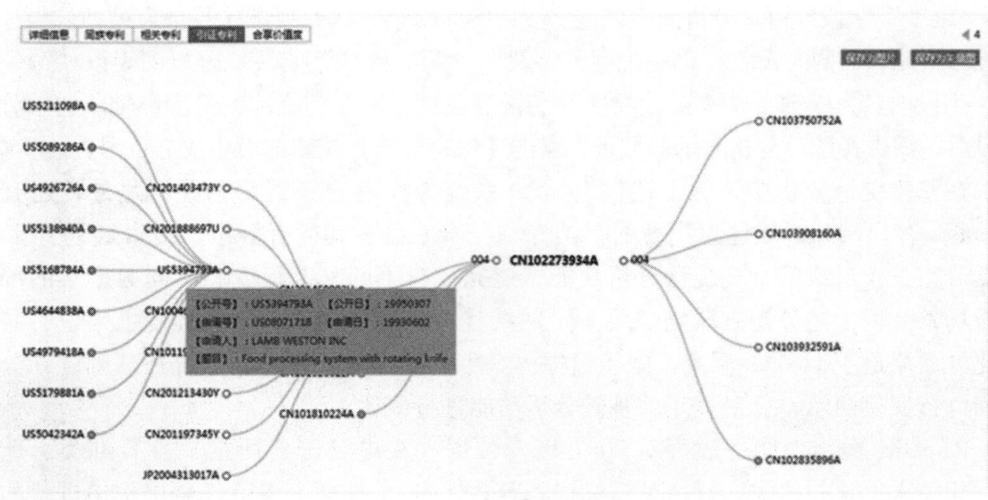

图 7-10 自定义分析界面

此外，Derwent Innovation 可以查看引证关系图，并且可以选择各种格式，例如按代、按时间和代，可以选择引用方向，如仅限向前、仅限向后、向前和向后。其操作方法与前述 incoPat 系统和智慧芽系统类似，如图 7-11 所示。

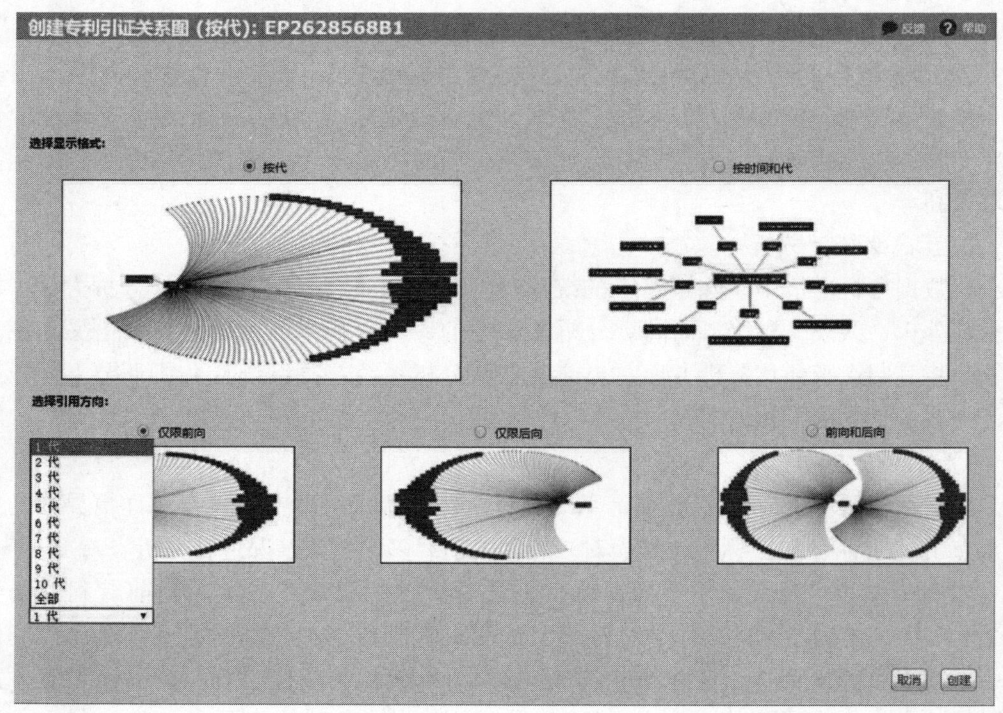

图 7-11 Derwent Innovation 引证关系图

而以 Patentics 为代表的专利分析系统，在引证分析和共现分析方面与前述系统的操作方式均有较大不同。Patentics 系统主要是通过分组或大数据分组功能实现引证分析，其可以从申请人、IPC分类、国家、地域四个主要维度进行引证分析，同时可对申请人间的共引信息进行分析。

例如，在对申请人之间的引用关系进行分析时，在大数据分组界面如图7-12所示，通过输入ann%10%标准申请人、refs-ann%10%申请人被引等分析指令可以快速实现申请人引证分析统计（参见图7-13）。

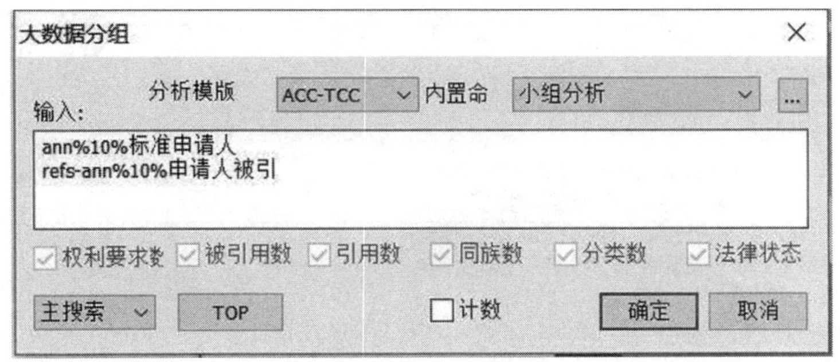

图7-12 Patentics 大数据分组界面

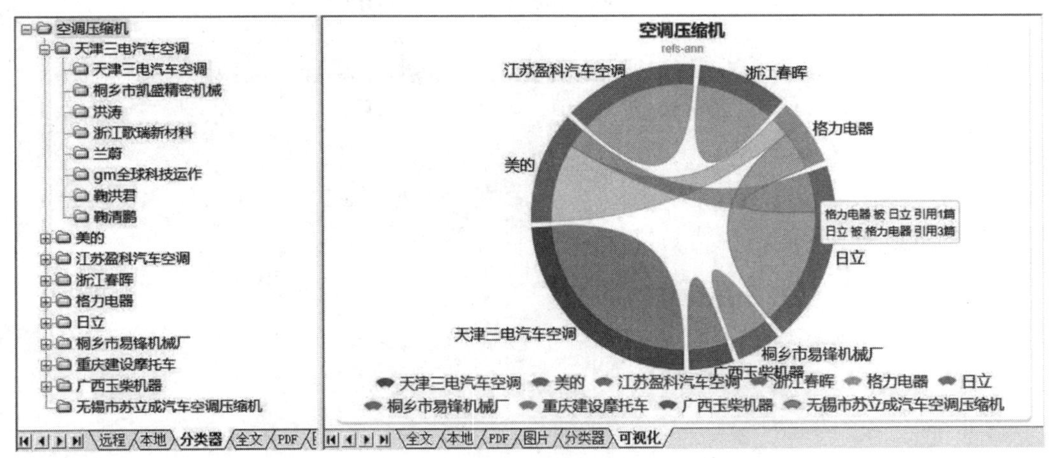

图7-13 Patentics 引证分析图

2）共现分析

在共现分析方法中，Patentics设置了叉积功能，将共现分析延伸到任意专利外部信息。叉积功能用于对两个不同维度的共现内容进行分析。通过对同一组数据设置两种不同维度的子节点，计算两种维度之间各节点之间的交叉量，节点可以是用户标引的技术分类等外部信息，因此，可用于功效矩阵等技术类分析。例如，可进行如图7-14所示的叉积共现分析，从而得到图7-15所示的共现分析图表。

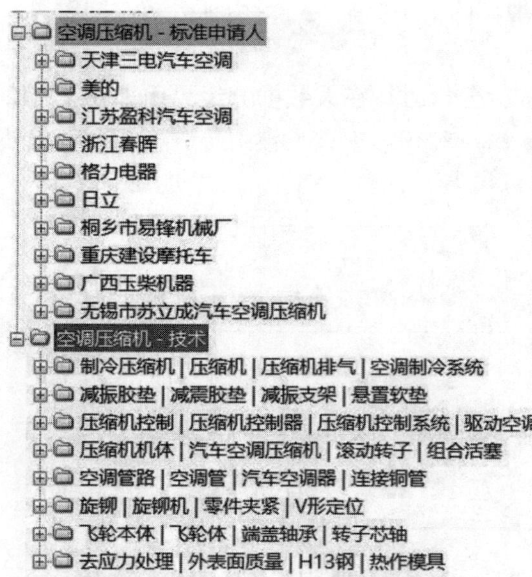

图 7－14　Patentics 叉积共现分析示例

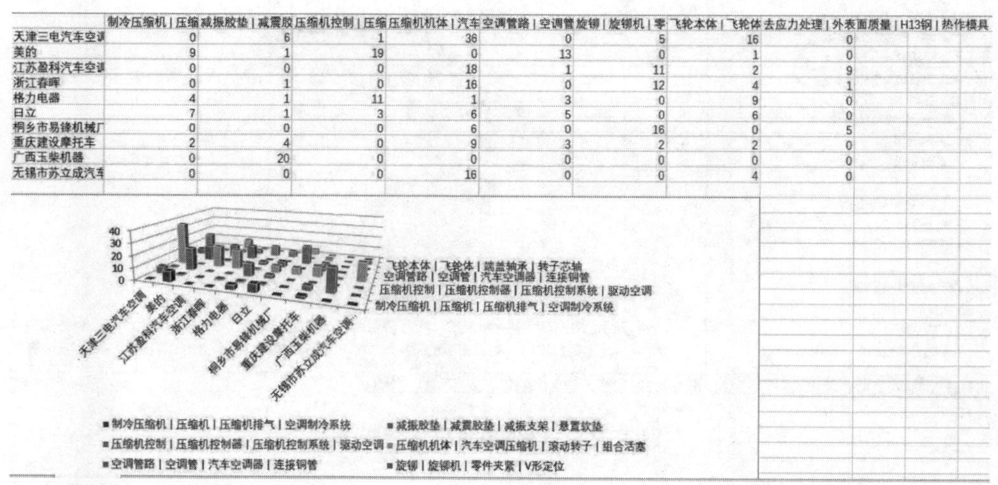

	制冷压缩机 | 压缩	减振胶垫 | 减震胶	压缩机控制 | 压缩	压缩机机体 | 汽车	空调管路 | 空调管	旋铆 | 旋铆机 | 零	飞轮本体 | 飞轮体	去应力处理 | 外表面质量 | H13钢 | 热作模具
天津三电汽车空调	0	6	1	36	0	5	16	0
美的	9	1	19	0	13	0	1	0
江苏盈科汽车空调	0	0	0	18	1	11	2	9
浙江春晖	0	1	0	16	0	12	4	1
格力电器	4	1	11	1	3	0	9	0
日立	7	1	3	6	5	0	6	0
桐乡市易锋机械厂	0	0	0	6	0	16	0	5
重庆建设摩托车	2	4	0	9	3	2	2	0
广西玉柴机器	0	20	0	0	0	0	0	0
无锡市苏立成汽车	0	0	0	16	0	0	4	0

图 7－15　Patentics 共现分析图

此外，Derwent Innovation 本身不支持共现分析，但是其配套的 DDA（原 TDA）分析软件具有强大的共现分析能力。按照具体应用场景，在针对专利权人/发明人字段进行自相关矩阵分析时，得到有关专利权人/发明人合作关系图。如图 7－16 所示，根据发明人的共同专利信息绘制了发明人间的合作关系图，其中每个发明人以点表示，点之间的连线越粗，表示两位发明人合作的专利量越多。

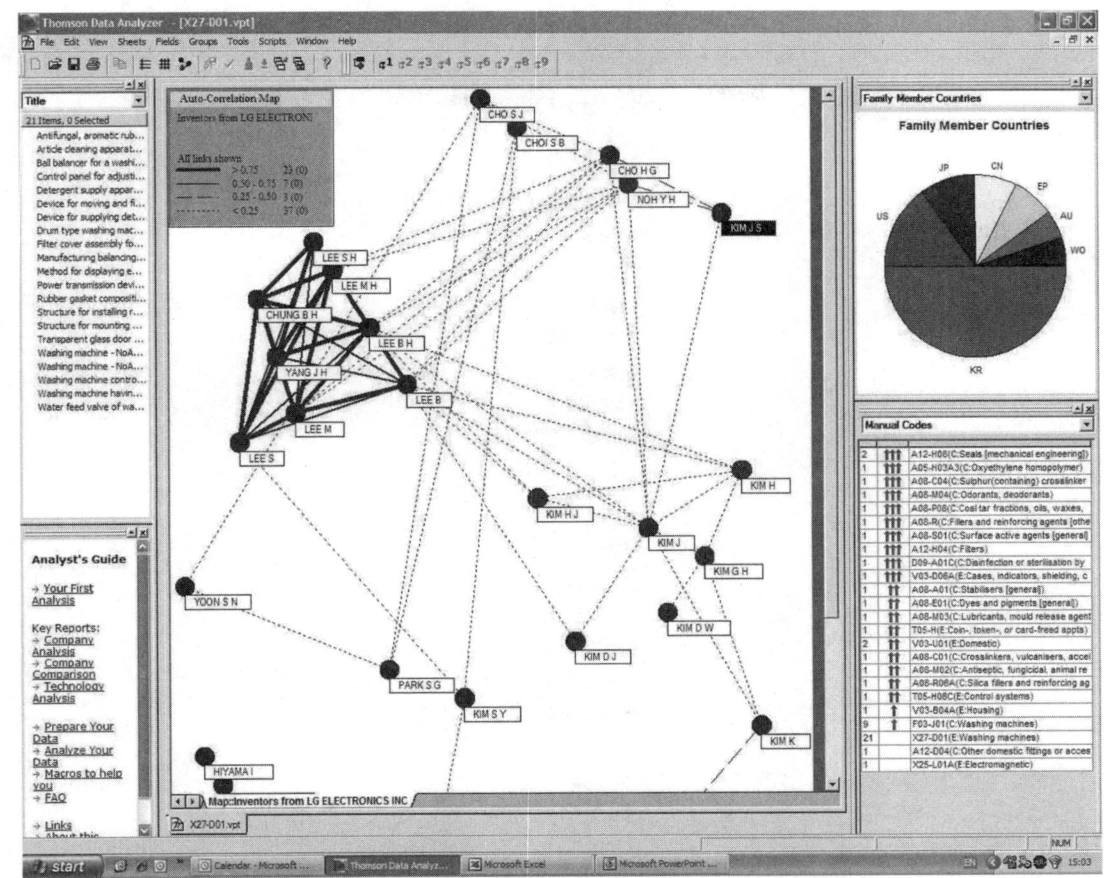

图7-16　发明人合作关系图

在完成上述相关分析工作后，专利分析人员还希望系统能自动提供对相关数据图表的客观解读，从而简化分析人员的劳动，使得其在快速获取数据的客观态势后，将更多精力放在如何挖掘数据背后的原因上。

目前能支持上述分析报告初步解读的系统并不多见，其中以 Patentics 系统为代表的智能检索与分析系统在分析报告导出方面较为便捷，其他如智慧芽系统的【Insights 功能】，可以提供公司报告、竞争报告或者科技报告，同样支持导出 Word 或 PPT。以 Patentics 系统为例进行说明，如图7-17所示，在分类器上生成可视化图表后，通过点击生成 Word 或生成 PPT，系统即可自动导出如图7-18所示的初步分析报告，分析报告中包括各申请人专利质量指标、被引用指标、同族指标以及其法律状态的客观解读。通过上述初步分析报告，分析人员可以快速获取相关指标的申请人的专利申请数据，从而为后续进一步挖掘图表信息奠定了基础。

视图(V) 工具(T) 高级(A) 帮助(H)
可视化
裁剪器
缓存列表
饼图
柱状图
折柱混合图
折线图
雷达图
环型图
南丁格尔图
质量图
知识流图
漏斗图
气泡图
地图
仿真
质量仿真图
知识流仿真图
和弦图
技术演进图
生命周期图
关系图
关联图-P
多环图
多柱图
嵌套图
生成PPT
生成WORD
重启

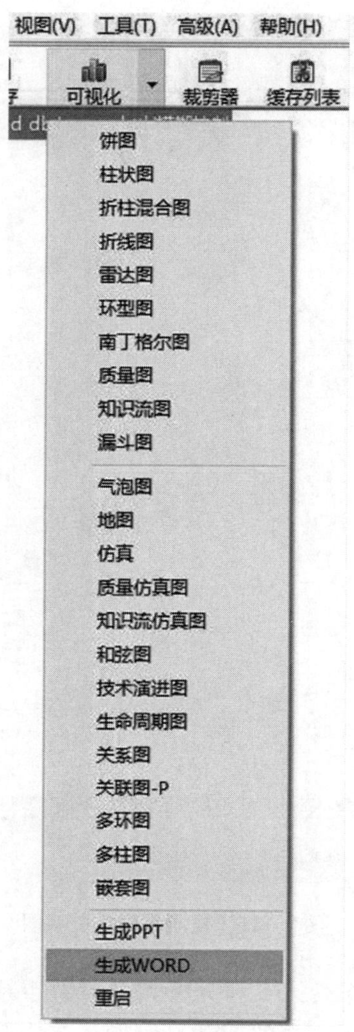

图 7-17 Patentics 自动分析功能

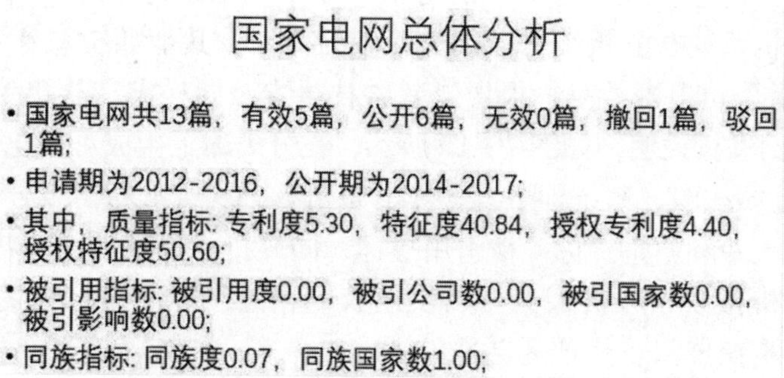

国家电网总体分析
• 国家电网共13篇，有效5篇，公开6篇，无效0篇，撤回1篇，驳回1篇;
• 申请期为2012-2016，公开期为2014-2017;
• 其中，质量指标: 专利度5.30，特征度40.84，授权专利度4.40，授权特征度50.60;
• 被引用指标: 被引用度0.00，被引公司数0.00，被引国家数0.00，被引影响数0.00;
• 同族指标: 同族度0.07，同族国家数1.00;

图 7-18 Patentics 自动分析报告

7.3.2　信息可视化的智能化[1]表现

目前部分专利分析系统已经具备了一定的自主分析能力，例如，涉及机器语义识别分析功能（其部分替代了语言理解和分析劳动）、涉及数据相关性（其替代了数据相关性分析劳动）、涉及技术评估分析功能（其替代了技术理解、对比、评价劳动）等。基于上述分析功能，信息可视化在向着智能化方向发展，各专利分析系统也都制作了具有不同特色的可视化图表。

（1）相关性分析信息可视化——涉及数据相关性分析功能

Derwent Innovation 通过其配套的 DDA（原 TDA）分析软件实现自相关、交互相关等分析。如在针对不同申请人分析其专利技术相关字段时，通过自相关分析能够得到如图 7－19 所示的分析结果，其中呈现出不同申请人专利技术的相似程度。

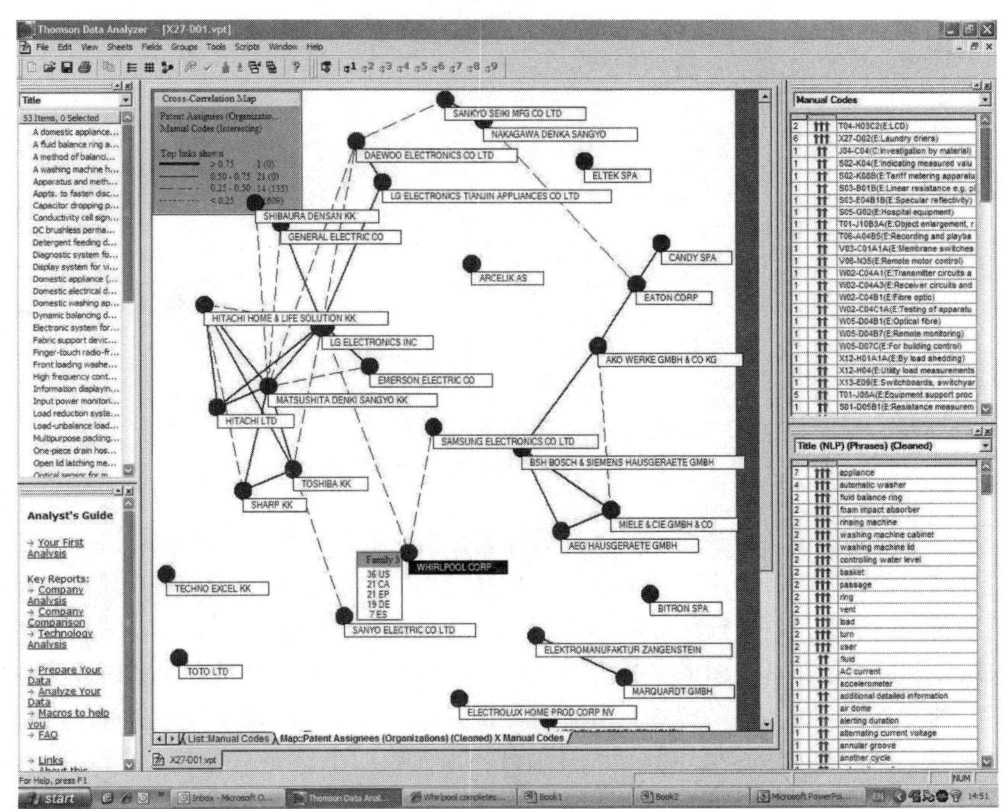

图 7－19　自相关分析图

（2）专利价值评价——涉及技术评估分析功能

在专利分析中，无论是对技术脉络的梳理，还是针对重点企业技术的分析，均需

[1] 本小节所讨论的数据分析智能化是指计算机程序，在一定程度上明显替代或部分替代了人类脑力劳动而由此起到协助人类的部分功能。

要实现对于重要专利的筛选，因此如何评判专利重要性（专利价值评价）显然是专利分析中重点工作之一。对于专利价值评价，一般需要综合诸如同族数量、专利被引用情况、专利权人归属、专利许可/质押/无效等法律情况、权利要求数量等多种信息。显然，专利评价是一件需要耗费分析者脑力劳动的工作。为了减轻专利评价工作的难度，多种专利分析系统提供了机器自动或辅助专利价值评价的功能。按照实现机理划分可以分为两类：一类是以 incoPat、万象云为代表，通过综合专利基本信息（包括权利要求数、同族数量、被引用数量、分类号）、法律状态（包括有效性、续存期）、法律信息（包括无效、诉讼、复审、转移、质押、许可），对上述信息分配特定权重进行计算，最终得到量化的专利价值度。如图 7－20 所示，以 incoPat 为例，其对于专利价值的评价综合考虑了前述专利各类信息并对专利价值进行打分，由此实现了专利价值量化处理，以便分析者参考该数值选取较为重要的专利。

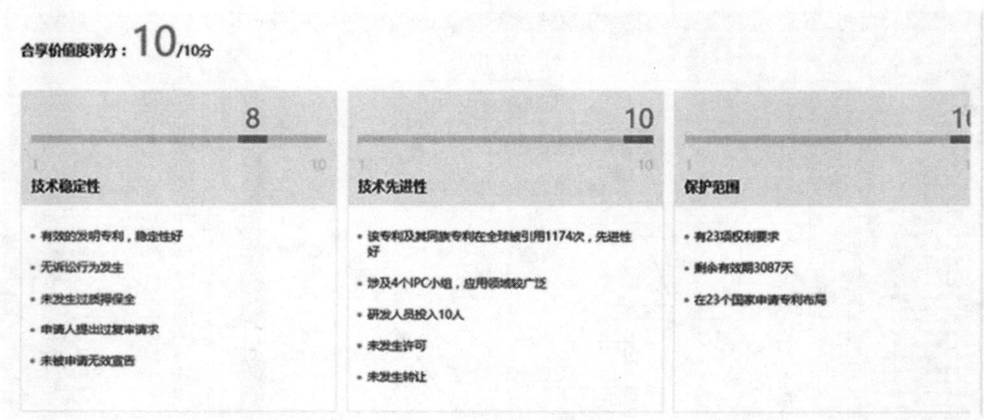

图 7－20　合享价值度打分界面

第二类专利价值评价是以 Patentics 为代表，其仅通过专利技术本身的语义分析来评价专利价值，而并不考虑其他专利著录信息。例如，选取 US5103459 专利进行专利价值评价，系统通过语义计算形成如图 7－21 所示专利价值谱图。其中左图显示的是所分析专利的谱图，其谱图横坐标为时间轴，纵坐标为相关专利量，谱图中较大点即表示专利 US5103459 出现的位置。由谱图可以看出，该专利出现时与之相关的专利较少，而在该专利出现后相关专利才大量涌现，由此表明了该专利具有一定的首创性。同时，右图中显示了与 US5103459 同时期出现的最相关专利 US5008899 对应的专利价值谱图，相比 US5103459，US5008899 出现前已经出现了一定数量的相关专利，由此间接地体现出同时期的 US5103459 专利更具价值。

如图 7－21 所示，价值谱主谱显示的是该件专利的技术价值。横轴为时间，以申请年份为计数单位；右纵轴为相似度，最高为 100，即完全相同，左纵轴为专利数量。价值谱中左侧区域为被评价专利申请日之前的状况，右侧区域为申请日之后的状况，交汇处的红点标出被评价专利申请的时间。价值谱中区域的起伏折线就是每年与被评价专利相似度超过一定阈值的专利申请数量。该阈值是由语义检索引擎取与被评价专利最相似 200 件专利中的最低相似度，显示在右纵轴下方。图中左侧区域面积越小，右侧面积越大，说明该专利申请日前的相似技术较少，申请日后的相似技术较多，则该专利原创性较高，并且技术被大量跟随，就可以初步判断该专利具有较高的技术价值。

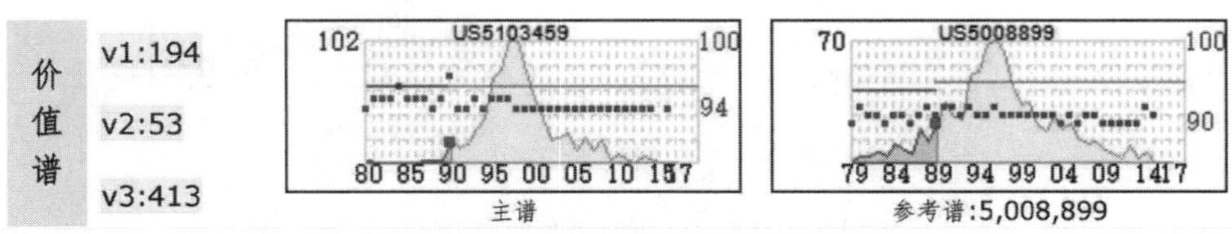

图 7－21　Patentics 专利价值谱图

图 7－21 中左侧的横线是申请日之前超过相似度阈值专利的平均相似度，右侧的横线是申请日之后超过相似度阈值专利的平均相似度，两条线的高差越大，说明该专利原创性程度越高，很可能具有较高技术价值。图中横向贯通的断点是在被评价专利申请日前后各取 100 件最相似专利计算出各年份分布专利的平均相似度。

参考谱是选择与被评价专利相似度最高的文献，制作其价值谱用以参考对比。价值谱的三个价值参数解读：

V1 是右侧区域内的专利数量减去左侧区域内的专利数量所得到的值，即在与被评价专利相似度最高的 200 件专利中，申请日之后的专利数量减去申请日之前的专利数量所得到的值。

V2 是右侧横线对应的相关度减去左侧横线对应的相关度所得到的值的 100 倍，即在与被评价专利相似度最高的 200 件专利中，申请日之后的专利平均相关度减去申请日之前的专利平均相关度所得值的 100 倍。

V3 是申请日之后方框点对应的相关度平均值减去申请日之前方框点对应的相关度平均值所得值的 100 倍，即申请日后与被评价专利相似度最高的 100 件专利平均相关度减去申请日前与被评价专利相似度最高的 100 件专利平均相关度所得值的 100 倍。

由于 V1、V2、V3 均为申请日之后的计算结果减去申请日之前的计算结果，因此皆为越大越好。数值越大，则客观地表明此件专利在申请时占据领先位置，而且其后跟随者众多。

除了从技术上对专利进行大数据分析评价以外，Patentics 还从权利保护范围和稳定性层面利用大数据对每件专利进行了分析。如图 7－22 所示，图谱中的横坐标是特征度数值（特征度是 Patentics 通过语义引擎计算出的权利要求 1 中的技术特征个数），纵坐标是专利的数量，每一个柱状体为每个特征度下对应的专利数量。总体取值样本为被评价专利所对应的国家或地区的相同国际主 IPC 分类号所包含的申请文献的集合，即相同技术领域的专利集合。左侧方框为本领域专利的特征度均值区间，即该专利的特征度数值在左侧方框内为佳，其中方框点表示的是被评价专利的特征度。如果方框点处于峰值靠左部分区域，即特征度在平均样本中偏小，则该专利面临较大的前期授权挑战和后期无效风险；如果特征度过大，则对应专利的保护范围越小，实际法律层面的保护意义会显著降低。Patentics 认为特征度以接近峰值为佳，同样是接近，则以右侧为佳，左侧则较差。

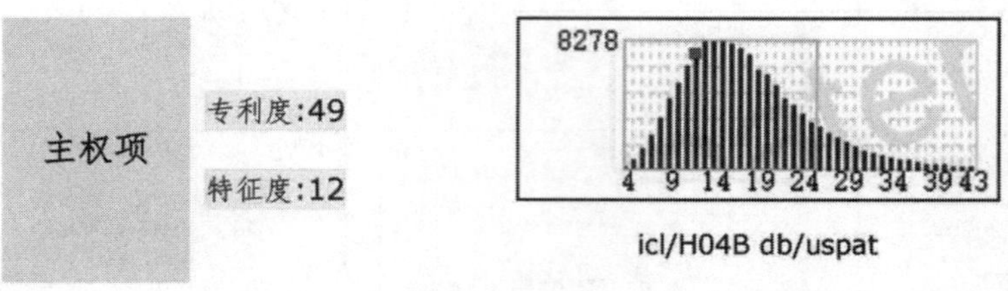

图 7-22　Patentics 专利特征谱图

该申请的公开文本将会对应给出一副图谱。如果该申请已经获得授权，则会根据授权文本给出第二幅图谱，分别对应于公开文本与授权文本。

此外，Patentics 在重点专利筛查方面，还提供了【BINGO】和【自动雷区】功能。【BINGO】功能，即通过多指标（包括申请日、被引用数、被非自引用数、被引用公司数、被引用国家数、同族数、同族国家数、权利要求数、主权利要求技术特征数）对专利进行排序，综合多次排序次序显示，由此能够实现综合自定义多指标对重点专利的筛选。【自动雷区】功能，即自动在专利集合（节点）中找出同时满足权利要求数多、同族数多、被引证多等两个以上条件的专利。这些专利要求保护范围大、布局广，因此可能属于重要专利。图 7-23 为自动雷区设定界面。

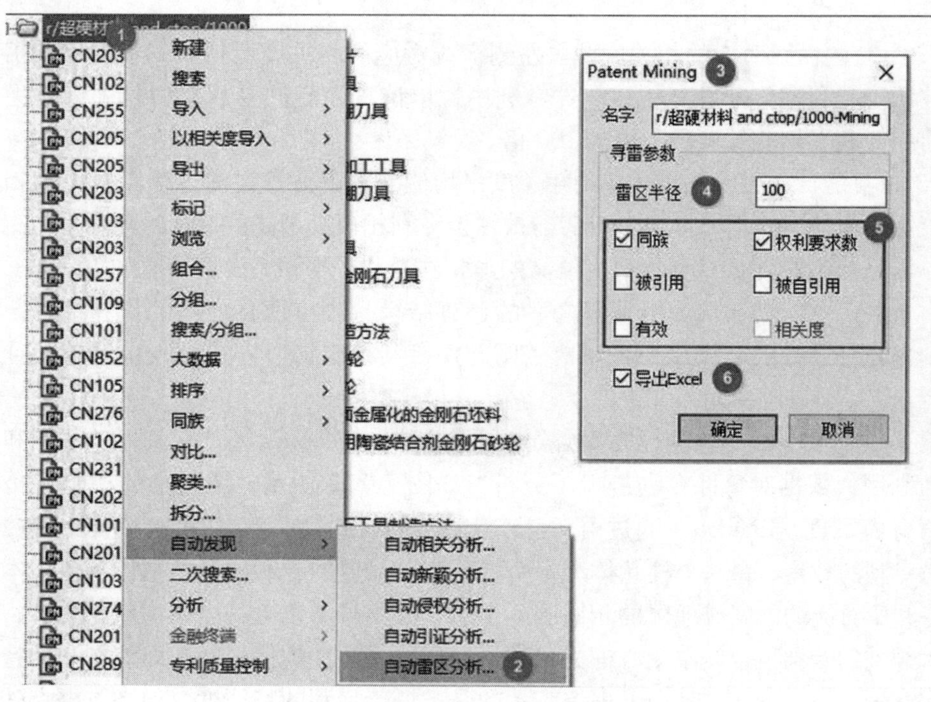

图 7-23　自动雷区功能

（3）聚类分析——涉及机器语义识别分析功能

专利分析其中一项重要的工作就是数据整理。该工作就是要将专利按照其技术信息进行归类梳理，然而专利技术信息的整理过程是一项需要花费大量时间和精力的工作。为了降低在技术信息整理方面所要投入的脑力劳动，机器语义识别技术被运用到机器自动识别和整理专利文献的工作中。然而，由于专利技术的复杂性以及信息表述的多样性，目前机器语义识别准确性尚不能完全替代人工整理（如需要得到准确的结果需要人为干预），不过其仍然在一定程度上减轻了脑力劳动的投入，智能化值得肯定。

1）一般性机理介绍

在利用语义识别进行专利分析整理方面，专利系统提供了专利地图和专利文本聚类功能。从机理上说，专利地图实质是在专利文本聚类基础上进一步处理得到的可视化结果，其与专利文本聚类实质上均是通过文本计算机量化处理、相关性计算、聚类处理得到的。以如下示例对上述功能机理进一步说明：

为了实现文本聚类，需要实现专利文献间相关性分析：首先，需要将专利文本中可用术语进行提取。其次，为了能够使术语用于计算，将术语进行量化处理，在经过如此转化后，每一篇专利文本可以表示为含有多个术语量化值的集合，如 $d_i = (t_{i1}, t_{i2}, \cdots, t_{im})$；计算两篇文献的相关性可以通过向量余弦方程实现：$sim(d_j, d_k) = \sum_{i=1}^{m} t_{ji}t_{ki} \Big/ \sqrt{\sum_{i=1}^{m} t_{ji}^2 \sum_{i=1}^{m} t_{ki}^2}$，如果量两篇文献越相似，上述方程值约趋近于 1，反之趋近于 0。再次，通过将相关的专利按照设定的相关度阈值，使相关度满足阈值的文本聚类，接着按照已聚类处理的文献中出现术语的频次提取关键词作为聚类文献的主题。最后，通过可视化设定将不同类别以颜色进行区分，实现专利地图的绘制。

从上述机理能够看出，实现聚类和专利地图最为关键的环节在于专利文献相关性分析。此环节的难点其实并不在于最终相关度的计算过程，因为按照公式计算即可实现，而在于相关度可计算化的处理，包括从文献中提取可用的技术术语、术语的量化，因为这将极大影响最终相关度计算的准确性。另外，按照上述机理还能够看出，如果按照上述余弦方程进行多件专利的相关度计算，则会涉及大量的计算步骤，从而必然会占用大量系统资源，因此大部分分析系统会对聚类和专利分析地图的数据设定的上限能够间接反映上述问题。

需要说明的是，以上论述仅作为方便理解上述功能机理而提出的示例性说明，商业的专利分析系统为了增强其分析准确性和支持大数据分析，必然要对文献术语提取、量化以及算法方面进行优化，其具体机理可能不尽相同。以下仅就具有专利地图和聚类功能的代表性专利分析工具分别进行说明。

2）专利地图

目前，专利地图正在朝两个不同的方向飞速发展。一个方向是基于给定样本库进行聚类分析，形成专利地图（以下简称“基于样本库的专利地图”）。具体而言，先通过检索或者导入数据形成一定大小的数据库，然后针对该数据库样本进行聚类分析，之后变多维至二维空间，用专利地图的方式展现出结果。这种方式是目前的主流，例如 Derwent Innovation、incoPat、智慧芽、万象云均属于这一类型。

另一个发展方向是使用大数据关联，基于用户输入的关键词、一段话（例如总结的一个技术构思）或者专利号码，在整个全球大数据背景下进行语义聚类，然后从高维空间，通过相关度保持的映射，投影到二维地图空间显示（以下简称“基于大数据的专利地图”）。其显著的特征是基于整个大数据的背景，而不是给定的数据范围。采用这种方式绘制专利地图的代表性分析工具是 Patentics。

① 基于样本库的专利地图

对于基于样本库的专利地图，这里以 Derwent Innovation 为例进行详述。在 Derwent Innovation 中，专利地图被称为 ThemeScape 专利地图。

ThemeScape 专利地图的形成机理如图 7－24 所示。

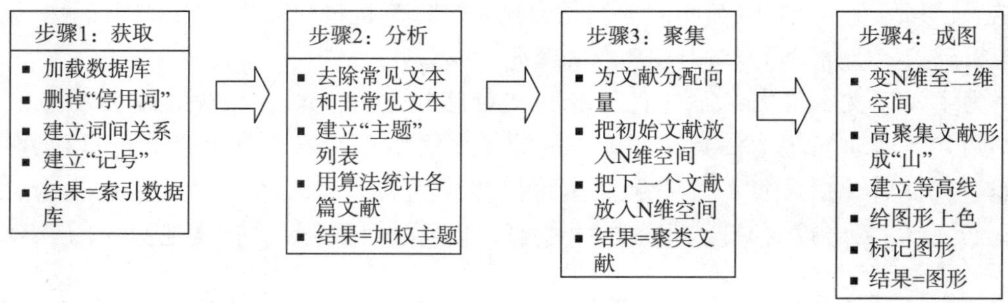

图 7－24　ThemeScape 专利地图的形成机理

首先是获取数据，为了更快地处理数以千计的文献，ThemeScape 使用文献过滤器在处理图形时排除不重要的词（那些对文本没有附加价值或区分的词）。用户在实际制作专利地图时，还可以定制该词表（例如，将明显不需要的词作为停用词）。之后，ThemeScape 使用另一个过滤器连接常用词用来表示一个单独的词，算法将分配一个记号表示这个词集，目的是进一步提高处理速度。

其次是分析阶段，ThemeScape 使用 TF－IDF（词频倒置文献频率算法）为文本文献中单独的词“打分”，以选出最能准确代表整篇文献内容的概念，之后得到一个在统计上重要的关键主题词列表。ThemeScape 数据库会把这些主题及与单独文献的关系存储起来。

再次是聚集阶段，Themescape 使用 Naïve Bayes 概率算法，基于每一篇文献中出现主题词，在 N 维空间中把每一篇文献指定为一个“极坐标”或“向量”。与主题不相关的文献相比，具有主题相关的文献会聚集在一起。主题非常相关的文献依次聚集或集中于一个坐标周围。

最后是成图阶段，主要是将在 N 维空间中的向量分析用二维空间来表示聚集的文献。使用“自组织映射图”（SOM）算法，各件专利在 N 维球体中位于同一个聚集关系里。联系紧密的文献距离更近，不同颜色代表文献密度。在建立图形和为图形上色之后，不同的等高线上会有标签。最终形成的图像如图 7－25 所示。

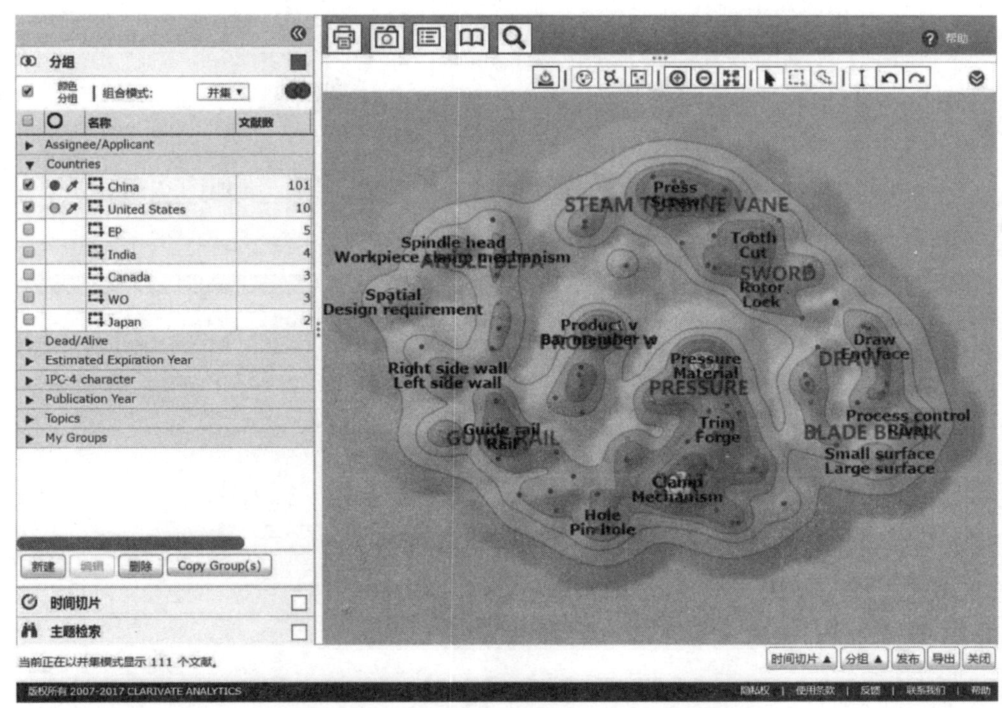

图 7-25　ThemeScape 专利地图

ThemeScape 专利地图通过逐级显示技术，使得用户在导航专利地图时不会被数量庞大的记录所困扰。在放大时，用户会看到该区域中的点数增多。针对任何既定的缩放级别，ThemeScape 专利地图都将在地图上显示的记录数量限制为 2000 个。此外，ThemeScape 专利地图会自动为专利地图中的主要专利权人/申请人、发明人、专利状态（失效或有效）、国家/地区、IPC-4 代码、公开年、预计到期年份和主题创建分组。使用这些自动创建的分组可快速开始分析。

同时，值得指出的是，ThemeScape 专利地图还具有如下特性能够使其功能更为完善：

a. DWPI 索引字段：该人工加工字段是 Derwent Innovation 专利系统独有字段。在专利地图绘制中同样能够充分利用该字段进行计算处理，在数据质量上具有优势。

b. 时间切片功能：即可以设定特定时间段分组，专利地图能够按照该分组的不同时间段进行显示变化，由此便于查看专利分布的变化趋势。

c. 支持大数据量分析：由于专利地图的绘制一般需要进行大量运算，因此为了保证系统运行的稳定性，专利分析系统一般对与专利地图绘制的文献量均有上限限制。ThemeScape 专利地图最多能够支持对 300 万条数据的分析——基本能够满足大数据分析的要求。

d. 检索工具：在 ThemeScape 专利地图中，通过检索能使特定信息在地图上即时地高亮突显，便于地图的局部分析。此外，通过对地图中主题检索，还可以检索分析中包含的数据。

② 基于大数据的专利地图

对于基于大数据的专利地图，这里以 Patentics 为例进行介绍。

Patentics 中的专利地图主要是基于 Patentics 智能语义数学模型，通过输入一个关键技术点，将该技术相关的技术脉络、技术路线通过相关度聚类分析，从高维空间（hyperspace）的相关关系，通过相关度保持的映射，投影到二维地图空间显示。最终得到的地图如图 7 - 26 所示。

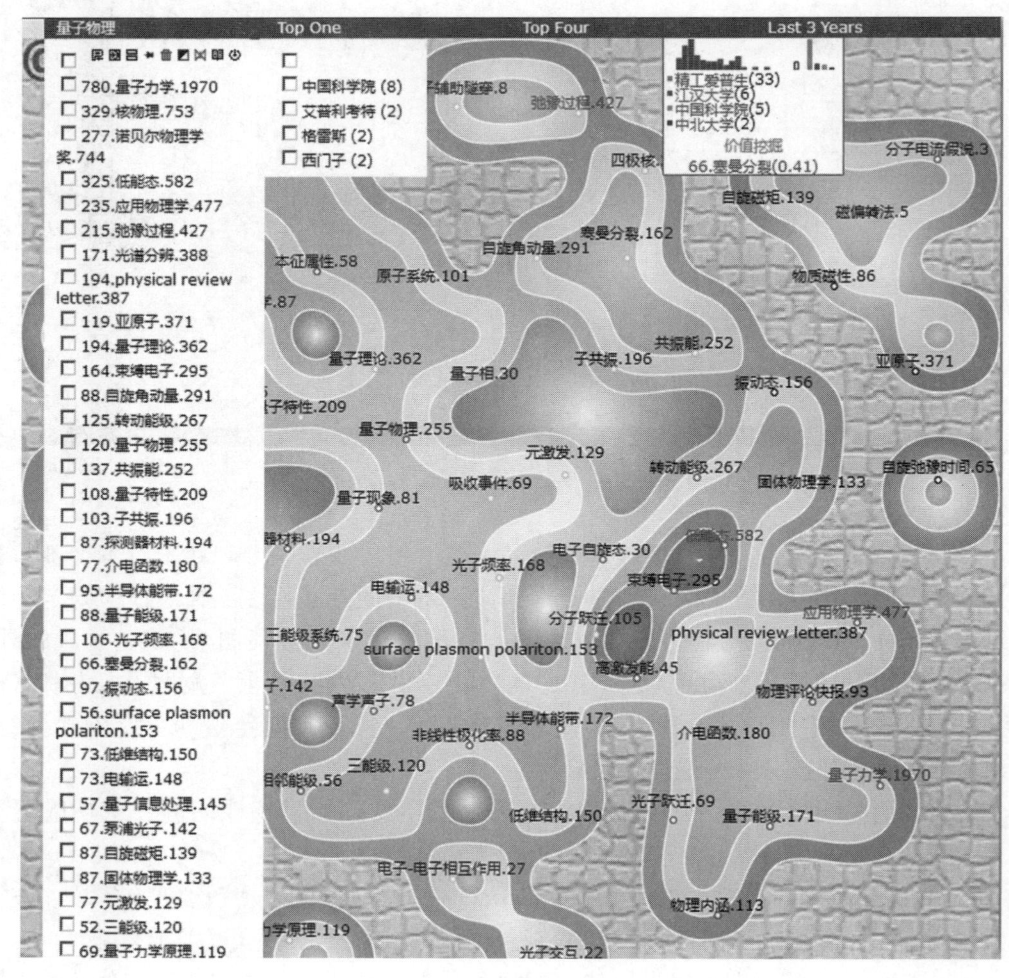

图 7 - 26　Patentics 专利地图

图 7 - 26 中的左侧显示的是基于大数据关联计算获得的 64 个最相关技术概念（用户可以勾选）；中间 TOP One 指的是所有关联概念的申请量最多的申请人；TOP Four 指的是所有关联概念的申请量的进入前四位的申请人；Last 3 Year 指的是所有关联概念的近 3 年申请量最多的申请人。这几项均可以进行勾选分析，主要作用是辅助了解重要申请人。

这里需要特别注意的是，由于 Patentics 的自动关联是构建在基于大数据 + 语义模型上的，因此专利地图是动态的、“活动”的，系统可以通过实时关联计算提供相关显示，达到与用户的实时互动。例如，当用户鼠标悬停在任意概念上时，系统经大数据分析，实时计算该概念的关联数据，并以大数据分析元形式原位显示，如图 7－27 所示。另外，相对于基于样本库的专利地图，基于大数据的专利地图在分析某个技术领域时，会将其他领域中密切相关的技术也囊括进来，展示不同领域之间的潜在关联，从而提供更加全面的信息启发用户。

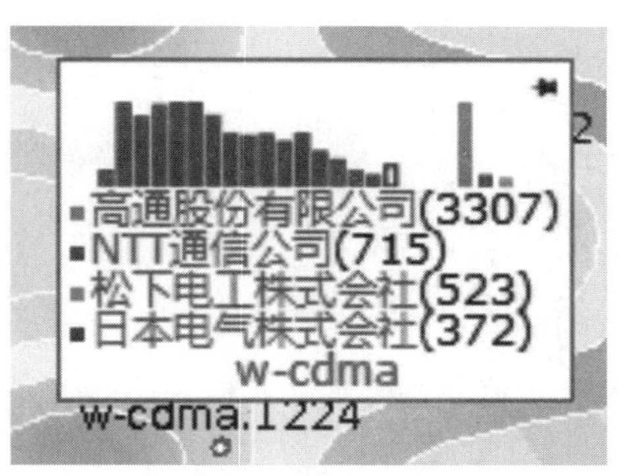

图 7－27　大数据分析元输出示例

③ 小结

专利地图由于依托于机器内嵌的算法逻辑，分析过程中没有人为的偏见，在使用时通过深入的分析，有可能会有意想不到的收获。

对于基于样本库的专利地图，聚类分析主要是基于专利标题、摘要、权利要求等（根据分析工具的不同会略有差异），因此，专利标题、摘要、权利要求等字段的标准化撰写、撰写的质量等都会影响到聚类的效果，从而最终影响到专利地图的价值。因此，对于这类地图，未来的发展方向除了优化算法外，进一步加强杂乱的专利数据的人工处理仍然非常有必要。未来，优秀的基于样本库的专利地图应当是人工和机器智能的完美结合。

对于基于大数据的专利地图，由于其在整个全球大数据背景下进行语义聚类，并不受限于一个小的数据集，因而有利于获得一些交叉领域的关联。这些关联是在受限的小数据范围内无法获知的。但是也正因为基于整个大数据，样本数量巨大，噪音也较大，未来的发展方向是革新、改进算法，目标是提升数据的可分析性，让用户能够比较便利、准确地挖掘出更多有价值的信息。

3）文本聚类

在文本聚类分析方面，Patentics 和 Derwent Innovation 均提供了基于专利文献技术信息的相关性计算，进而实现对相关文献间的自动分组聚类。

Patentics 可对给定文献集进行 2～8 类主题的非结构化数据聚类。如图 7－28 所示，Patentics 对于检索得到的有关“空调压缩机”专利进行技术聚类（系统中是按技术分组进行的），具体来讲，是将专利按照到如图 7－28 所示的 8 个技术分组进行聚类划分。

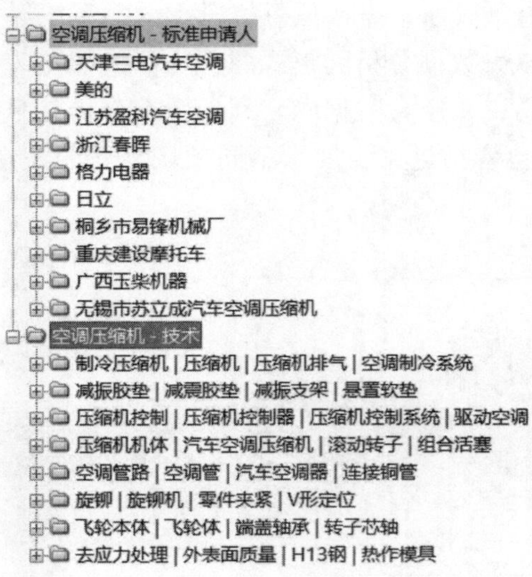

图 7-28　Patentics 聚类分析图

Derwent Innovation 通过对用户所选字段中检索到的文本进行语意分析，从而对专利文献记录进行自动分类。它采用一种类似于文件夹目录的层级结构来整理和组织检索结果（参见图 7-29）。这种结构有利于进行向下的数据挖掘，从而实现对检索策略的精炼处理，并在主题词和专利权人之间建立新的关联。

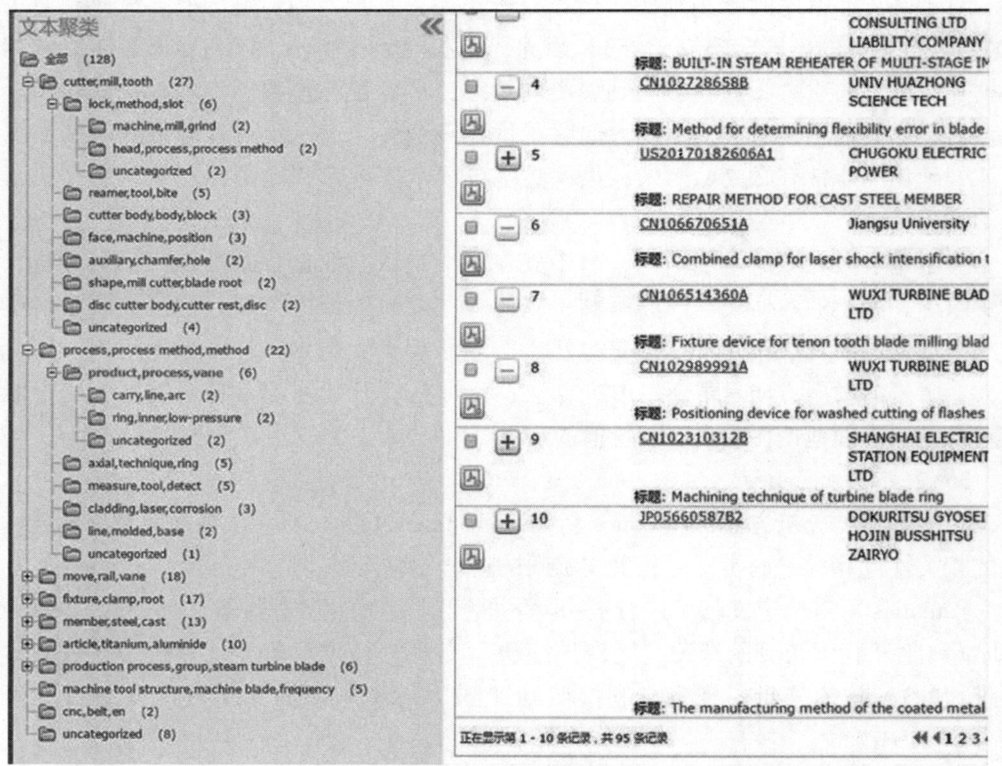

图 7-29　Derwent Innovation 文本聚类图

上述相关的数据分析功能中已经涉及多种数据结果可视化，但应当指出，所涉及的智能化功能主要是在分析过程本身中通过机器辅助降低了脑力劳动量。而目前的主流专利分析系统还进一步包括多图像交互联动功能和可视化数据钻取功能。以下分别进行详述。

（1）多图像交互联动功能

多图像交互联动是指，在改变多个数据可视化图像中的一个图像时，其他图像能够根据数据内在关系进行相应的变化。以下，以万象云的视图检索为例进行说明。

万象云的视图搜索界面包含了显示专利所属国/申请人所属国的世界地图、主要专利分类、时间分布、申请人排行和热点专利等几个板块。其中，可以进行联动操作的组件包括国家分布、专利分类分布、申请人排行和时间分布四个组件。在选取关注的国家、专利分类号、申请人名称或时间点后，其他组件会联动地变化为相应选项的信息。

由上述例子能够看出，多图像交互联动的可视化功能，能够更为直观地反映出同一信息的多方面情况，同时还反映出了多种信息的相互关系，由此减少了分析者在探求专利信息间内在联系的相互关系所耗费的精力。

（2）可视化数据钻取功能

以 DI Inspiro 中的三维分析功能为例进行说明。图 7－30 中第一幅图为申请年－地区－申请人的旭日图，在点击旭日图中的色块后，会使图变化为所选中色块的细分旭日图，例如，图 7－30 中第二幅图即为选取了“2013”色块后呈现出的有关该年度申请的地区以及申请人分布情况。由此能够看出，可视化数据钻取功能实际上是，可视化方案能够通过变化反映出更为细节或深层次的数据结果。由于不同层级的数据情况的切换较为迅速，能够便于分析者厘清各个等级数据间的关系。

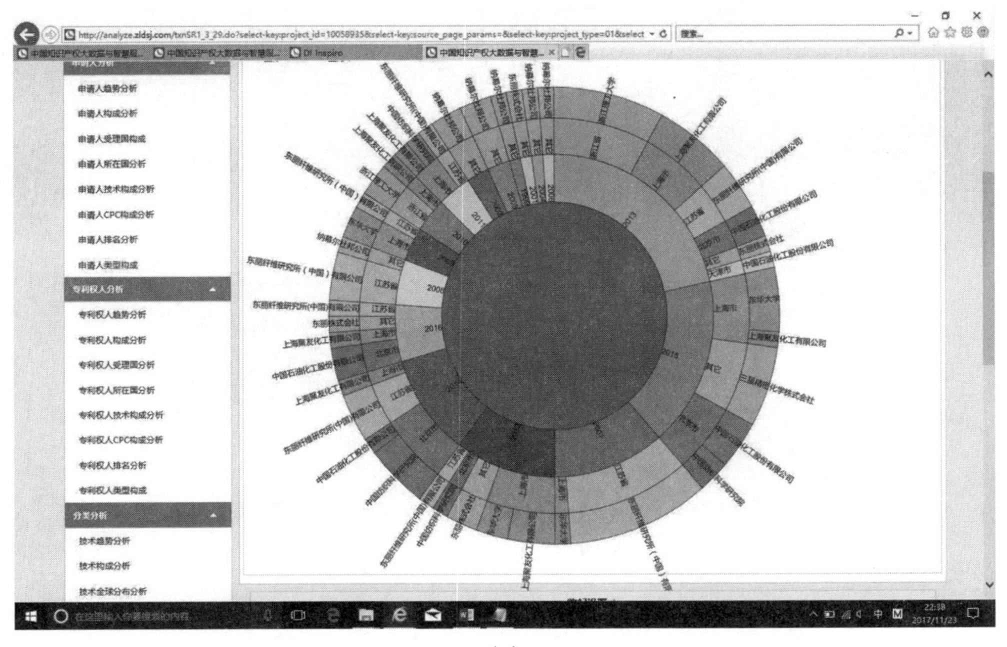

（a）

图 7－30　可钻取旭日图

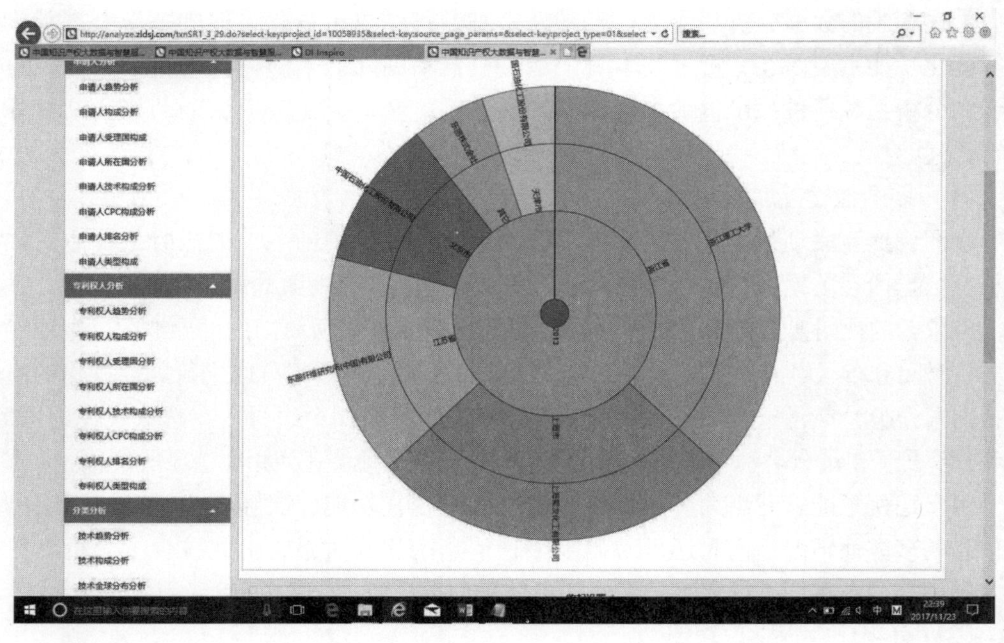

(b)

图7-30 可钻取旭日图（续）

此外，在一些系统的聚类分析中同样支持了数据钻取，以 incoPat 专利地图为例进行说明。图7-31 为其聚类分析得到的分子图，其中系统自动将测试数据分为5个主题类别，点击其中分子，图像能够进一步放大/缩小，相应显示更多聚类信息。

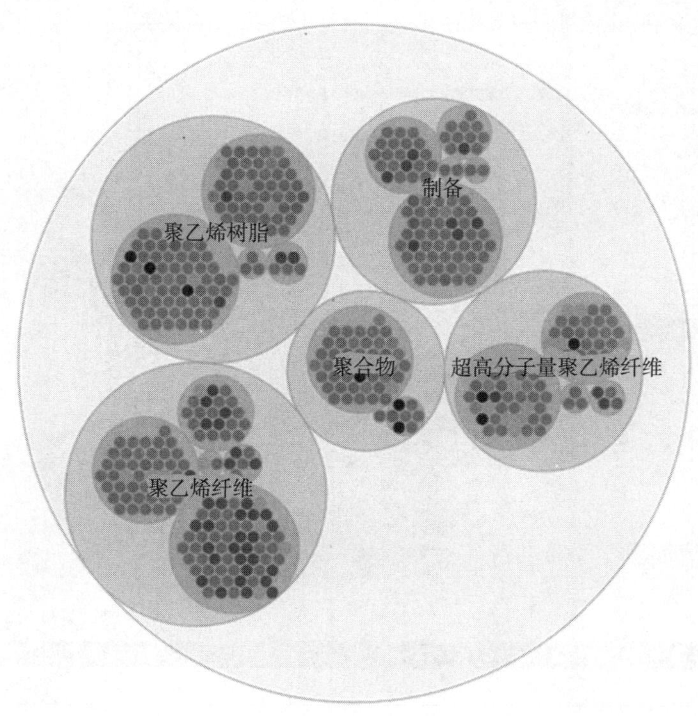

图7-31 聚类分析-分子图

如点击“聚乙烯树脂”内的分子，图像进一步放大，并显示其内部的聚类情况，如图7-32所示。

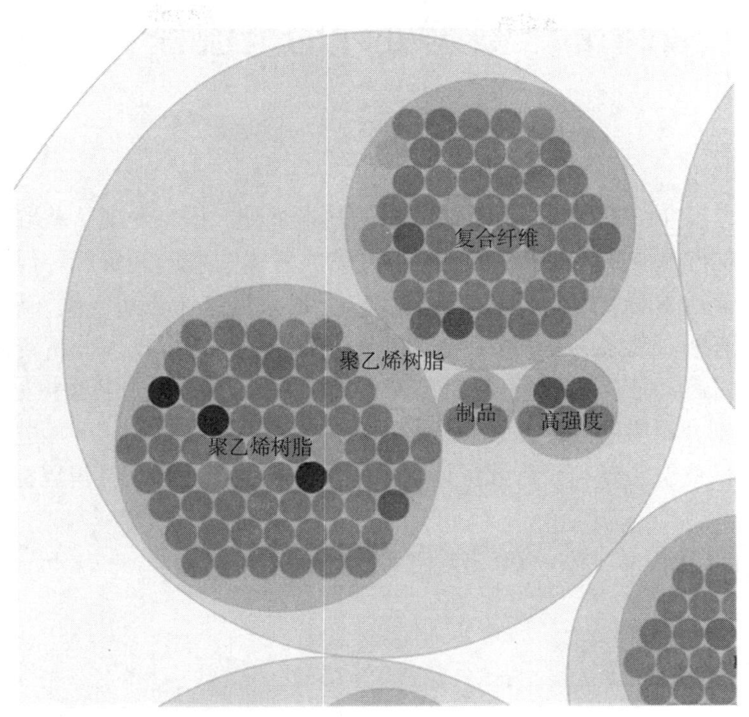

图7-32　聚类分析-分子图（放大）

另外，在给出聚类信息的同时，系统显示聚类图像上呈现的聚类类别，可以点击查看相应类别内的具体专利情况。

第 8 章　数据处理的全流程实例

在前文中已经介绍了专利分析数据处理的基本步骤。不难发现从获取数据到将数据信息可视化呈现需要经过诸多步骤的处理，耗费大量人力和时间资源。但是，数据可视化仅仅是专利分析的起点，分析人员还需要以可视化信息作为切入点，深度剖析数据，进而发掘价值信息。因此，数据可视化后续分析工作更加需要投入分析资源。为了优化专利分析工作的资源配置，促进分析质量提高，有必要设法提高分析数据处理效率。

本章将分别介绍借助两种工具（Power Query/Power BI、Patentics）进行数据处理的流程实例，以借此说明专利分析数据处理效率能够借助合适的工具得以提高。

8.1　Power Query、Power BI 自动化分析实例

8.1.1　概述

Power Query（PQ）是微软公司推出的数据查询工具，目前以插件形式内置于 2016 版 Excel 和 Power BI 中。该工具能够对数据进行查询和多种加工处理，并以计算机指令方式保存每一步数据处理步骤。这里需要指出：①“数据查询”是指仅从数据文件获取数据加以处理后的反馈结果，而未对数据文件进行修改；②PQ 所保存的信息是数据来源地址和数据处理步骤，而非数据本身，因此通过数据刷新操作后，其实质是按照存储的数据源地址再次查询数据，并按照保存的步骤再次对数据进行处理。

Power BI（PBI）是微软公司推出的一套商业分析工具，其囊括了前文提到的 PQ，以及 Power Pivot 和 Power View 插件，分别对应数据查询、数据分析和建模，以及可视化呈现三部分功能，能够实现对数据的全面利用和深度分析。同时，相比于 Excel 等工具，其图表制作的操作更为简便。并且，PBI 实现的可视化图表同样能够通过数据刷新实现更新。

借助上述工具进行数据分析的机理在于：通过 PQ 对有限量数据进行数据处理，并利用 PBI 对数据进行建模处理和基本图表的绘制，由此使 PQ 保存数据处理步骤，PBI 形成既定的数据模型和可视化图表。将数据源替换为待处理的数据，PQ 和 PBI 即可按照前述保存的处理方式自动对新的数据进行计算，进而给出数据处理和可视化结果。换而言之，利用 PQ 和 PBI 在完成一次数据处理后得到的处理结果文件构建处理模板，由此利用该模板实现对于需要相同步骤处理数据的自动化处理。

以下，将通过一个数据处理实例说明利用 PQ 和 PBI 模板进行自动化数据处理的基本操作和自动化处理流程。

8.1.2　数据来源

首先，对本节所处理的数据来源情况进行说明。该实例中，专利文献相关数据信息主要来自 Patentics 专利分析工具导出的“智能库”Excel 格式文件，同时包含了人工标引字段。具体数据源字段列于在表 8－1 中。

表 8－1　数据源字段

智能库包含数据字段					标引字段	
公开号	优先权	申请人	引用	专利度	技术分支一级	手段一级
申请号	优先权国家	标准申请人	引用数	特征度	技术分支二级	手段二级
优先权日	同族	专利权人	自引用数	索引词 1	技术分支三级	手段三级
申请日	同族数	发明人	非自引用数	索引词 2	技术分支四级	手段四级
公开日	同族国家数	第一发明人	引用公司数	索引词 3	技术分支五级	手段五级
授权日	法律状态	国际主分类	被引用	索引词 4	效果一级	重要性
国家	法律描述	国际分类	被引用数	等级	效果二级	发明构思
专利类型	诉讼信息	标题	被自引用	相关度	效果三级	其他说明
	律师、代理	摘要	非被自引用数	地域	效果四级	
		主权项	被引用公司数		效果五级	
		对偶主权项	被引用国家数			

该实例目的在于利用上述数据实现包括专利趋势、技术分支、专利流向、功效矩阵、申请人和引用关系等分析项目的基本可视化图表绘制。

其次，由于数据源存在数据缺陷、数据格式不便直接利用等原因，在实现上述图表绘制前，还需要对上述字段进行必要的修正和加工处理，主要包括如下数据处理项目。

（1）查缺、补全：由于在可视化图表中，专利数量均通过对“公开号”的计数来统计。同时，专利趋势、申请人分析和技术分支中必然需要时间（“申请日”）、“申请人”和“标引字段”信息，因此要求上述字段必须避免存在缺失问题，为此需要对这些字段进行查缺和补全处理。此外，在专利流向分析中，需要专利来源国家信息，对此主要参考优先权国家字段信息。但在实际数据中，部分具有优先权专利的优先权国家字段存在空缺现象，对此同样需要补全处理。

（2）数据标准化：主要是申请人名称的标准化。申请人分析主要通过对特定名称申请人相关数据的统计分析实现，为此需要确保申请人名称的统一。但申请人字段往往由于语种、母公司和子公司、公司合并等原因而存在名称不统一的情况。虽然“标准申请人”字段对于申请人名称进行了初步标准化处理，但名称不统一的问题并未完全消除，因此仍需要对“标准申请人”字段进一步处理，统一申请人名称。

（3）数据加工：以引文分析为例，虽然字段“引用”中包括专利引用的所有文献公开号，但其并不能直接用于引用关系图表制作，需要转化为专利与每个引文的关系。同时，专利引文分析实质关注的是，专利所记载发明本身的引用关系。然而，一个发明往往由于专利同族而具有多个文本，因此需要将引用关系进一步转化成以专利族为单位的引用，以便体现发明的引用关系。

为实现上述数据处理和可视化功能，所构建的模板分为“数据校验和准备”“数据加工”和“数据建模和可视化”三个部分，其中“数据校验和准备”和“数据加工”模板均采用 Excel 文件格式，“数据建模和可视化”模板采用 Power BI 文件格式。以下依次进行详述。

8.1.3 数据校验和准备

在本环节中，通过将数据导入至利用 Excel 的 PQ 工具建立的“数据校验－数据准备”模板，利用模板保存的处理步骤实现自动化，对数据字段是否存在错误进行校验，并提供需要补充数据的信息以指引分析者进行数据的修正和补充，最终完成必要数据的准备。下面，对具体操作步骤进行说明。

（1）首先，如图 8－1 所示，对应模板表格首行显示的数据字段名称，粘贴待处理数据。

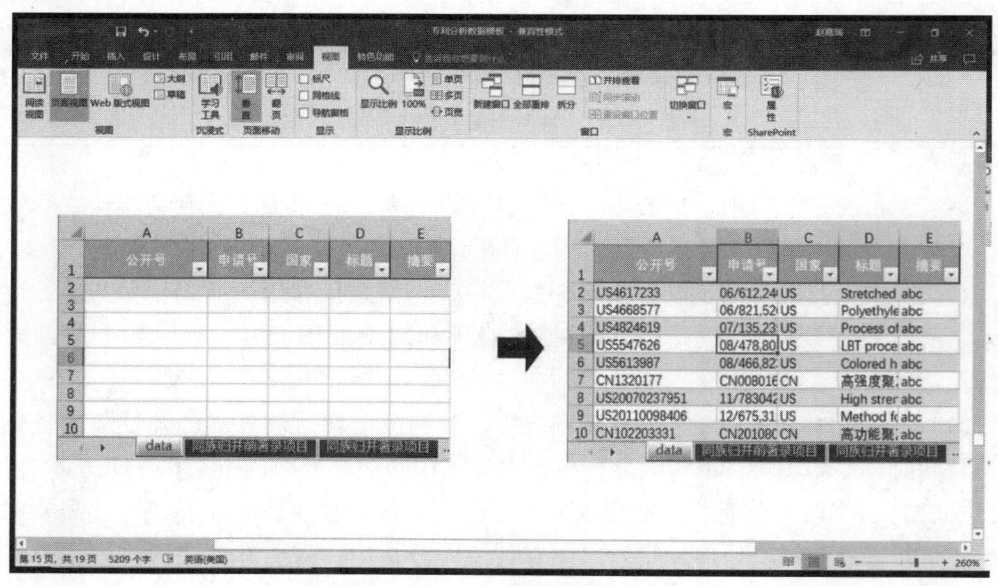

图 8－1 模板中导入数据示意图

其次，按相同方式粘贴相应专利数据的同族数据“同族归并前著录项目”和“同族归并后著录项目”。这两个数据的获取方式如下：

1）将前述待处理数据中“公开号”列全部数据复制；

2）在 Patentics 客户端中，通过缓存导入上述公开号，建立节点；

3）节点导出至主搜索，主搜索中在检索式“proj/client and db/all”后加入“and

G/fam and O/app”扩展同族、并合并申请和授权文本；

4）将主搜索导入至分类器中，进行同族——CN/US 排序；

5）如图 8－2 所示，【导出】—【著录项目文件】，即“同族归并前著录项目”数据；

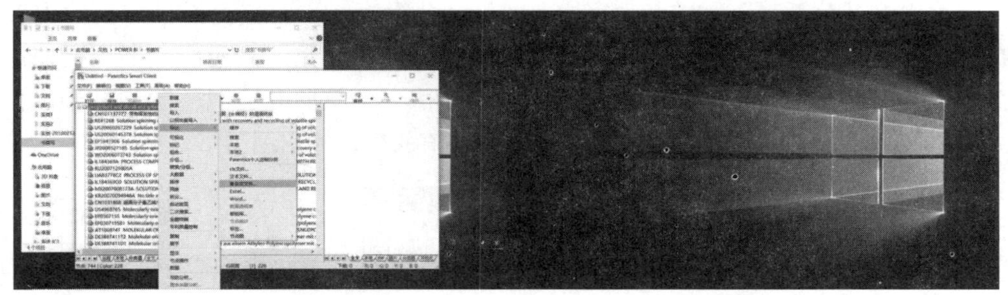

图 8－2　Patentics 导出著录项文件界面

6）【同族】—【归并】，再次导出著录项文件，即“同族归并著录项目”数据。

在实际操作中能够发现，在 Patentics 中经过“CN/US 排序”后，属于同一族的文献将相邻排列，并在“归并”后，每个专利族文献仅保留该族第一个出现的文献。上述导出的著录项目数据保留了归并前后的专利排序，利用这种序列关系模板能够自动将专利公开号同其同族公开号进行关联处理，形成专利同族关系表格。在下文中将会对该专利同族关系表自动化处理流程进行详述。

（2）选择【数据】—【全部刷新】以启动模板中 PQ 对于上步导入数据的自动校验处理。如数据存在问题，则会如图 8－3 所示，在表格中显示存在问题的文献公开号和相应问题类型。针对显示的问题对原数据进行修正，直至上述校验处理后不再显示问题。

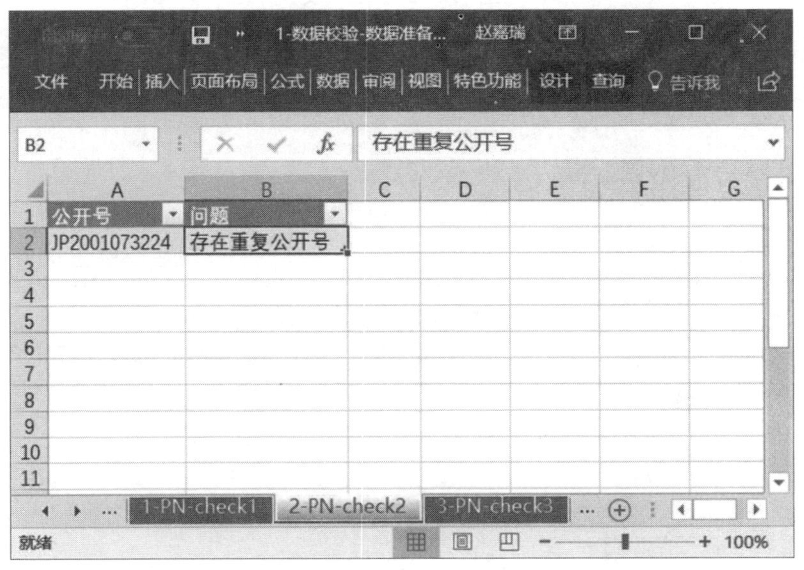

图 8－3　公开号校验问题示例

下面对自动校验过程进行说明。校验处理具体包括对于公开号，标准申请人、申请日和标引字段的检查。以下对校验机理进行说明。

1）公开号查重

图 8 -4 为 PQ 对导入数据进行自动化处理的具体流程。首先，通过【删除列】去除原数据中除“公开号”外的其他字段。通过【分组依据】对“公开号”字段内容进行出现次数进行计数。其次，通过【条件列】功能对“计数”列进行判断——如计数不为 1，则返回“存在重复公开号”，否则返回空值，由此形成“问题”列。最后，删除“计数”列，并【筛选】“问题”列中不为空值的行，输出结果。

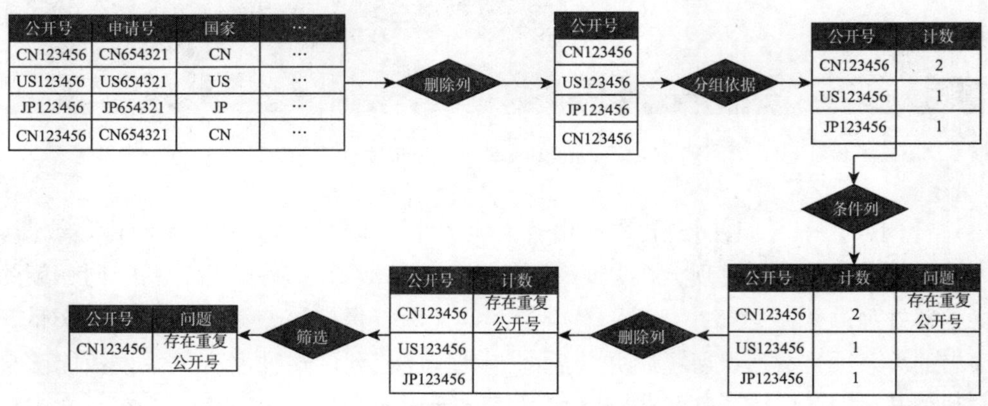

图 8 -4　PQ 公开号查重处理流程

正如前所述，PQ 自动化处理的步骤是通过对实际数据进行处理后保存下来的，因此上述所述的查重处理流程也是在建立模板时对数据的处理工序。在实际的模板建立过程中，仅需要按照自动化处理过程，在 PQ 工具栏（如图 8 -5 所示）或列表菜单中选择相应功能，即可实现数据处理步骤的建立。这相比 Excel 函数和 VBA 操作更为简单。

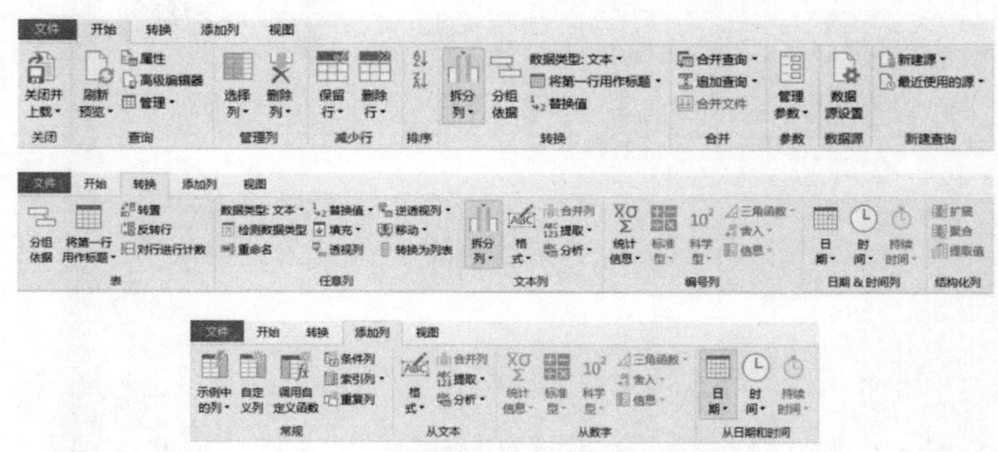

图 8 -5　PQ 工具栏

2）公开号明显错误和空缺检查

如图 8－6 所示，首先通过【重复列】建立“公开号”复制列“公开号复制”，通过【提取首字符】提取该复制列前 2 个字符。随后，通过“国家代码－国家名称”列表❶中的“国家代码”列对“公开号复制”列进行【合并查询】——类似于 Excel 函数【VLOOKUP】的功能，返回“国家代码”列。能够看到，如果公开号为空值或前两位不是国家代码，“合并查询”返回结果为空值。接着，通过“条件列”判断“国家代码”列，如果为空值，则返回“公开号错误/空缺”，否则返回空值，形成“问题”列。删除“公开号”和“问题”列之外的其他列，【筛选】“问题”列中非空值行，输出结果。

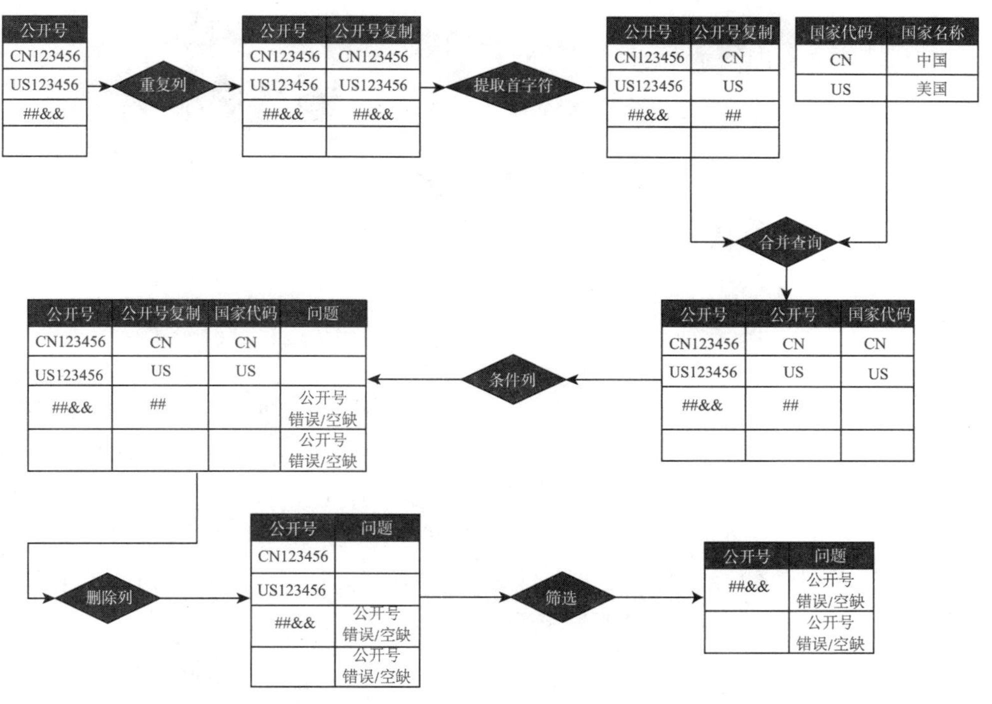

图 8－6　公开号错误/空缺检查处理流程

3）公开号同族信息缺失检查

该步骤主要核对前述第（1）步中导入的同族数据是否涵盖了所有待分析文献的同族信息。在校验检查前，需要将前述导入的同族信息进行整合，具体过程如图 8－7 所示。首先，提取“同族归并前著录项目”中的“公开号”，对其添加“索引”列，利用“同族归并后著录项目”中的“公开号”对其“公开号”列（归并前）进行【合并查询】。在对“索引”列升序“排序”后，对“归并后公开号”列进行向下“填充”，以补齐空缺。其次，为了后续专利流向的分析，对“公开号”（归并前）通过【提取首字符】和【合并查询】处理出归并前文献对应国家/地区/组织名称。

❶ 该列表作为数据处理常用参数已内置存储于模板中。

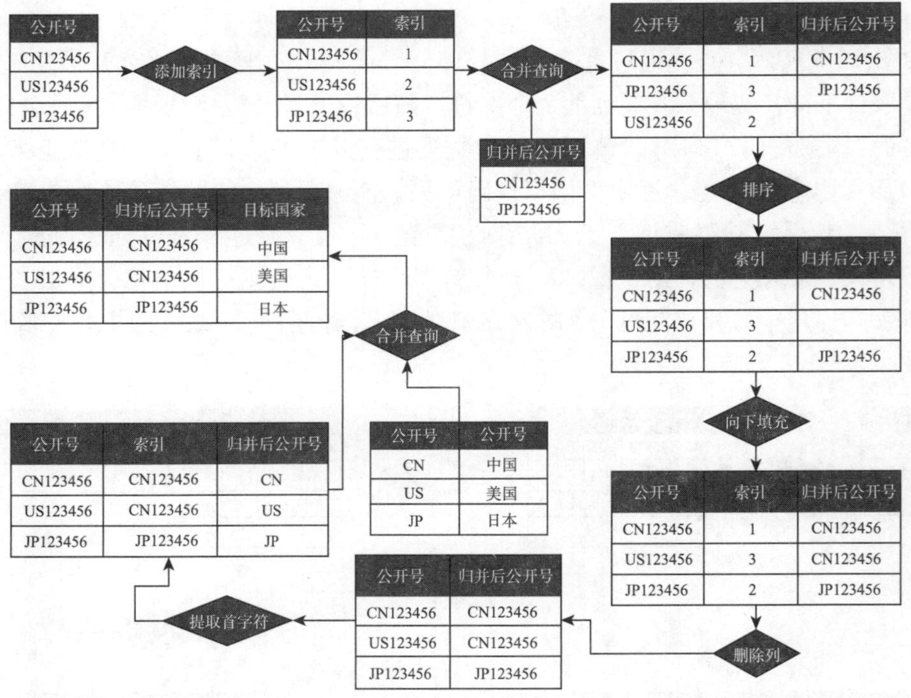

图 8-7 公开号同族数据检查处理流程

在上述公开号同族数据检查处理基础上，对前述第（1）步骤中导入的文献和标引数据与同族数据匹配情况进行校验，具体流程如图 8-8 所示。首先，采用前述同族数据处理得到的“公开号-归并后公开号-目标国家”中的“归并后公开号”对提取的“公开号”进行【合并查询】，返回“归并后公开号”。其次，通过【筛选】，保留“归并后公开号”为空值的行，删除该列。对“公开号”采用“公开号-归并后公开号-

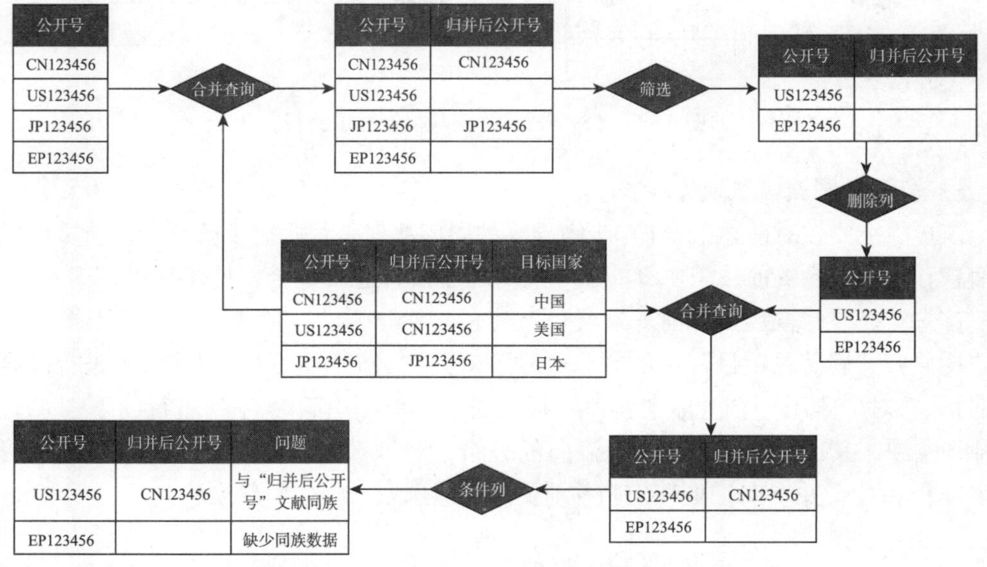

图 8-8 公开号同族数据校验流程

目标国家”中的“公开号”进行【合并查询】，返回“归并后公开号”。最后，通过“条件列”判断，“归并后公开号”如不为空值，则返回“与‘归并后公开号’文献同族”，否则返回“缺少同族数据”。

4）标准申请人、申请日、标引字段查缺

字段的空缺检查基本流程相同，下面以“申请日”查缺流程为例进行说明。如图 8－9 所示，通过“条件列”判断，如“申请日”为空值，则返回“存在空缺”，否则返回空值，由此形成“问题”列。通过“删除列”去除“申请日”列，通过【筛选】去除“问题”为空值的行，形成校验结果。

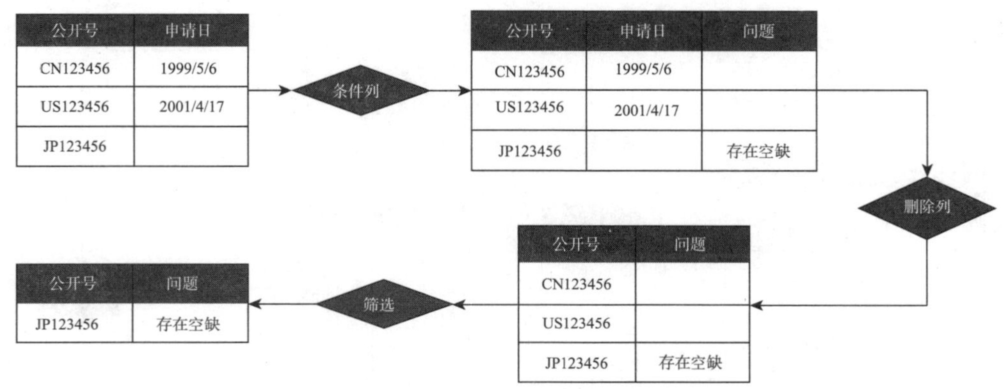

图 8－9　申请号查缺流程

（3）在通过上述校验后，如图 8－10 所示，将“PA 列表”表格中自动生成的申请人列表粘贴至“申请人修正表”表格“申请人”列中，在“申请人修正名称”列中对每个申请人添加相应的修正名称。完成后，通过“数据”—“全部刷新”自动实现对原数据申请人名称的修正。

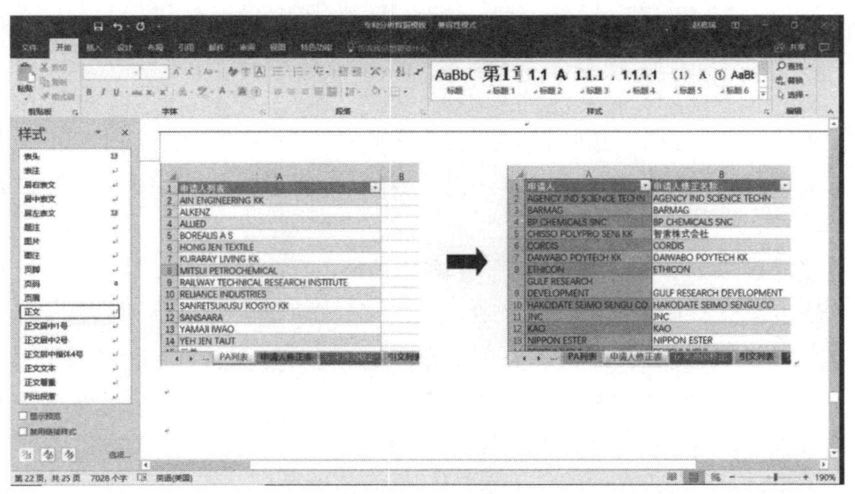

图 8－10　申请人名称修正表制作示意图

下面对申请人修正的自动化处理流程进行说明。如图 8－11 所示，首先，仅保留“公开号”和“申请人”（注：实际处理的是“标准申请人”字段，这里为便于说明简称为“申请人”），能够发现，“申请人”由于存在共同申请的情况而存在一个字段中包含多个申请人名称的情况。为此，通过【拆分列】对“申请人”进行拆分，使每个字段中仅含一个申请人名称。通过拆分出的所有申请人列“申请人 1”“申请人 2”进行【逆透视】。得到的表格分别进行如下两种进一步处理：

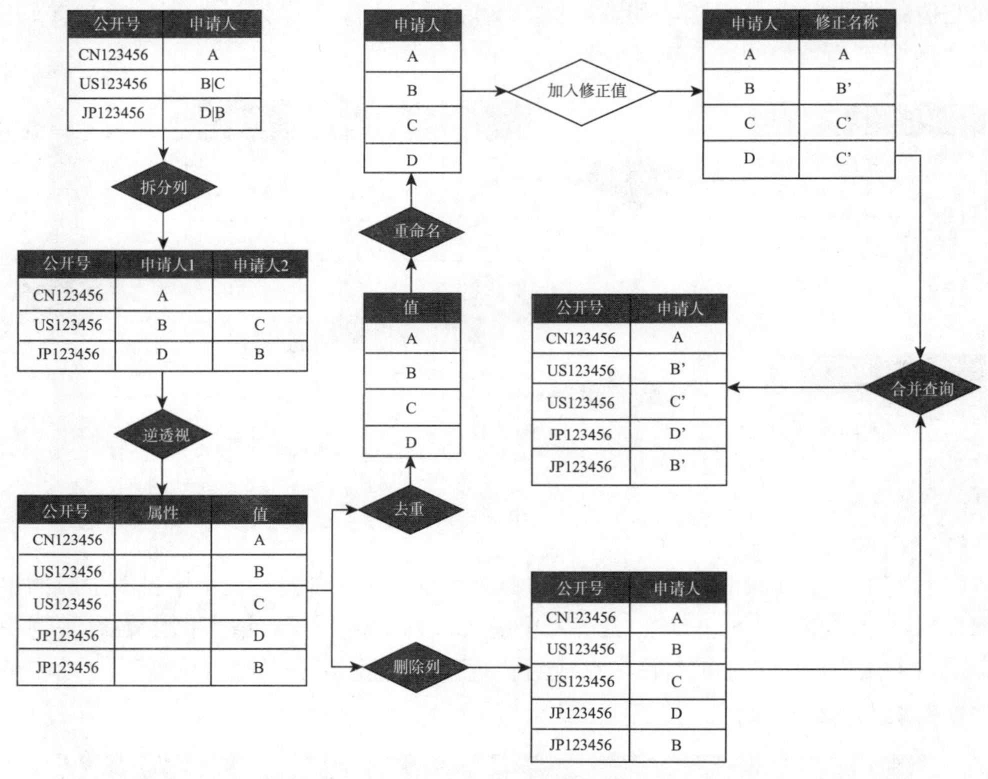

图 8－11　申请人修正自动化处理流程

1）仅保留“值”列，进行【去重】，“重命名”后即得到前述提到的“申请人列表”，并且按照前述操作依据该列表建立了“申请人修正表”（即图 8－11 中的“申请人－修正名称”）。

2）通过【删除列】去除“属性”并将“值”“重命名”为“申请人”，利用上述“申请人－修正名称”中的“申请人”对“公开号－申请人”表格中“申请人”【合并查询】，返回“修正名称”，即完成修正操作。

（4）完成上述申请人修正后，通过【全部刷新】，PQ 通过自动化处理，根据专利的第一申请人和其“优先权国家”等数据自动显示“申请人”与其专利“来源国”的对应情况，如图 8－12 左图所示。申请的归属国由其第一申请人国籍决定，在优先权国家与申请人国籍不同时应按照申请人国籍进行修正。❶ 因此，这里需要检查自动处理出的“来源国”是否为“申请人”的所述国籍，以及“来源国”为空值的情况。如存在上述两种问题，则在前述“申请人修正表”中“申请人修正名称”列中查找相应申请人，在其对应的“申请人修正来源国”列中填写需要修正的国家名称，❷ 再次【全部刷新】即可实现来源国的修正。

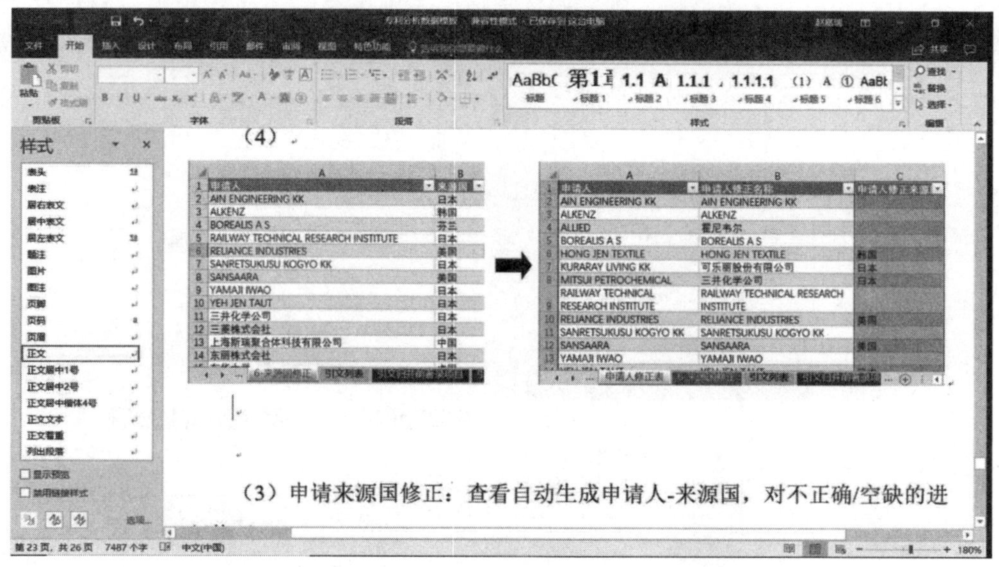

图 8 – 12　来源国修正操作示意图

下面对申请来源国的自动化修正流程进行说明。为了减少人工修正量，申请的来源国主要是通过申请的“优先权国家”进行确定的。然而，“优先权国家”字段存在缺失问题——某些专利在“优先权”字段中显示优先权在先文本号，但其“优先权国家”字段空缺。因此需要首先对上述优先权国家字段进行补全处理。具体过程如图 8 – 13 所示，首先，通过“复制列”建立“优先权”列的两个副本。在三个“优先权”列中，分别通过“提取字符”中的“提取首 2 个字符”“提取［］间的字符”和“提取（）间的字符”对优先权文本号码中的国家代码进行提取。其次，利用“国家代码 – 国家名称”对上述处理的“优先权”列进行“合并查询”，返回“国家名称”。通过“条件列”判断，如“优先权国家”“优先权”“优先权 1”“优先权 2”中任一列如不为空值，则返回该列值，否则返回空值，完成“优先权国家”的补全。

在完成上述“优先权国家”基础上，对“来源国”信息进行修正。如图 8 – 14 所示，首先，对“申请人”列通过【拆分列】保留第一申请人，通过前述“申请人 – 修正名称”列表对其【合并查询】并返回“修正名称”，以将第一申请人名称进行修正，

---

❶ 杨铁军. 专利分析实务手册［M］. 北京：知识产权出版社，2012：82.

❷ 对于特定的申请人，其在“申请人修正名称”列中往往多行出现，对于上述修正仅需任选一行修正即可。

形成新的“公开号-申请人”表格。其次，分别通过上述优先权国家补全处理得到的“公开号-优先权国家”中的“公开号”对该表格中的“公开号”进行【合并查询】，并且通过前述操作步骤中人工加入的“申请人修正名称-申请人来源国”（图8-14中为“修正名称-申请人归属国”）中的“修正名称”对该表格的“申请人”进行【合并查询】，由此分别得到“申请人归属国”和“优先权国家”。通过“条件列”判断，如“申请人归属国”不为空值，则返回该列值，否则再判断，如“优先权国家”不为空值，则返回该列值，再否则返回空值，由此综合上述两列数据形成“来源国”列。最后，分别通过【删除列】分别形成“申请人-来源国”——前述操作步骤中首先用于人工核对的表格，和“公开号-来源国”，从而完成修正的数据。

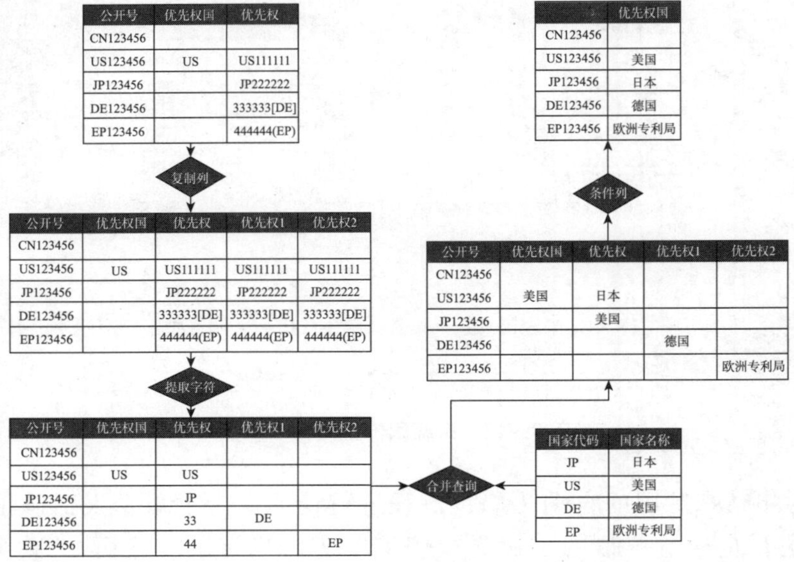

图8-13　优先权国家补全处理流程

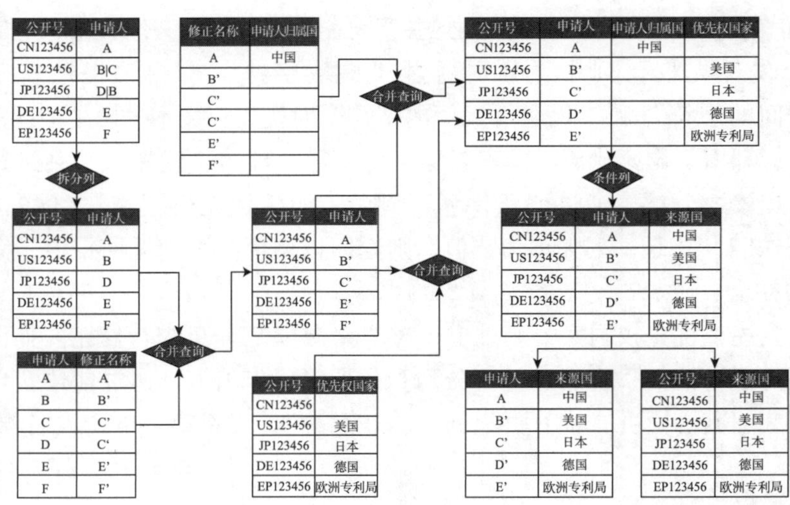

图8-14　来源国修正处理流程

（5）为了后续实现专利文献引用分析，还需要补充待分析专利引用文献的同族数据情况。为此，在模板中对数据中“引用”字段中“引文公开号”进行整理，形成图 8－15 所示列表。按照与前文步骤（1）中记载的同族数据获取的相同方式得到上述引用文献同族归并前后的著录项目数据，分别粘贴导入模板相应表格中。通过【全部刷新】实现引用关系的自动建立。

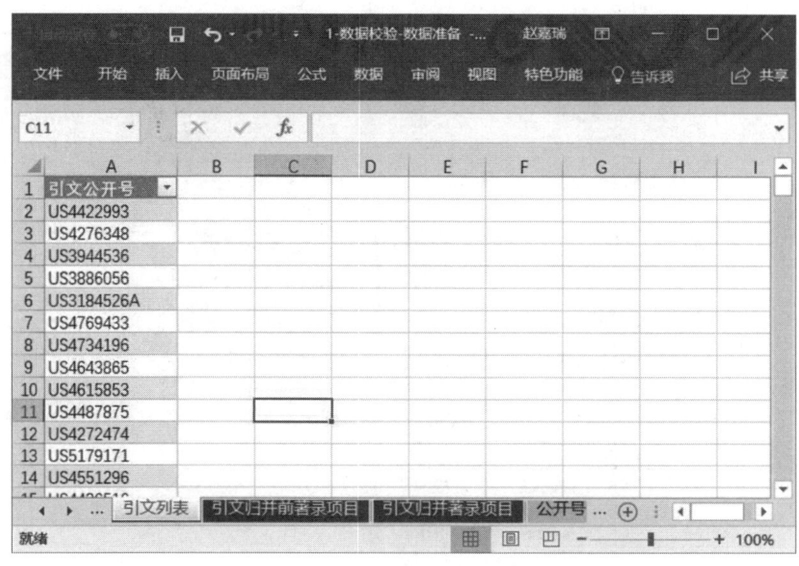

图 8－15　引文公开号列表

引用关系建立的基本流程如图 8－16 所示。

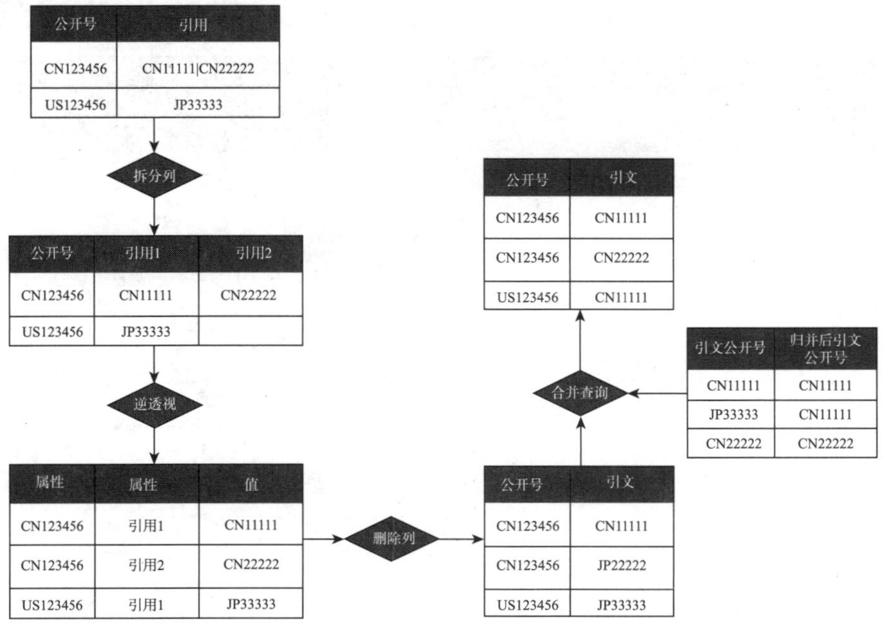

图 8－16　引用关系建立流程

依次通过【拆分列】"逆透视"，将"引用"列中多个引文公开号分别与"公开号"建立一一对应。利用前述导入的引文同族数据建立的"引文公开号-归并后引文公开号"（其建立方式与前述同族关系建立方式相同）对"引文"进行【合并查询】，返回"归并后引文公开号"，因此属于同族的引文均以其同族特定一个公开号表示。

至此，数据的校验和所需的数据准备均已完成，模板自动显示后续"数据加工"中所需的数据表格，如图8-17至图8-20所示。

	公开号	归并前公开号	国家名称
2	CN101137777	CN101137777	中国
3	CN1031868	CN1031868	中国
4	CN88102519	CN88102519	中国
5	CN1432077	CN1432077	中国
6	CN1320177	CN1320177	中国
7	CN1439752	CN1439752	中国
8	CN1439752	CN1311831	中国
9	CN101580967	CN101580967	中国
10	CN101580967	CN1902343	中国
11	CN101680124	CN101680124	中国
12	CN101568672	CN101568672	中国
13	CN101040069	CN101040069	中国
14	CN101999017	CN101999017	中国

图8-17 公开号-同族公开号-国家名称列表

	公开号	申请号	国家	标题
2	US4617233	06/612,240	US	STRETCHED POLYETHYLENE FILAMENTS OF HI
3	CN104746165	CN201510160662.X	CN	一种超高分子量聚乙烯多孔纤维及其制备方法
4	US4668577	06/821,526	US	POLYETHYLENE FILAMENTS AND THEIR PROD
5	CN1400342	CN01123737.6	CN	高强聚乙烯纤维的制造方法及纤维
6	US4824619	07/135,235	US	PROCESS OF PRODUCING POLYETHYLENE DR
7	CN1590608	CN03156300.7	CN	一种高强聚乙烯纤维的制造方法
8	US5547626	08/478,804	US	LBT PROCESS OF MAKING HIGH-TENACITY PO
9	CN101956238	CN201010262244.9	CN	一种超高分子量聚乙烯纤维纺丝溶液的制备方
10	US5613987	08/466,823	US	COLORED HIGH-TENACITY FILAMENTS OF PO
11	CN102433597	CN201110306879.9	CN	凝胶化预取向丝及其制备方法和超高分子量聚
12	CN1320177	CN00801673.9	CN	高强度聚乙烯纤维及其应用
13	CN102534838	CN201010576928.6	CN	一种超高分子量聚乙烯纤维纺丝原液及其制备
14	US20070237951	11/783042	US	HIGH STRENGTH POLYETHYLENE FIBER

图8-18 待加工数据列表

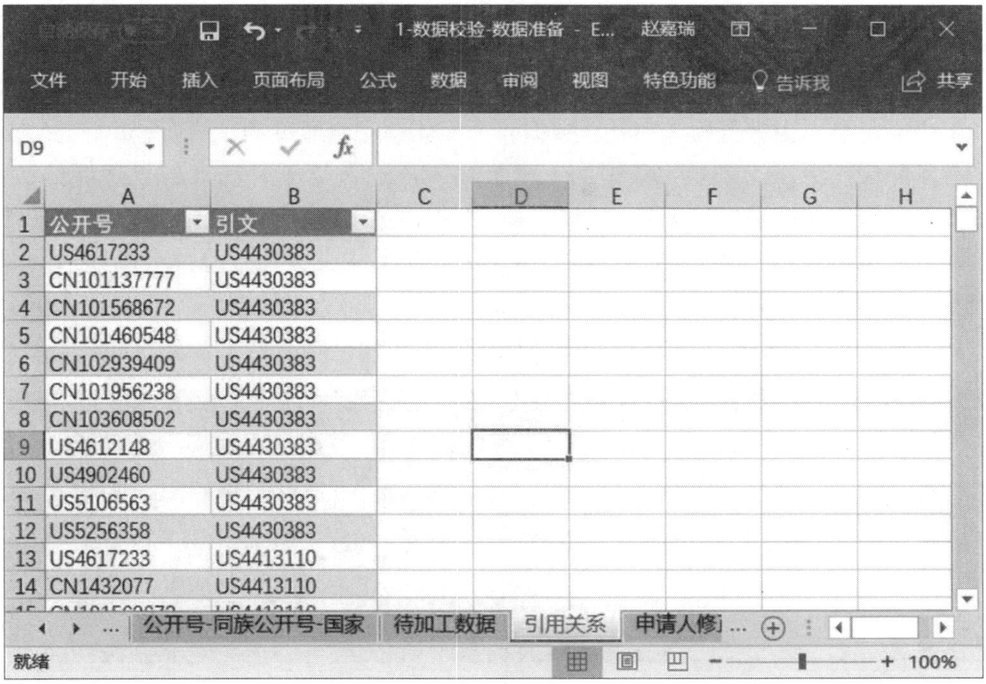

	A	B
1	公开号	引文
2	US4617233	US4430383
3	CN101137777	US4430383
4	CN101568672	US4430383
5	CN101460548	US4430383
6	CN102939409	US4430383
7	CN101956238	US4430383
8	CN103608502	US4430383
9	US4612148	US4430383
10	US4902460	US4430383
11	US5106563	US4430383
12	US5256358	US4430383
13	US4617233	US4413110
14	CN1432077	US4413110

图 8－19　引用关系列表

	A	B	C
1	申请人	申请人修正名称	申请人修正来源国
2	AIN ENGINEERING KK	AIN ENGINEERING KK	
3	ALKENZ	ALKENZ	
4	ALLIED	霍尼韦尔	
5	BOREALIS A S	BOREALIS A S	
6	HONG JEN TEXTILE	HONG JEN TEXTILE	韩国
7	KURARAY LIVING KK	可乐丽股份有限公司	日本
8	MITSUI PETROCHEMICAL	三井化学公司	日本
9	RAILWAY TECHNICAL RESEARCH INSTITUTE	RAILWAY TECHNICAL RESEARCH INSTITUTE	
10	RELIANCE INDUSTRIES	RELIANCE INDUSTRIES	美国
11	SANRETSUKUSU KOGYO KK	SANRETSUKUSU KOGYO KK	
12	SANSAARA	SANSAARA	美国
13	YAMAJI IWAO	YAMAJI IWAO	
14	YEH JEN TAUT	YEH JEN TAUT	日本
15	三井	三井化学公司	日本
16	三井石化	三井化学公司	日本
17	三井石油化学工业株式会社	三井化学公司	日本
18	三菱	三菱株式会社	日本
19	上海斯瑞聚合体科技有限公司	上海斯瑞聚合体科技有限公司	

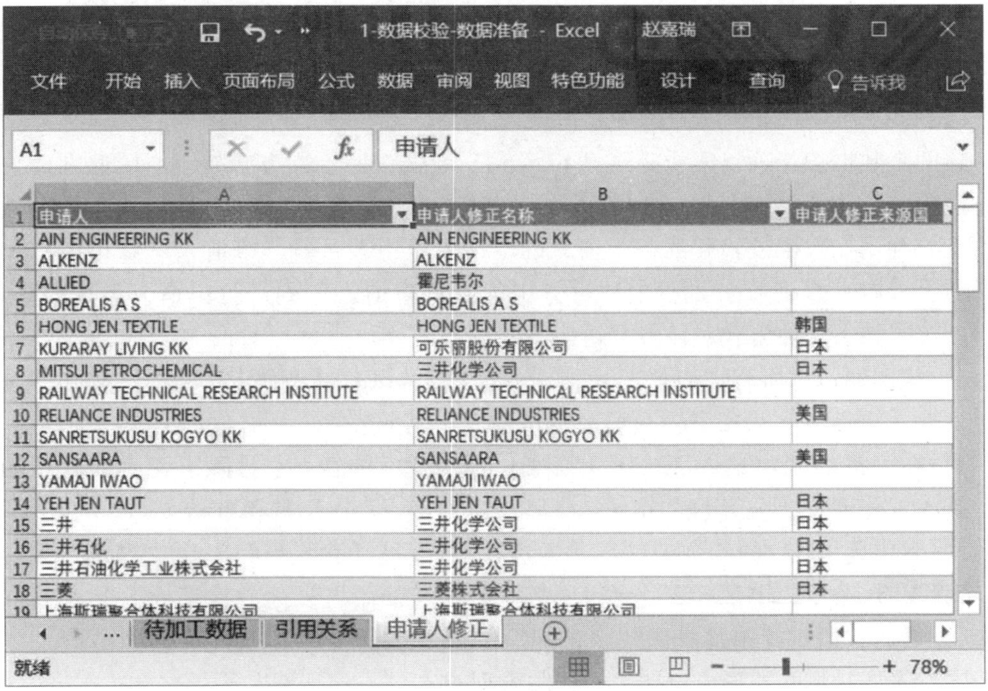

图 8－20　申请人修正列表

8.1.4 数据加工

前文所述的数据校验和数据准备步骤已经将所要加工处理的数据准备完毕，在数据加工中不需要人为进行检查和补充数据，因而能够完全通过 PQ 自动化进行处理。因此，在实际操作中，仅需要使数据加工模板导入前述数据校验和准备处理后的数据，通过数据刷新即可完成。导入数据具体操作为，通过 Excel 工具栏中【数据】—【获取数据】—【数据源设置】中的“更改源……”将其中文件路径修改为已处理的“数据校验 - 数据准备”模板文件，如图 8 - 21 所示。随后，通过【数据】—【全部刷新】即可启动 PQ 自动加工处理，并最终形成“可视化”模板所需数据。

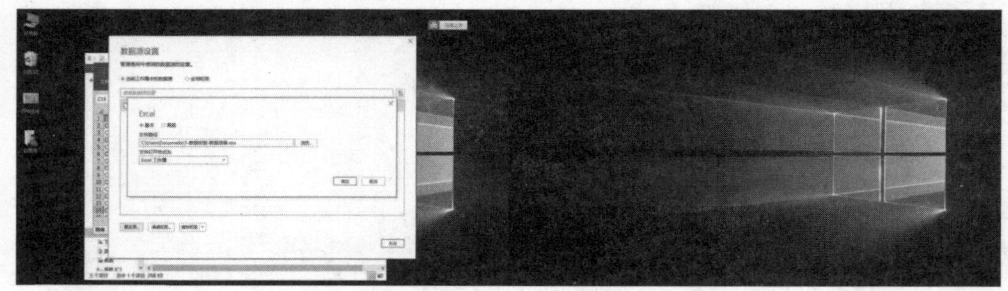

图 8 - 21 数据源设置界面

下面将进一步对自动化数据加工主要流程进行说明。数据加工主要涉及三项数据加工——“公开号 - 申请人”的关系建立、申请人合作关系建立和引用关系深加工。下面分别进行介绍。

（1）“公开号 - 申请人”的关系建立、申请人合作关系建立

这两个数据加工项目实质是对“申请人”数据按照不同方式处理，因此在此一并进行说明。具体流程如图 8 - 22 所示：首先对“申请人”列通过【拆分列】拆分共同申请人。利用在数据校验和准备中建立的申请人修正表——“申请人 - 修正名称”表格，通过【合并查询】分别将上述拆分出的各“申请人”列进行申请人名称的修正。随后，按照如下两种方式对该数据进一步处理：

1）依次通过对所有“申请人”列“逆透视”，以及【删除】“属性”列，并进行相应列表【重命名】后得到“公开号 - 申请人”对照表格。

2）在表格中“申请人 2”列【筛选】不为空值的行——排除了无共同申请的专利。其次，分别对“公开号和申请人 1”的其余列、“公开号和申请人 2”的其余列、“公开号和申请人 3”的其余列进行“逆透视”。通过【删除列】去除“属性”列，将“申请人 1/申请人 2/申请人 3”列和“值”分别【重命名】为“申请人”和“共同申请人”。最后，通过【追加查询】将处理后的各“公开号 - 申请人 - 共同申请人”合并至同一表格，由此即形成申请人合作关系列表。

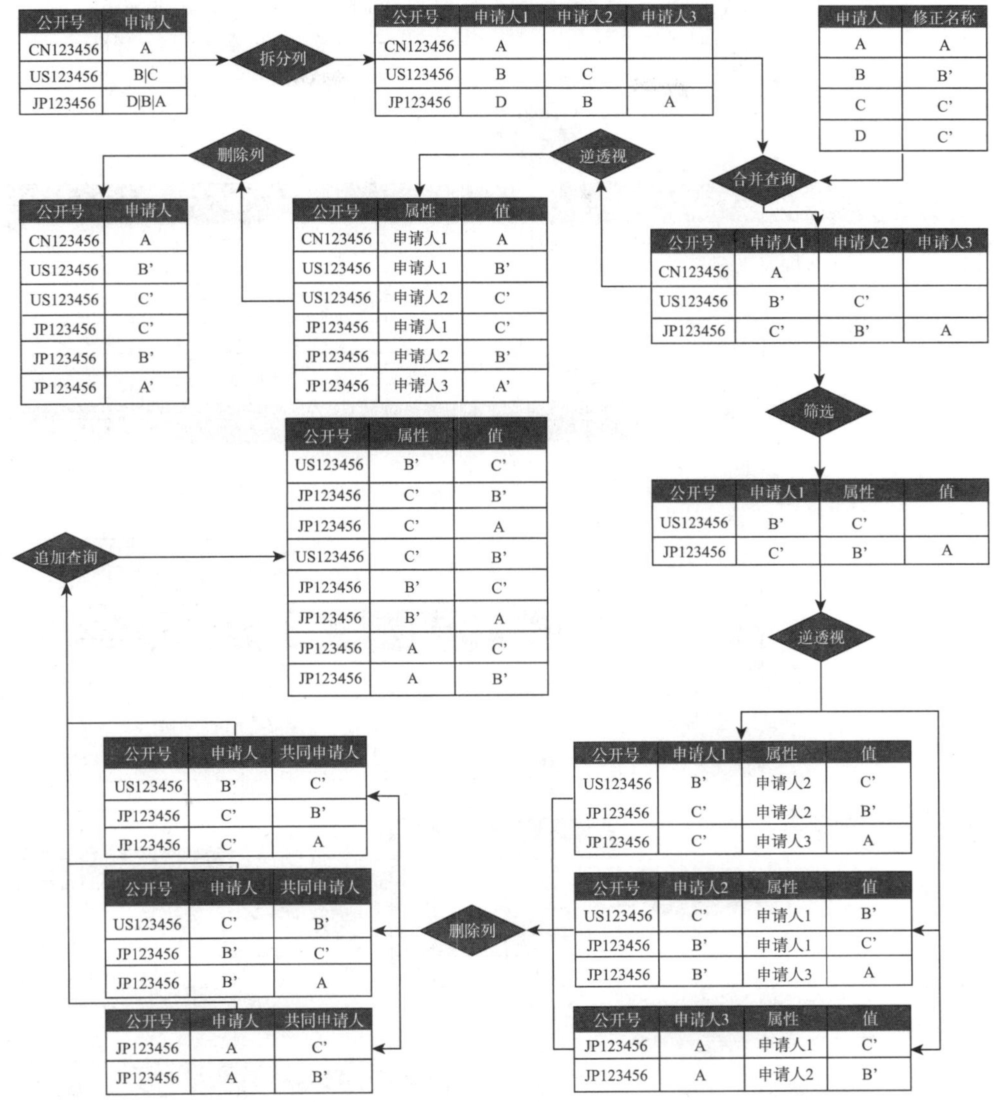

图 8－22　申请人数据加工流程

（2）引用关系深加工

在前文中已经建立了引文关系表格“公开号－引文”，由于专利引用关系较为复杂，仅用该数据直接可视化将无法显示文献主次区别，不便分析，因此需要对其进一步加工。具体加工项目包括，加入文献相应的引用频次以使不同引用频次的文献在可视化中有所区别，以及通过不同颜色标记待分析文献和仅属于引文而不属于待分析文献的专利，以使其在可视化中有所区分。

具体流程如图 8－23 所示：首先，对“引文”通过“分组依据”统计其出现频数——引用频次。其次，利用该频次表对原“公开号－引文”中的“公开号”【合并查询】，返回“计数”——由此标记待分析文献的引用频次。由于引用关系可视化方案中每个文献以圆点显示，圆点大小主要以其被引用频次定义，但即便如此，被引用频次为 0 的专利则无法正确显示。

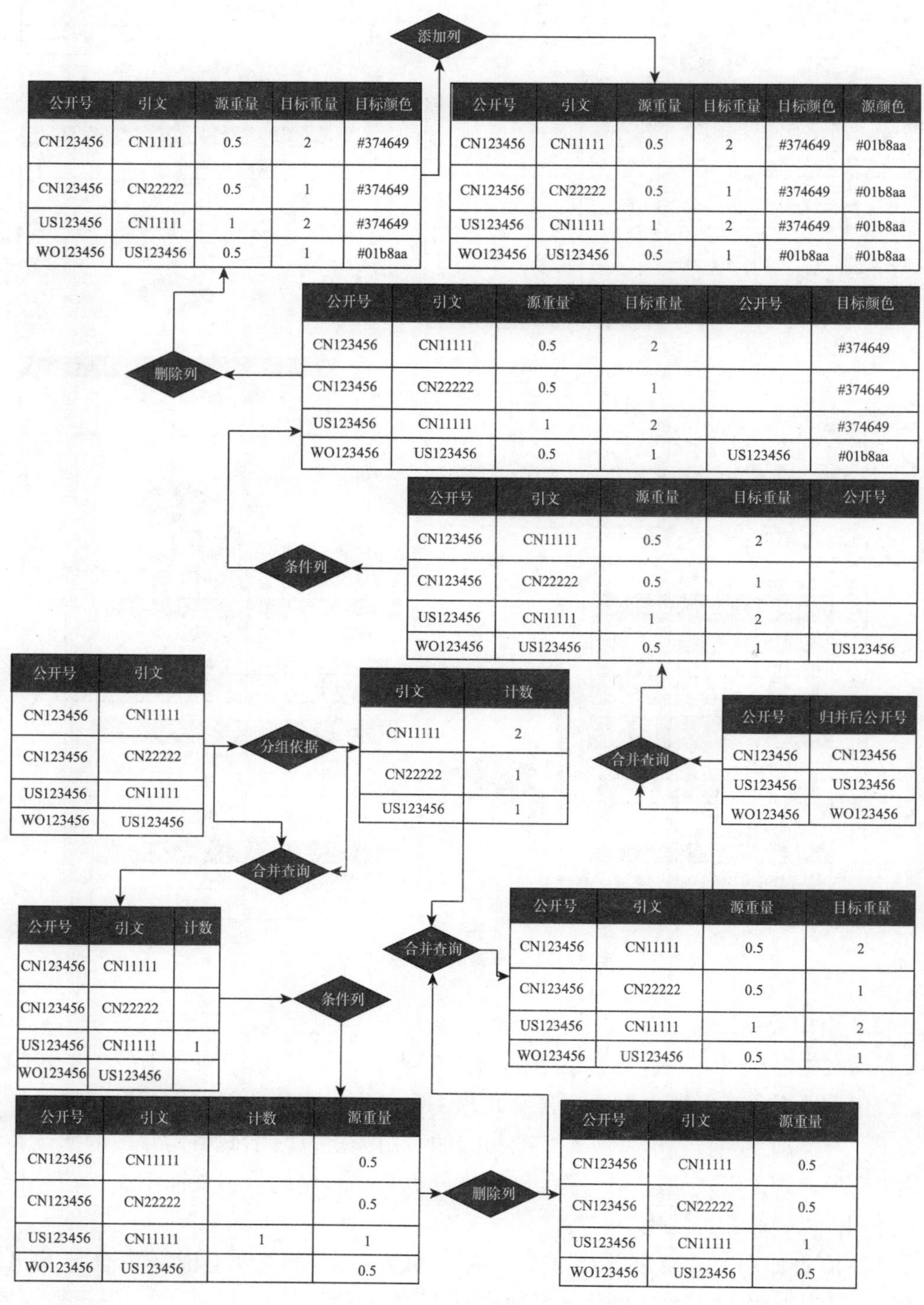

图 8-23 引用关系数据深加工流程

为此，通过“条件列”设定如“计数”值为空值则返回 0.5（形成“源重量”列），以保证未被引用的文献同样能够可视化。按照上述相同方式继续对“引文”列处理，形成“目标重量”。再次，采用上一节得到的文献同族关系表“公开号－归并后公开号”对“引文”【合并查询】，返回“公开号”。最后，通过“条件列”判断，如上述“公开号”为空值，则返回颜色代码#374649，否则返回另一颜色代码#01b8aa。删除上述“公开号”列后，添加均为#01b8aa 值的列“源颜色”，由此区分不同文献来源。

8.1.5　数据建模和可视化

在前文已经介绍，数据可视化模板采用 PBI 文档格式，将经过加工的数据导入该模板中即可自动呈现数据的可视化图表结果。其数据导入操作与第 8.1.4 节 Excel 模板中数据加工操作基本相同：在 PBI 工作栏中【编辑查询】—【数据源设置】中的“更改源……”中修改“文件路径”为经处理数据加工模板的文件路径，如图 8－24 所示。变更后，按系统提示“应用更改”，PBI 将自动依新的数据刷新可视化图表。

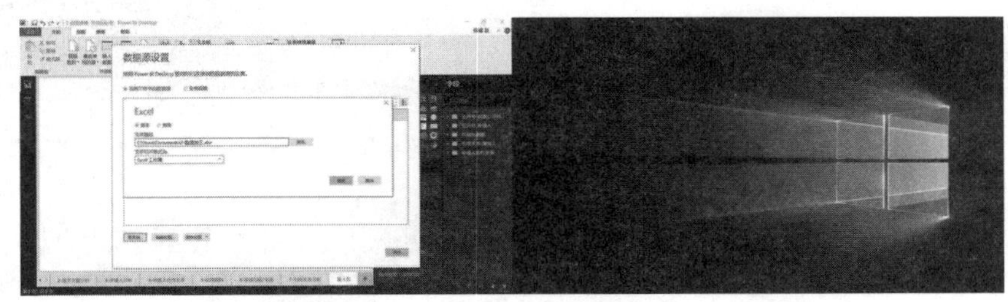

图 8－24　Power BI 数据源设置界面

模板中提供了多种专利分析的基本可视化图表，以下分别进行介绍。

（1）趋势图：图 8－25 显示了按照申请日年份变化的专利申请量趋势图。在图右上方的“可视化”栏中显示了其该可视化方案为“堆积柱状图”，图右下方显示了所采用的数据字段——其中 X 轴为“申请日”，图例为“来源国”，值为“公开号的计数”。

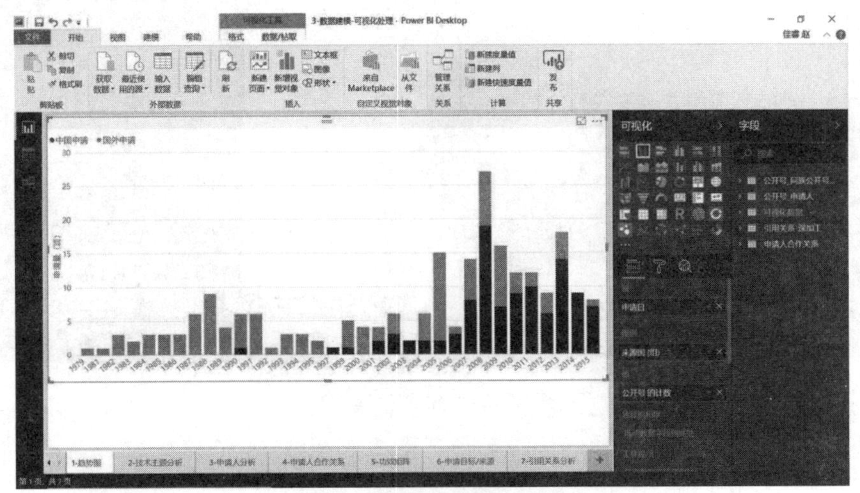

图 8－25　专利申请量趋势图

（2）技术分支分析：技术分支采用多种可视化方式呈现。图 8－26 为以“ZoomCharts Network Chart”可视化方案形成的技术分支图，其通过气泡表示每个技术分支节点，气泡大小表示节点对应专利数量，气泡颜色对应技术分支等级。

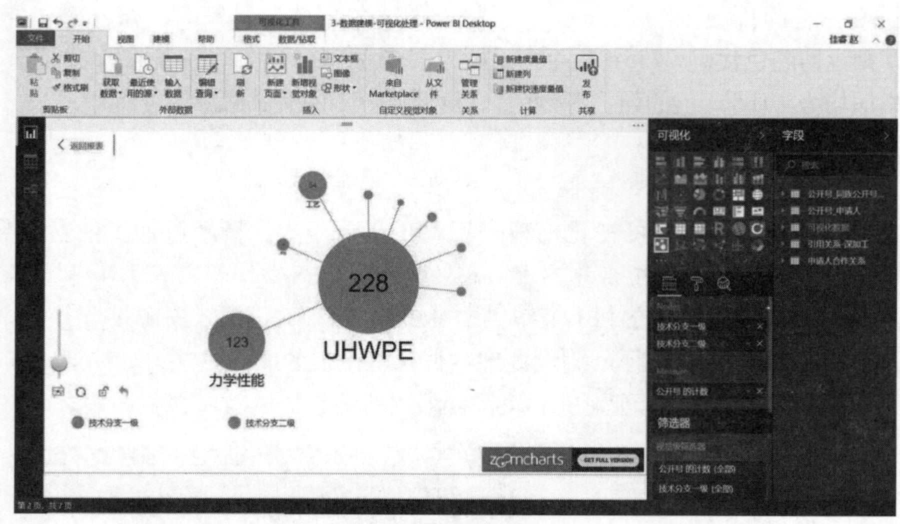

图 8－26　技术分支网状图

图 8－27 中采用钻取饼图展示技术分支分布占比情况。相比一般的静态饼状图，该可视化图形能够通过选取任一饼状结构实现对相应数据的进一步钻取可视化。图 8－28 显示的是选取图 8－27 中“力学性能”后呈现的“力学性能”技术分支中的下级技术分布情况。

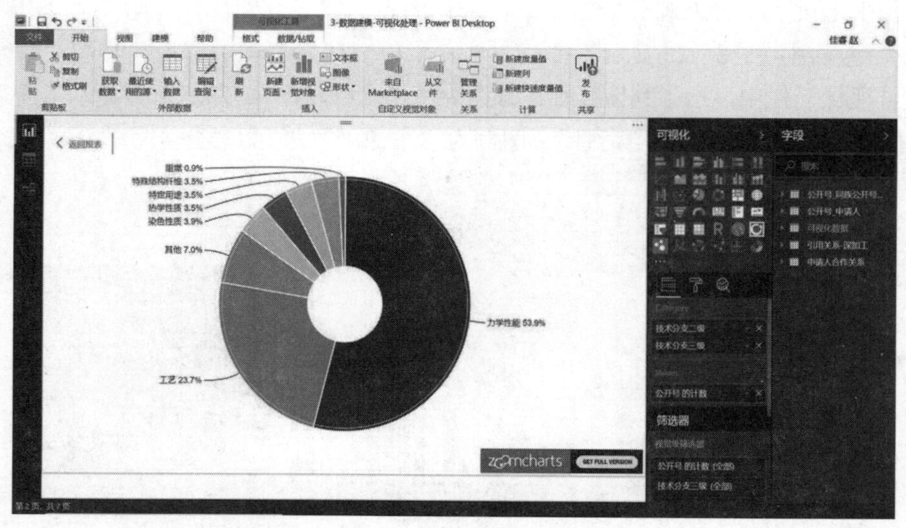

图 8－27　钻取饼图－1

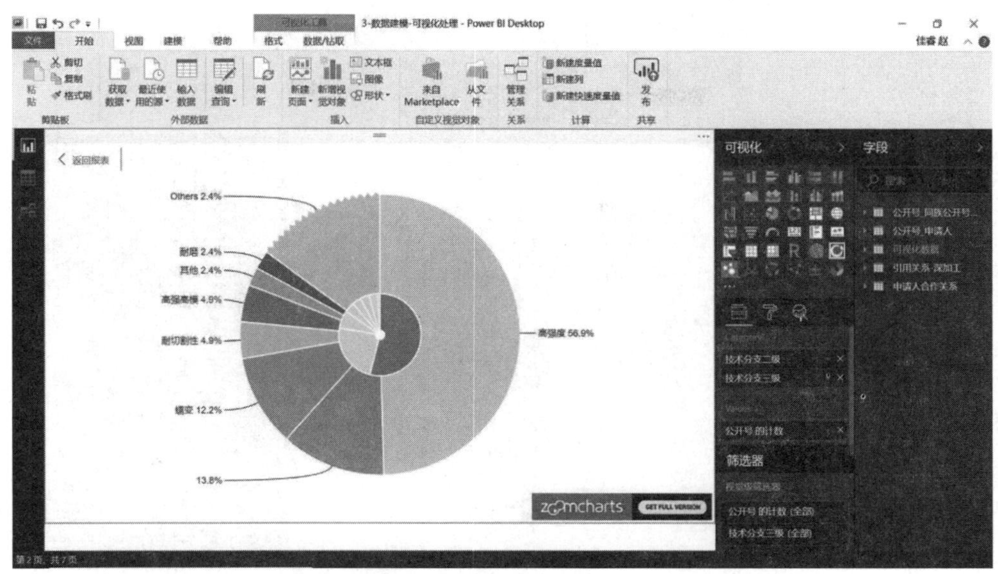

图 8－28　钻取饼图－2

此前，还可以通过如图 8－29 所示的旭日图可视化方案同时呈现多级技术主题分布。

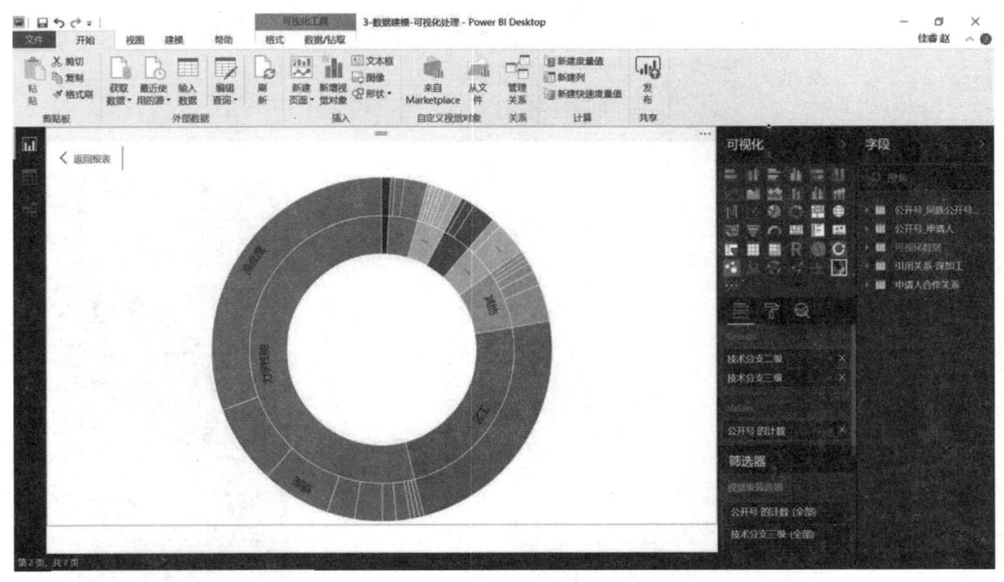

图 8－29　旭日图

（3）申请人分析：图 8－30 显示了按照申请人专利申请量制作的排名表格。图 8－30 所示，其对于申请量根据具体数值以柱状图形式可视化呈现，更为直观。

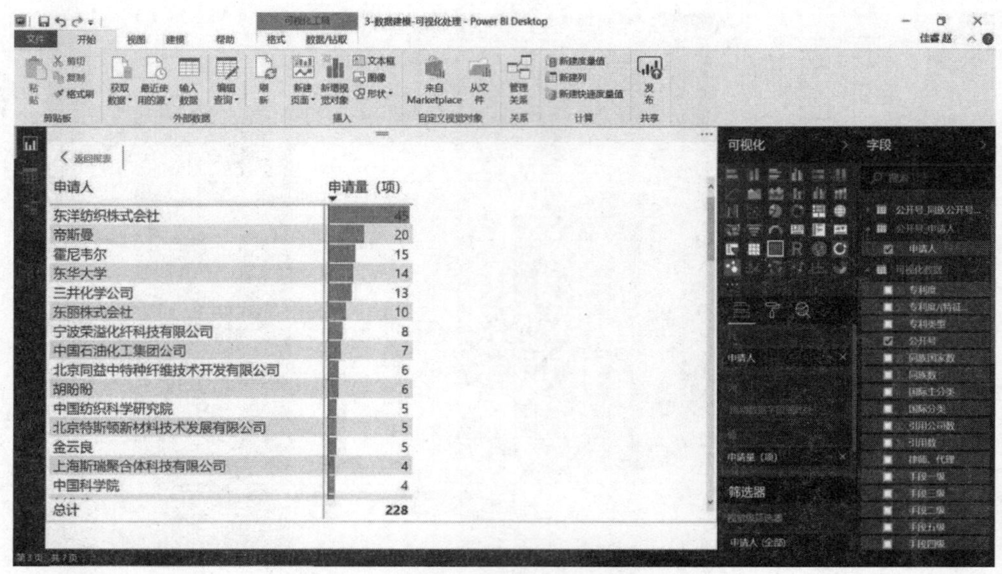

图 8-30　申请人排名表

根据企业专利组合分析模型❶，申请人重要性可以通过专利活动度－专利质量四象限图进行分析。图 8-31 中，以申请人专利平均被引用数来评估其专利质量，以申请量评估专利活动度，以此绘制四象限图，以供针对申请人的分析。

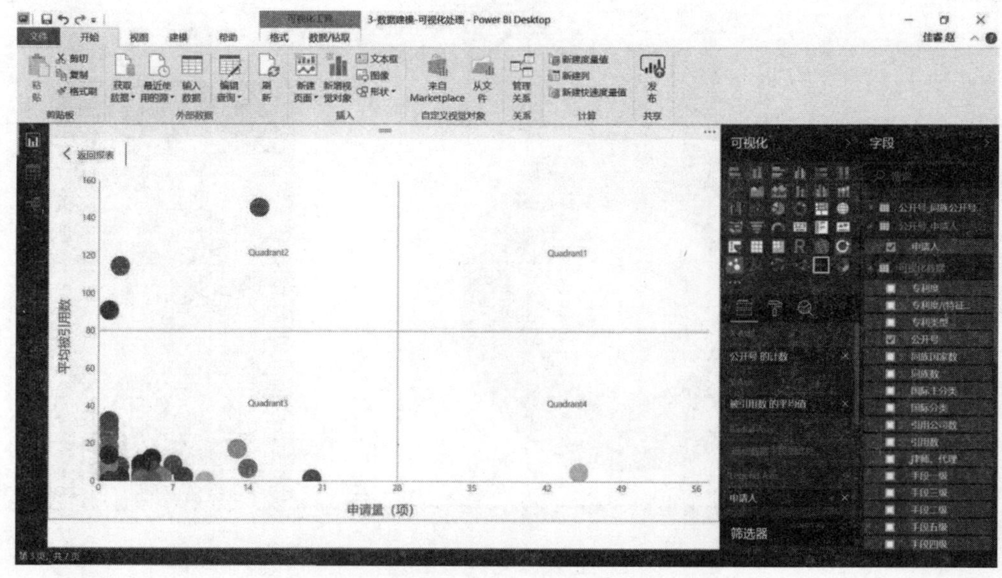

图 8-31　申请人申请量－平均被引用数四象限图

❶ 马天旗．专利分析：方法、图表解读与情报挖掘［M］．北京：知识产权出版社，2015：51．

申请人合作关系通过力导图可视化方案进行呈现。如图 8 - 32 所示，圆点代表申请人，箭头代表申请人间合作关系，箭头粗细程度反映了申请人间共同申请的专利申请数量大小。

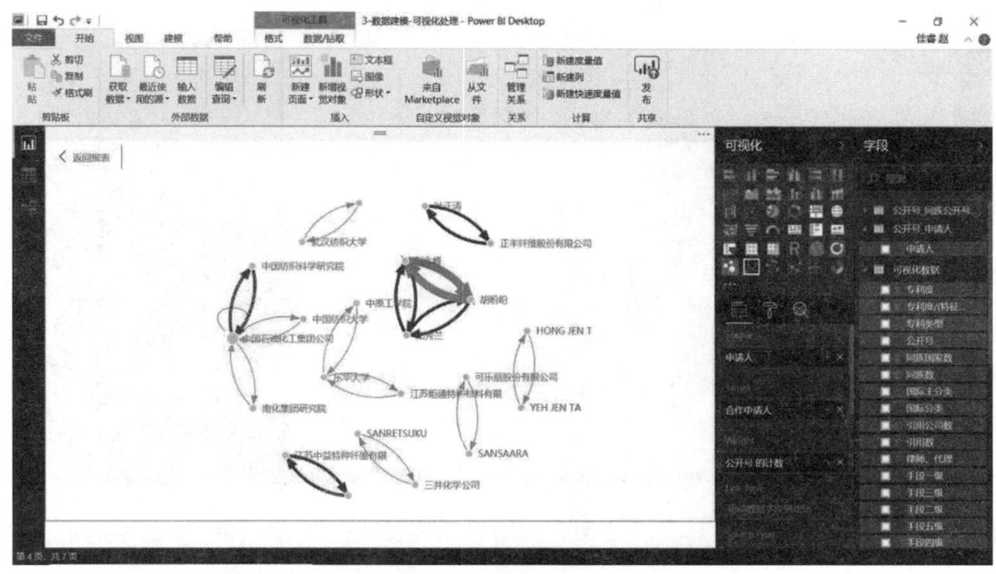

图 8 - 32　申请人合作关系图

（4）功效分析：在功效分析中，一般采用矩阵图可视化方案呈现。如图 8 - 33 所示，PBI 矩阵图中，允许网格中按照其中数值显示不同深浅程度的颜色，由此突显专利在不同技术功效的分布情况。

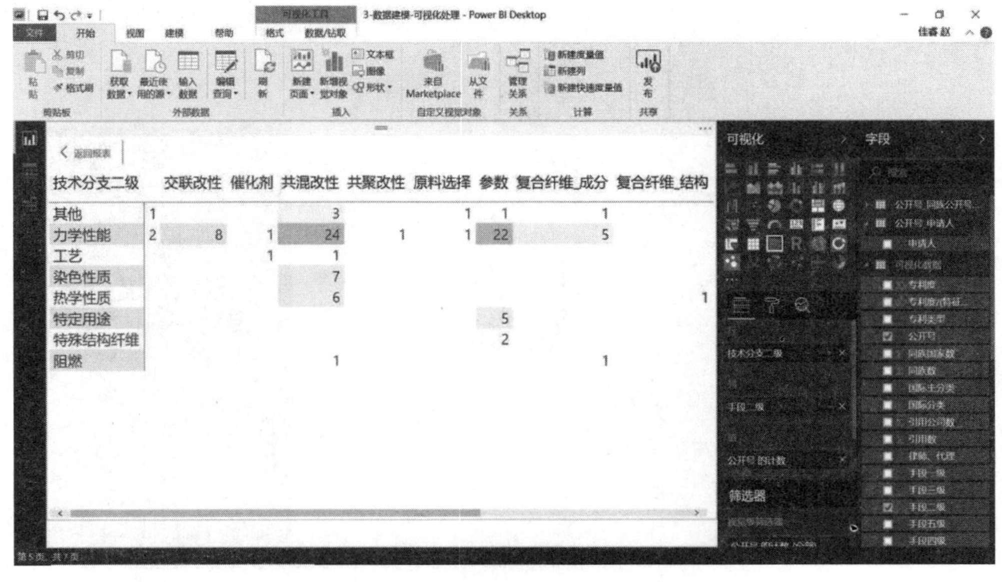

技术分支二级		交联改性	催化剂	共混改性	共聚改性	原料选择	参数	复合纤维_成分	复合纤维_结构
其他	1			3		1	1	1	
力学性能	2	8	1	24	1	1	22	5	
工艺			1	1					
染色性质				7					
热学性质				6					1
特定用途							5		
特殊结构纤维							2		
阻燃				1				1	

图 8 - 33　功效矩阵图

（5）专利申请流向分析：图 8－34 中通过弦图显示了专利申请的流向。

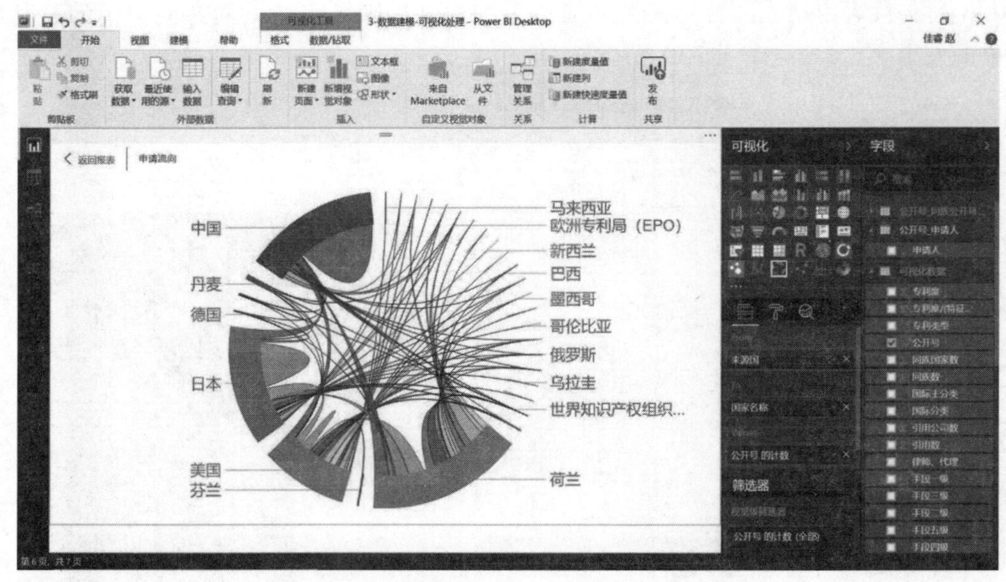

图 8－34 专利申请流向图

（6）引用关系：如图 8－35 所示，引用关系通过“NetworkNavigator”可视化方案呈现，其中每个节点代表一个专利文献。并且，正如第 8.1.4 节对于引文数据深加工中所述，利用处理的文献引用频次定义了节点的大小，由此能够突显高被引用文献。同时属于待分析专利文献被定义为绿色，而仅属于引文而不属于待分析专利文献的被定义为黑色，由此能够区分文献来源。

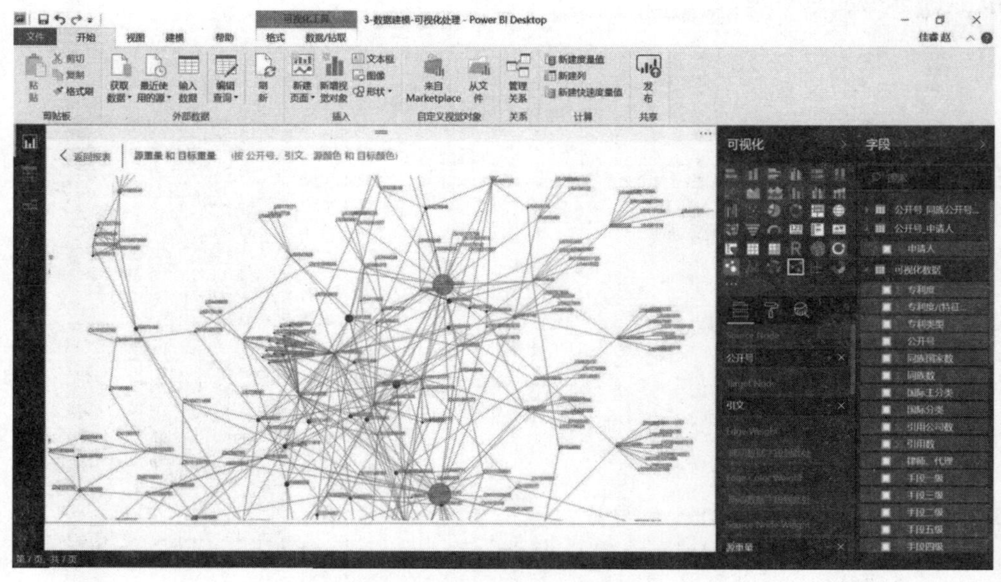

图 8－35 引用关系图

（7）多个可视化方案联用：采用 PBI 所制作的可视化图表最大的特色在于，依靠可视化数据建立多种关系能够方便地实现多数据间的相互查询（如图 8 - 36 为可视化模板中由各表格建立的数据关系图），从而能够实现不同图表相互联动显示。下面以几个例子进行说明。

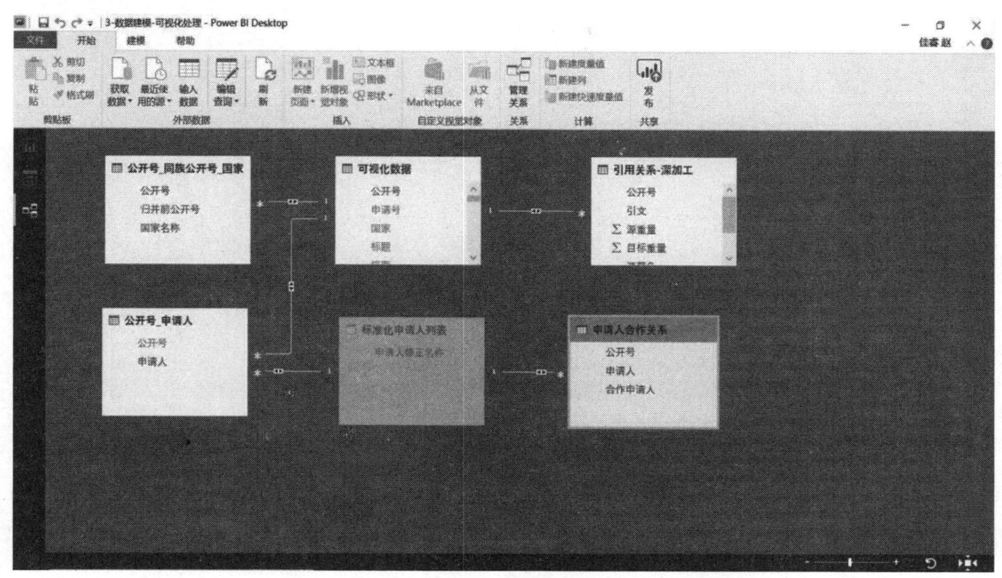

图 8 - 36　可视化模板中数据关系图

1）趋势图 + 技术分支：如图 8 - 37 所示，将趋势图和技术分支图粘贴到同一页面中。选择技术分支中“力学性能”分支节点，如图 8 - 38 所示，趋势图会同时突出显示“力学性能”文献的趋势。

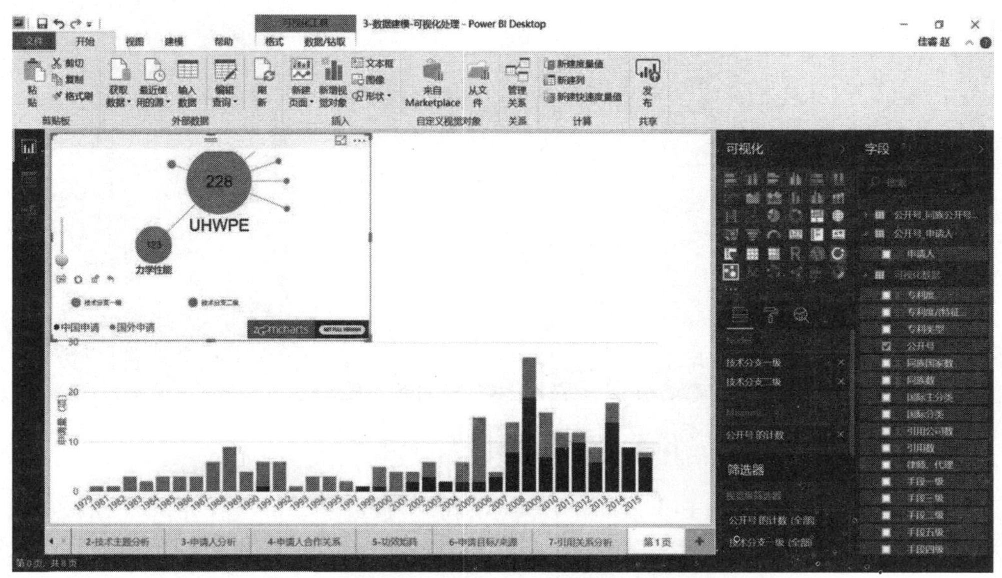

图 8 - 37　技术分支图 + 趋势图 - 1

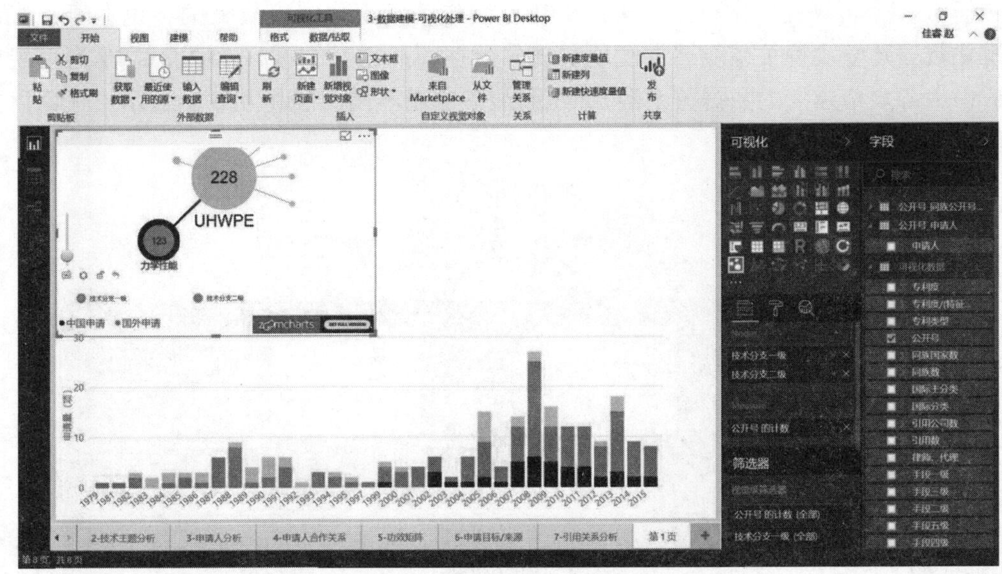

图 8－38　技术分支图＋趋势图－2

2）引用关系＋申请人排名：将引用关系和申请人排名图表粘贴到同一页面后，选取申请人排名表中申请人，如图 8－39 中，在选择“东洋纺织株式会社”后，引用关系相应改变为仅与该申请人相关的引用关系图。

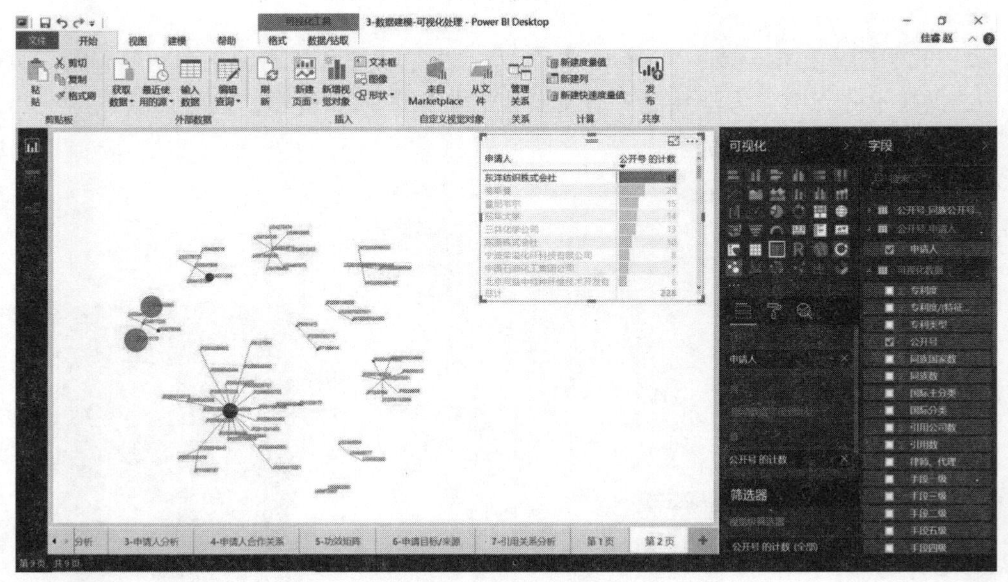

图 8－39　申请人排名＋引用关系

以上已经对采用 PQ 和 PBI 自动化处理专利分析数据的实际操作步骤和模板中自动化处理流程进行了说明介绍。从中不难看出，采用 PQ 和 PBI 构建自动化数据处理模板能够胜任绝大部分的数据处理任务，极大地降低了人工数据处理的时间成本。同时，

PBI 提供了相比传统的静态图片更为直观的可视化方案，同时其多图表相互联动的特性允许分析者根据分析需要自由组合可视化方案，便于深入分析。此外，从 PQ 自动化处理流程能够发现，PQ 提供的数据转换功能的组合使用能够应对多种的数据处理任务，便于自动化模板的自定义构建。上述实例中所介绍的处理流程仅是针对特定数据源情况和特定的数据处理目的而构建的，读者同样能够根据分析需要构建出适应自身需求的自动化处理模板。

8.2　Patentics 客户端软件专利分析实例

8.2.1　概述

Patentics 客户端软件（Patentics）是索意互动（北京）信息技术有限公司开发的一套基于 CS 架构的专利检索分析软件，其将专利检索与专利分析功能有机融合，可实现检索—数据导入—数据处理—数据标引—统计分析—可视化全流程功能，并将语义检索原理运用在专利分析的各个环节中，帮助提高专利分析效率。

以下，将通过实例说明利用 Patentics 进行数据处理的基本操作流程。由于 Patentics 提供近 3 年中美专利数据的免费全功能体验，为了让读者能亲自体验，以下实例均在 Patentics 客户端全功能体验版上进行。客户端软件下载链接为：http：//training. patentics. com/web/VIP/SetupCn. msi，体验登录方式如图 8 – 40 所示。

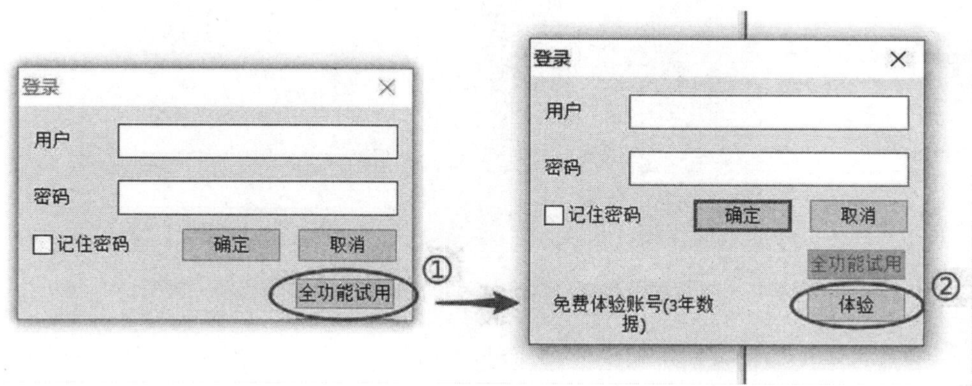

图 8 – 40　Patentics 免费全功能体验登录界面

8.2.2　专利分析的检索

数据是专利分析的基础，而检索是数据的保证。为保证专利分析结果的全面性和客观性，专利分析的数据检索对查全查准率都有较高的要求。在布尔检索中，可以通过扩展关键词、分类号、申请人等检索要素实现查全，通过选择检索字段，运用逻辑算符、同在算符、检索要素的组合等手段来实现查准。除此之外，在语义检索中，对查全查准有更多的处理方法，以下仅介绍语义检索在专利分析检索中的应用。

（1）查全

1）关键词扩展

Patentics 基于潜在语义索引原理，对专利语料库中的词语建立了语义关联，在大数据层面找出了专利中每个词语最相关的词，可对检索扩展关键词提供参考，甚至发现检索人员不曾想到的相关词。例如，要对近 3 年中国在“深度学习”领域公开的专利进行分析。

第一种方法：使用描述“深度学习”的语句进行语义检索，点击【相关词】按钮对深度学习的表述进行扩展。

如图 8－41 所示，采用百度百科中对“深度学习”的第一段描述作为语义检索的条件进行检索，然后点击【相关词】按钮，从中即可扩展出 DNN、RNN、朴素贝叶斯、深度神经网络、半监督、玻尔兹曼机等与“深度学习”密切相关的词汇。

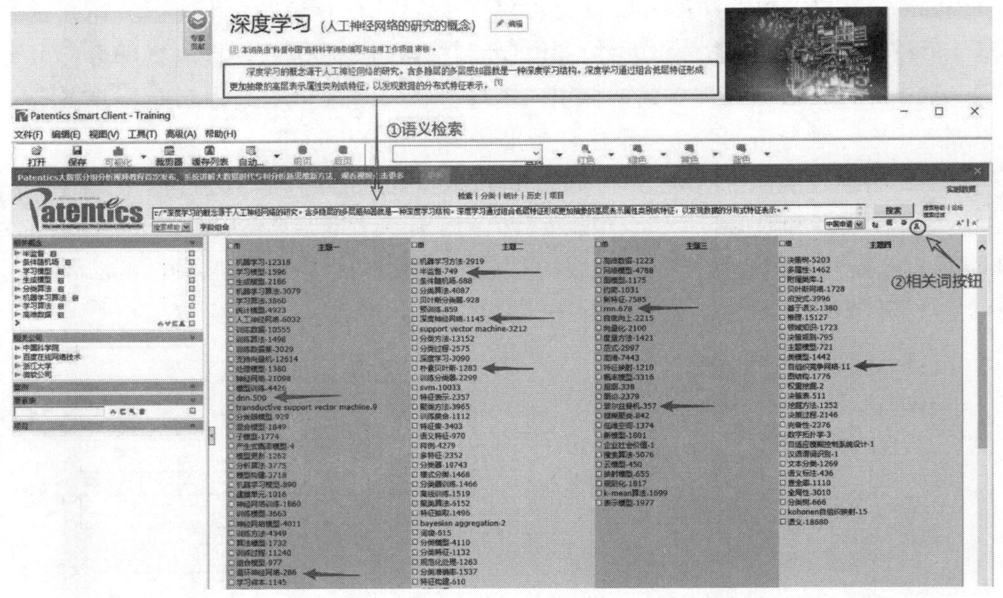

图 8－41　以百度百科对“深度学习”的描述为条件进行语义检索

第二种方法：如果在初步的语义检索结果中发现有与“深度学习”特别相关的文献，则可以用这些相关的一篇或多篇文献作为语义检索条件，检索后点击【相关词】按钮对深度学习的表述进行扩展。当有多篇文献时，将每篇文献号码用空格隔开并一并放在双引号内即可。

如图 8－42 所示，如果在进行初步语义检索时，发现 CN106599996 这篇文献是非常具有代表性的深度学习算法的相关文献，则可采用这篇文献作为语义检索的条件进行检索，然后点击【相关词】按钮，从中也可扩展出 DNN、玻尔兹曼机、深度神经网络、朴素贝叶斯、半监督等与“深度学习”密切相关的词汇，如图 8－43 所示。

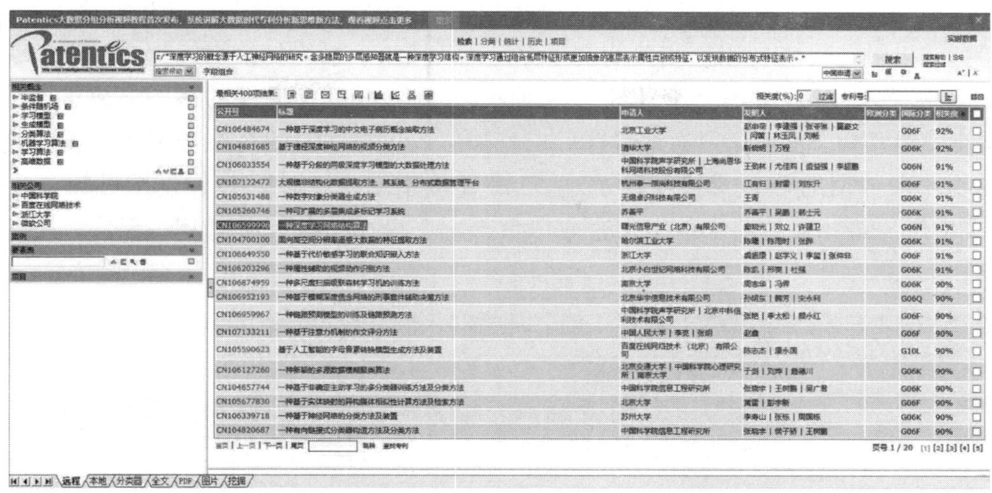

图 8-42　发现代表性文献

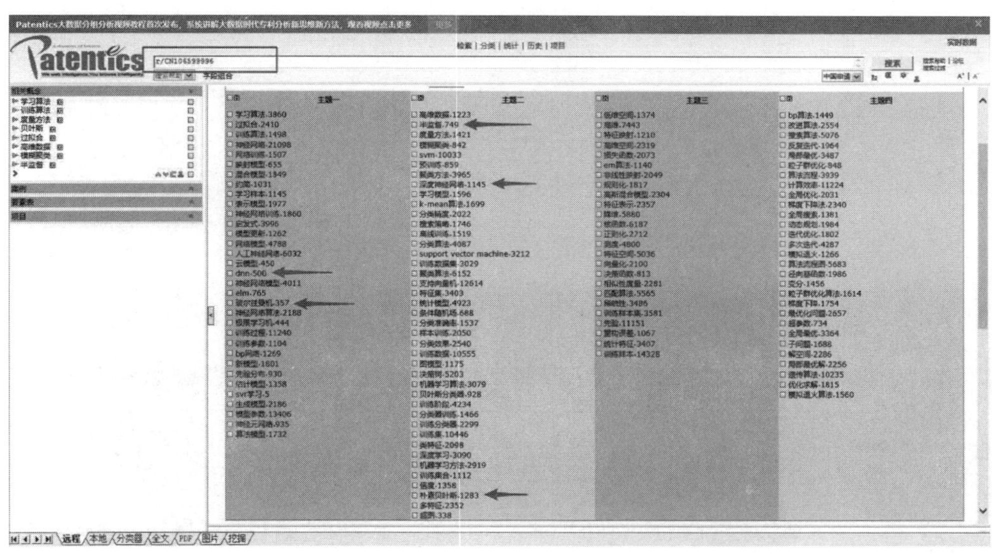

图 8-43　以代表性文献为条件进行语义检索

需要注意的是，在使用此方法进行扩展时，应该对检索领域进行多次不同侧面的描述或以不同侧重的专利作为语义检索的条件，以保证检索扩展的充分和全面。

2）分类号与申请人扩展

由于 Patentics 通过专利文本内容建立了语义关联，因此，只需对某个领域/技术进行语义检索，并对检索结果进行统计分析，即可得到与该领域/技术最相关的分类号和申请人。例如，在中国库中对“深度学习”领域进行语义检索和统计分析，就可得到“深度学习”领域的相关 IPC 分类号和最活跃的中国申请人。在统计结果中查看各 IPC 含义，以确定可能相关的内容。

如图 8-44 所示，要找出“深度学习”领域重要的中国企业申请人，可以在企业申请人中进行检索（ANTYPE/企业），并采用描述“深度学习”的语句进行语义排序，将检索结果限定在80%以上相关的文献中（REL/80），最终的检索式为：ANTYPE/企业 and R/“深度学习的概念源于人工神经网络的研究。含多隐层的多层感知器就是一种深度学习结构。深度学习通过组合低层特征形成更加抽象的高层表示属性类别或特征，以发现数据的分布式特征表示。”点击【搜索结果统计】按钮，即可统计出与“深度学习”最相关的前十位中国企业申请人、发明人、索引词和IPC分类号（如图8－45所示）。

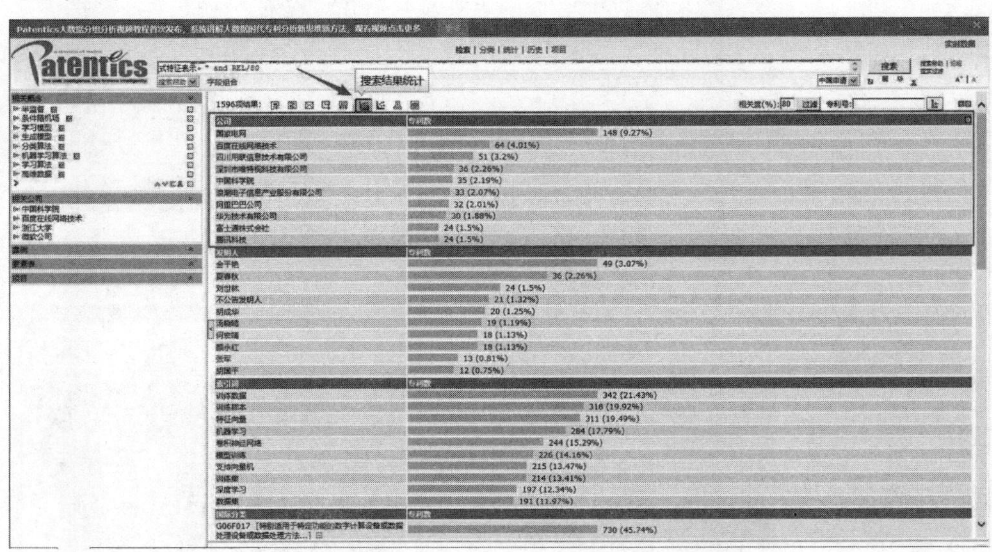

图8－44　以申请人扩展

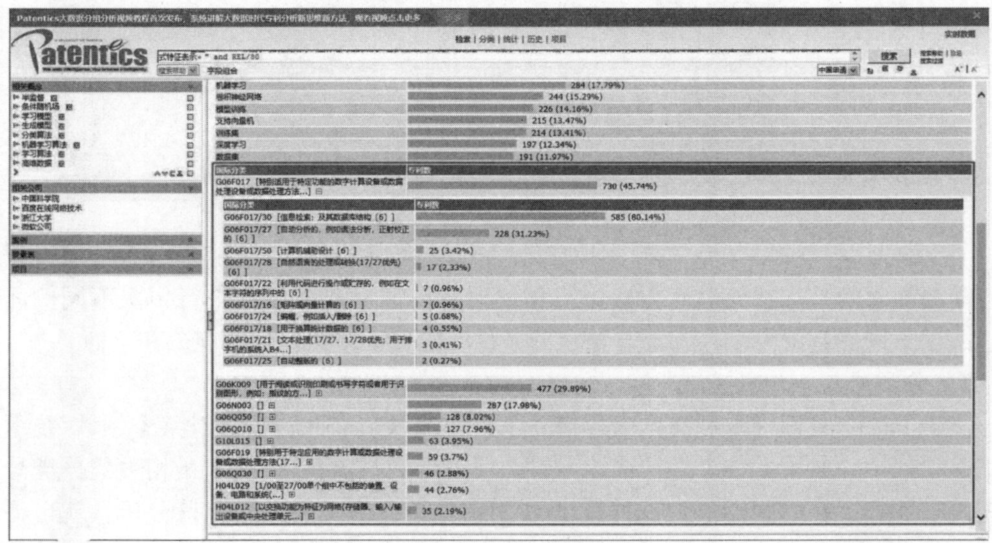

图8－45　分类号扩展

同样需要注意的是，使用此方法进行扩展时，应该对检索领域进行多次不同侧面的描述或不同侧重的专利作为语义检索的条件，以保证检索扩展的全面性。

（2）查准

在使用布尔检索时，为了保证查全率，如上所述，一般用各种办法把检索范围扩大，在许多情况下，都会引入大量的噪音文献。此时，除了用布尔检索手段减少噪音之外，还可以利用 Patentics 的语义检索功能，对布尔检索结果进行语义排序，以剔除与分析领域明显不相关的文献。即在布尔检索式之后增加语义排序命令 R/，在检索结果中，按照相关度从低到高，从后往前看，找出明显不相关文献被命中的原因或者明显不相关文献相关度分界点，然后增加排除性检索要素或语义过滤命令进行去噪。

如图 8－46 所示，根据之前的分析，可知国家电网是“深度学习”领域的重要申请人之一，但国家电网所涉及的技术领域非常广泛。此时，除了用布尔检索进行降噪外，可以通过语义检索命令进行降噪。检索出国家电网申请的专利（ANN/国家电网），并采用百度百科对“深度学习”的第一段描述对检索结果进行语义排序。通过阅读检索结果可以发现，相关度低于 75% 的文献基本均非“深度学习”领域的文献，因此，可在原检索式后增加相关度过滤命令（REL/75）对国家电网深度学习相关专利申请进行降噪。

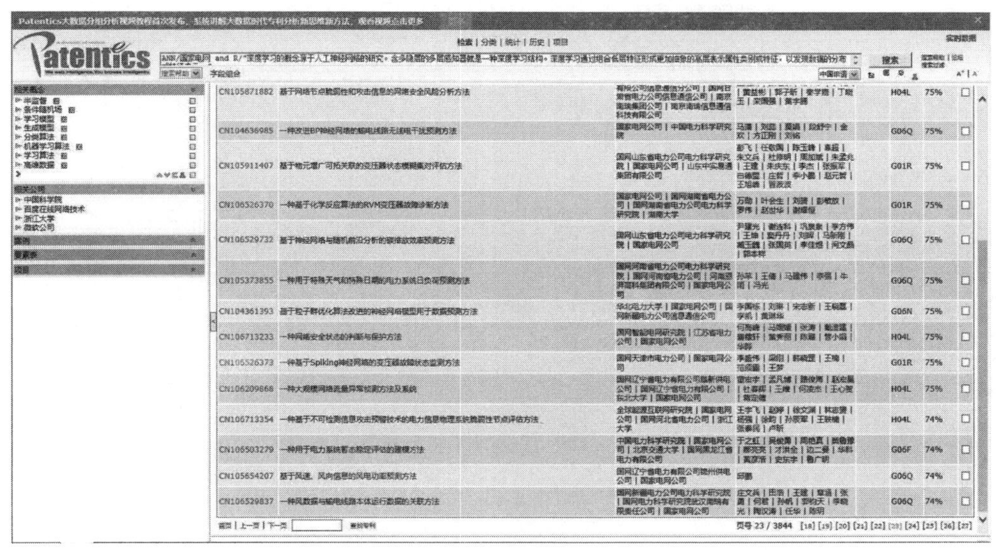

图 8－46　语义降噪

语义检索降噪更适合界定明确但布尔检索要素较难表达的技术领域。在使用此方法进行降噪时，还应对检索领域使用多个不同侧面的描述或以不同侧重的专利作为一个语义检索条件，并取检索结果的并集，以覆盖更多的相关文献，避免遗漏，提升降噪的效果。

8.2.3　分析数据的导入

Patentics 的分析功能主要集中在“分类器”模块当中，因此，与其他分析工具一样，需要先将待处理和分析的数据导入数据分析模块——“分类器”中。对于不用使用情景，“分类器”有不同的数据导入方法。

（1）导入检索结果

1）直接导入检索结果

在使用 Patentics 的检索结果进行分析时，可直接在“分类器”空白处点击右键—【导入】—【主搜索】（或【从搜索】），即可将主（从）搜索中的检索结果导入分类器中（参见图 8－47）。即可将检索式 IPC/（G06F17 OR G06K9 OR G06N3 OR G06Q50 OR G06Q10 OR G10L15 OR G06F19 OR G06Q30 OR H04L29 OR H04L12）AND A/（深度学习 or DNN or RNN or 朴素贝叶斯 or 深度神经网络 or 监督学习 or 玻尔兹曼机）的结果导入分类器中进行分析。

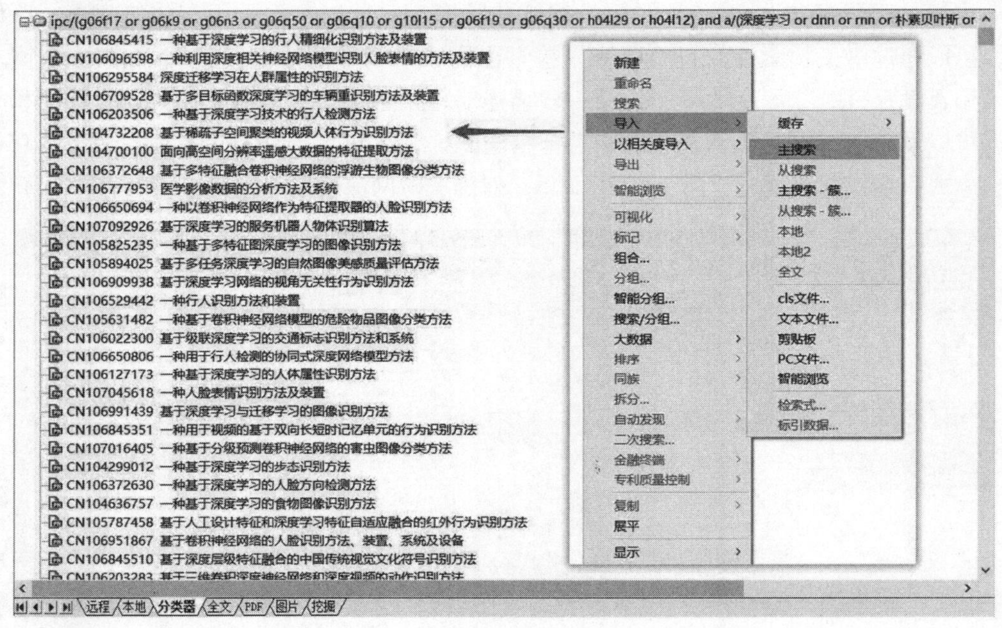

图 8－47　直接导入检索结果

2）以相关度导入

对于需要将不同相关度文献分别导入的情况，则可以在“分类器”空白处点击右键—【以相关度导入】—【主搜索】（或【从搜索】），将主（从）搜索中的检索结果按照不同的相关度导入到分类器中。

如图 8－48，利用【以相关度导入】功能，可以将国家电网的专利按照与“深度学习”的不同相关度（85% 以上、85% ~75%、75% ~65%、65% 以下）分别导入分类器中进行分析。

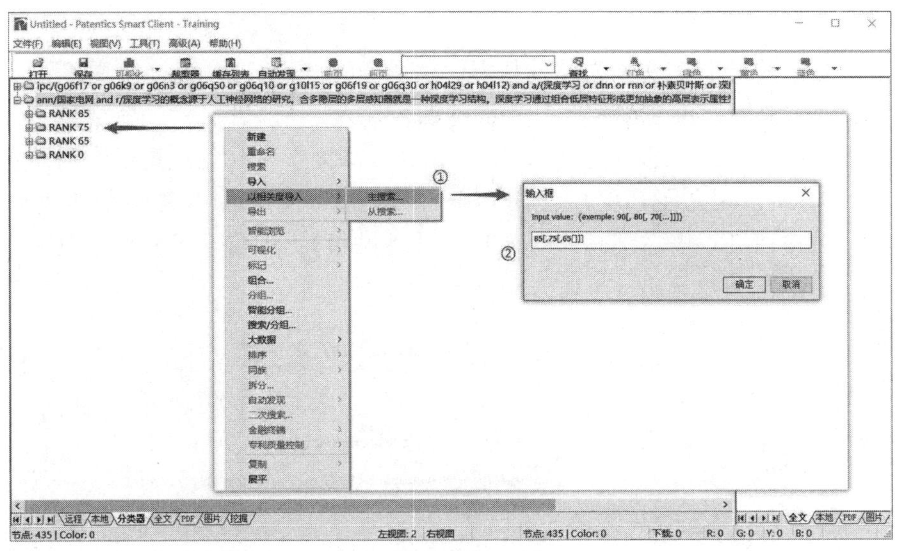

图 8－48　以相关度导入检索结果

(2) 导入外部数据

在使用外部数据进行分析时，也可将外部数据导入“分类器”。

1) 文本文件

如需将外部获得的专利数据导入 Patentics 进行分析，可将专利号码以每行一个的形式放在 TXT 文本文件中（如图 8－49 所示），在“分类器”空白处点击右键—【导入】—【文本文件】，将 TXT 文本文件中的专利号码导入分类器中。

如图 8－49 所示，需要将从外部获得的“深度学习”领域的重要专利导入 Patentics 进行统一分析，则在“分类器”空白处点击右键—【导入】—【文本文件】，选择已准备好的 TXT 文本文件，即可导入分类器中进行分析。

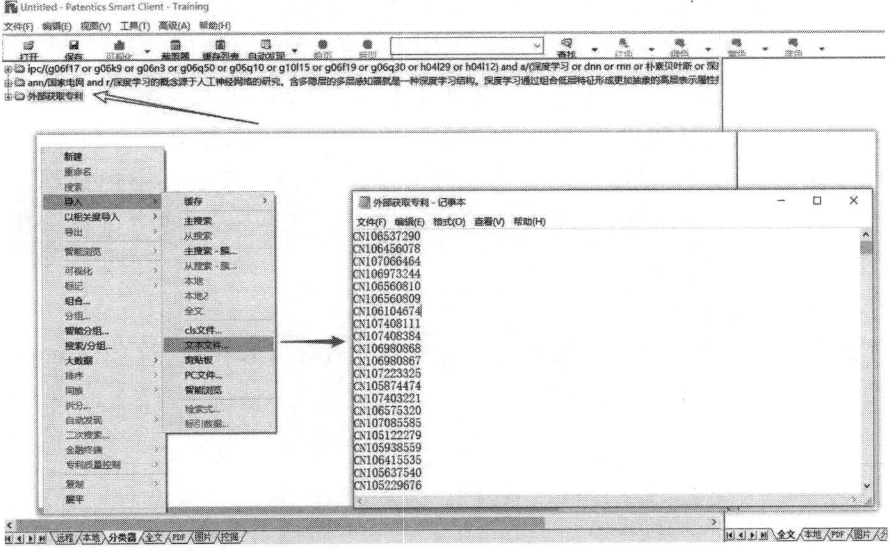

图 8－49　Patentics 导入文本文件

2）剪贴板

对于不便于做成 TXT 文本文件的情况，例如 PDF 表格，可直接使用 Ctrl + A 将所有文字内容选中复制，再“分类器”中的剪贴板导入。

如图 8 – 50，需要将从外部获得 PDF 格式的“深度学习”领域重要专利导入 Patentics 进行统一分析，则先在 PDF 中使用 Ctrl + A 和 Ctrl + C 选中并复制全部文本，然后在“分类器”空白处点击右键—【导入】—【剪贴板】，即可导入分类器中进行分析。

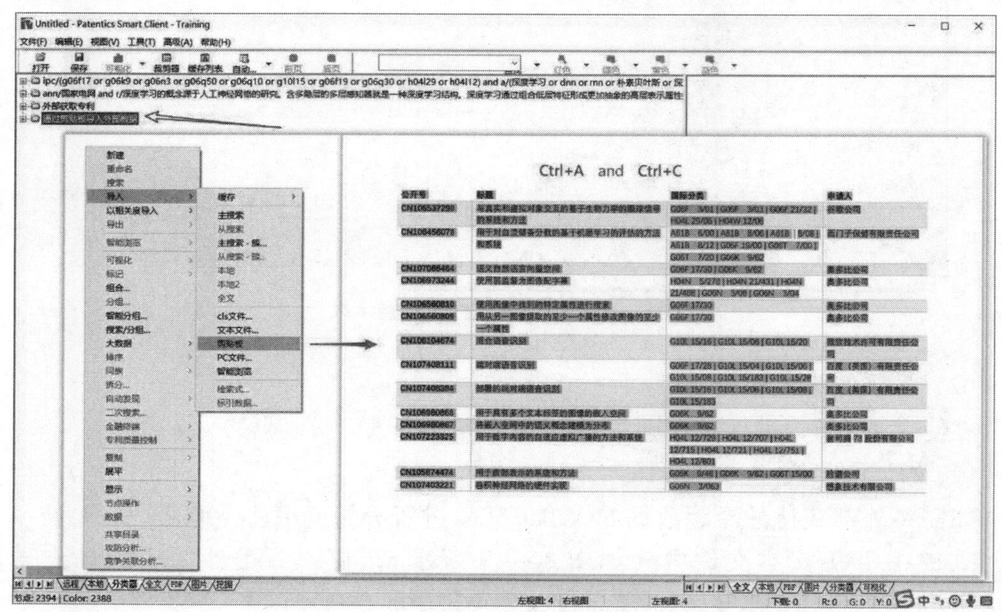

图 8 – 50 通过剪贴板导入 Patentics

3）缓存列表

以上两种外部专利数据的导入实际上是通过专利号码的检索命令（PNS/），在 Patentics 中进行了一次检索。对于 Patentics 中不包含的数据或者错误的专利号码，在导入外部数据的时候需要进行号码验证，可以通过【缓存列表】功能实现。

如图 8 – 51，点击【缓存列表】——在 1 – 7 任何一个缓存上单击右键—【加载】TXT 文本文件，Patentics 即可自动弹出未能识别的号码。最后在空白处单击右键—【导入】—【缓存】—选中想要导入的缓存，即可导入到分类器中进行分析，如图 8 – 52所示。

（3）导入后节点之间的运算

在分析之前，需要将从不同渠道获取的数据进行合并和去重，在 Patentics 中即对数据导入后形成的各个节点进行运算处理。

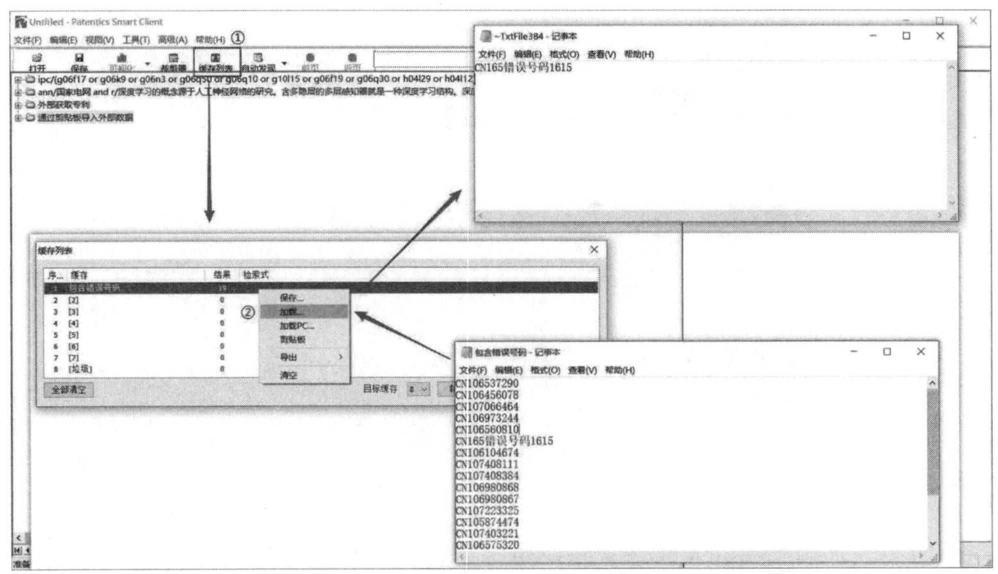

图 8－51　通过缓存列表导入验证错误号码

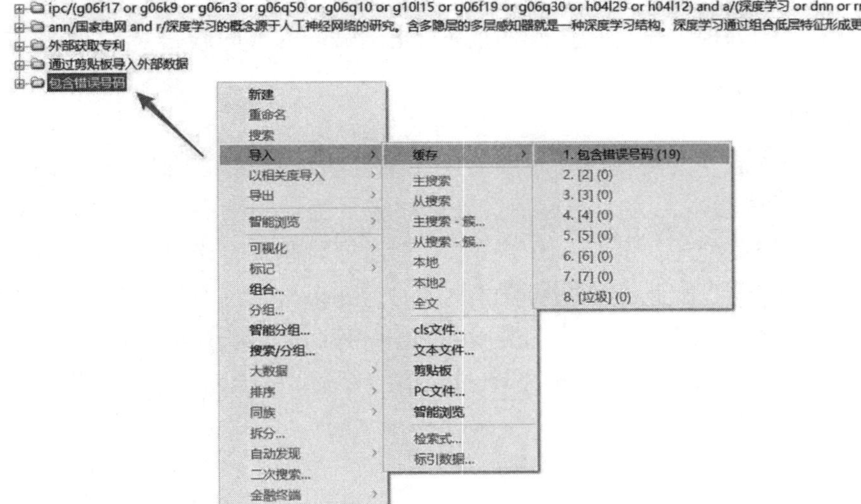

图 8－52　Patentics 导入缓存列表

如图 8－53 所示，当需要将 Patentics 检索的数据与外部导入的数据进行合并时，将从主/从搜索导入的数据节点拖动到外部导入数据的节点，选择【操作】—【OR】（并集运算），即可对两部分数据进行合并，形成一个新的节点。由于是并集运算，因此，新的节点已自动将重复的专利去重。同理，还可以对不同节点作交集运算（AND）、差集运算（ANDNOT），以及移动节点、插入节点、合并节点等操作。

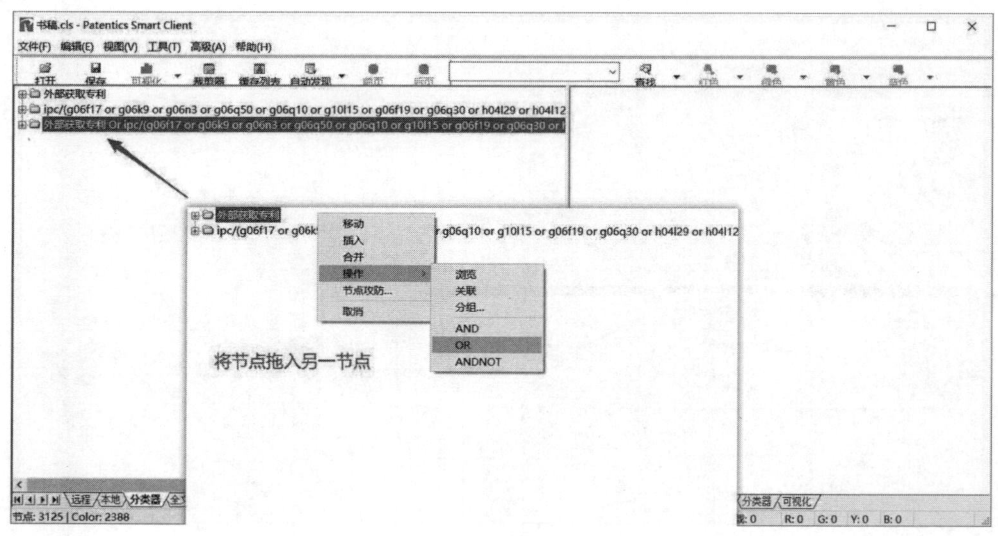

图 8-53 节点取并集运算

8.2.4 分析数据的处理

专利分析对数据的处理主要是对专利数据进行申请号归并、同族归并/扩展和申请人标准化处理。

(1) 申请号归并

在数据导入和合并后，虽然在公开号层面已无重复的专利文本，但由于每件专利可能存在多个公开/公告版本，为了避免某些分析的重复统计和减少后续的重复标引，应对数据进行申请号归并处理。例如，由于美国专利商标局在2001年3月15日首次公开未审定的美国专利申请，因此，在检索美国文献时，如果检索的时间跨越了2001年3月15日，应同时检索美国专利授权库和美国专利申请库，否则会遗漏2001年3月15日后公开但未授权的专利，或2001年3月15日之前的专利。那么对于检索结果就需要进行申请号合并以及版本合并。

Patentics 有以下三个命令用于申请号合并：

O/PAT：保留授权版本去除申请版本（仅对申请、授权重复的专利过滤，并非去除所有申请版本）；

O/APP：保留申请版本去除授权版本（仅对申请、授权重复的专利过滤，并非去除所有授权版本）；

O/KC：版本过滤，当检索结果中一件专利有多个版本时，如 A1、A2、B1 等，保留第一个版本。

如图 8-54，选中“分类器”中需要合并的数据节点（检索式：A/（CNN OR RNN OR DNN）的检索结果），右击选择【导出】—【搜索】—【主搜索】/【从搜索】，即可将需要合并的数据导入搜索当中，生成检索式：proj/client and db/all。根据需要保留的版本，在检索式之后增加 O/APP（或 O/PAT）命令和 O/KC 命令，即可对数据进行合并（如图 8－55 所示），将合并后的数据重新导入“分类器”即可。

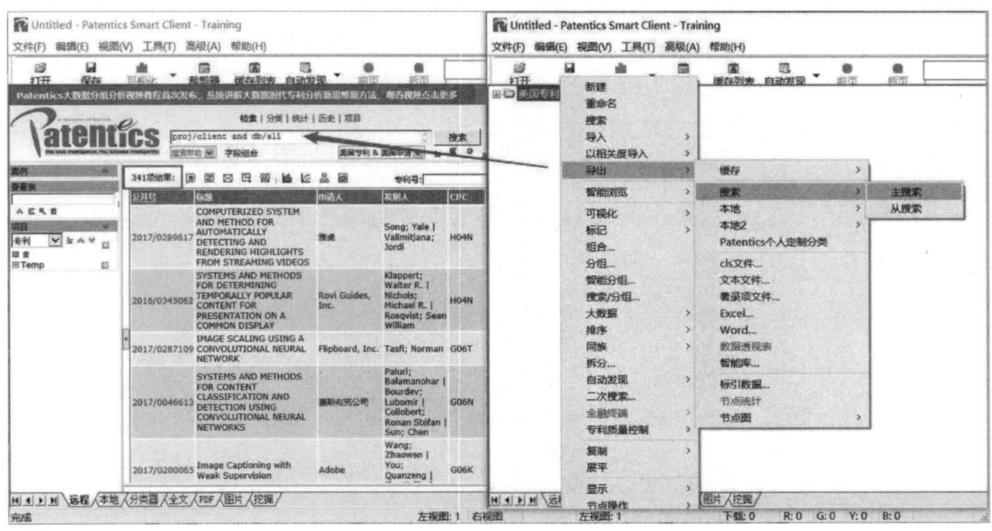

图 8－54　合并的数据导出到主搜索

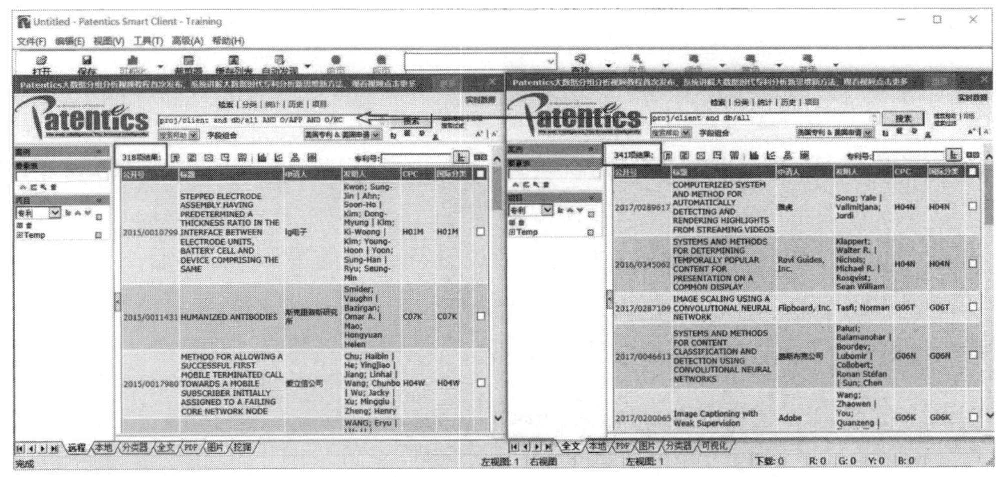

图 8－55　申请号归并

（2）同族归并/扩展

由于每件专利可能存在多个同族版本，而检索结果中不一定包含所有同族，在进行地域布局等分析前就需要对同族进行扩展，找出每件专利的所有同族。而同样为了避免某些分析的重复统计和减少后续的重复标引，还应对数据进行同族归并处理。

1）同族的扩展

Patentics 有以下命令用于同族的扩展：

G/FAM：查找检索结果中专利所有的同族文本。如图 8－56，选中“分类器”中需要扩展同族的数据节点（检索式：A/（CNN OR RNN OR DNN）的检索结果），右击选择【导出】—【搜索】—【主搜索】/【从搜索】，即可将需要扩展同族的数据导入搜索当中，生成检索式：proj/client and db/all。在检索式之后增加 G/FAM 命令，即可对数据进行同族扩展，将扩展后的数据重新导入“分类器”。

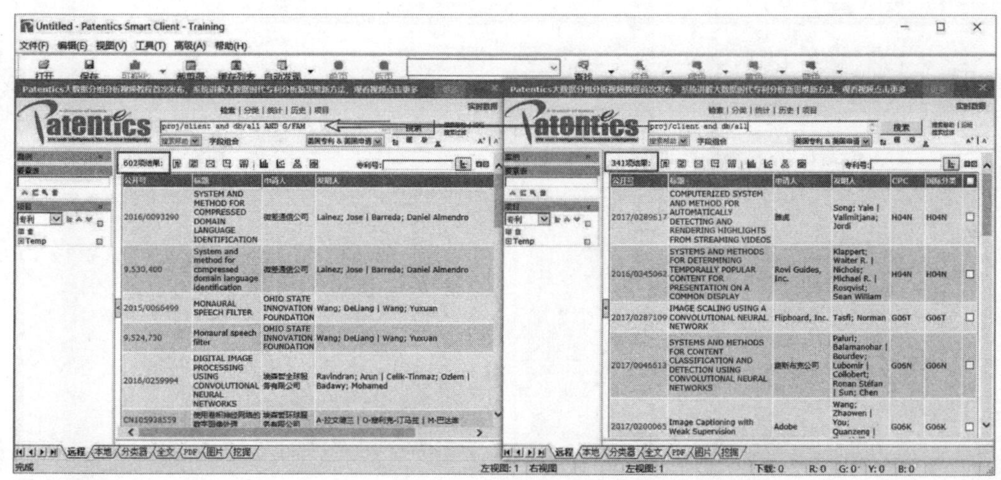

图 8－56　Patentics 中专利同族扩展

2）同族的合并

Patentics 有以下命令用于同族的合并：

O/MFAM：对检索结果进行同族过滤，互为同族专利，只显示第一个，剔除其余。如图 8－57，选中“分类器”中需要合并同族的数据节点（检索式：A/（CNN OR RNN OR DNN）的检索结果），右击选择【导出】—【搜索】—【主搜索】/【从搜索】，即可将需要合并同族的数据导入搜索当中，生成检索式：proj/client and db/all。在检索式之后增加 O/MFAM 命令，即可对数据进行同族合并，将合并后的数据重新导入“分类器”。

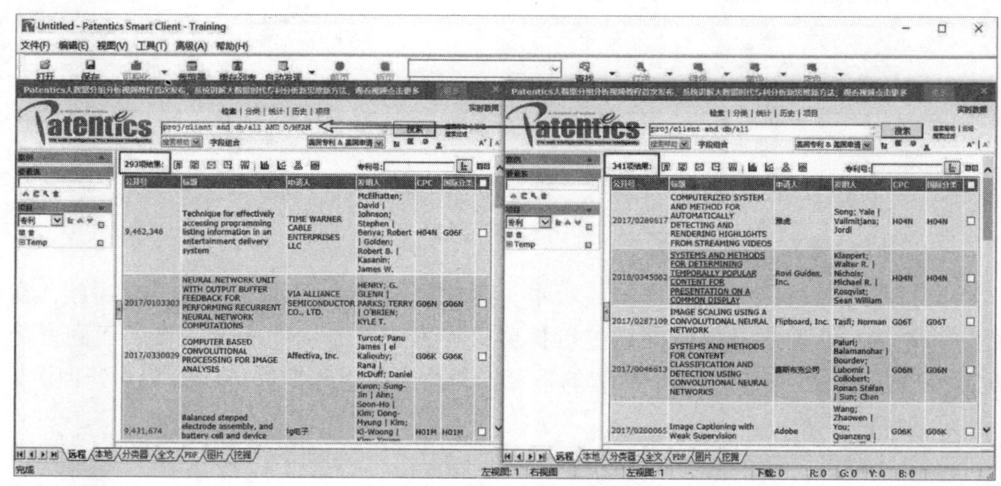

图 8－57　Patentics 中专利同族合并

除了使用命令进行同族合并以外，如果要按照一定的规则保留合并后显示的文本，可在需合并同族的节点右击，选择【同族】进行排序后合并。

如图 8－58，选中“分类器”中需要合并同族的数据节点（检索式：A/（CNN OR RNN OR DNN）的检索结果），右击选择【同族】—【申请日最前】，即可将每组同族专利中申请日最早的专利作为主专利，再次右击选择【同族】—【归并】，即可在归并后仅保留每组同族专利中申请日最早的专利（如图 8－59）。同理，可以按照中文/英文/小语种的顺序（CN/US）、被引用次数、申请日最后保留归并后的专利。

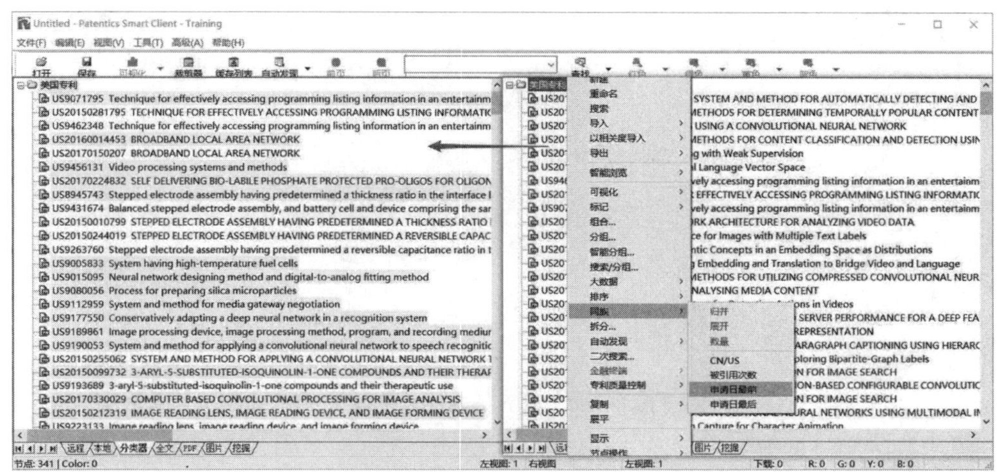

图 8－58　Patentics 中专利同族排序

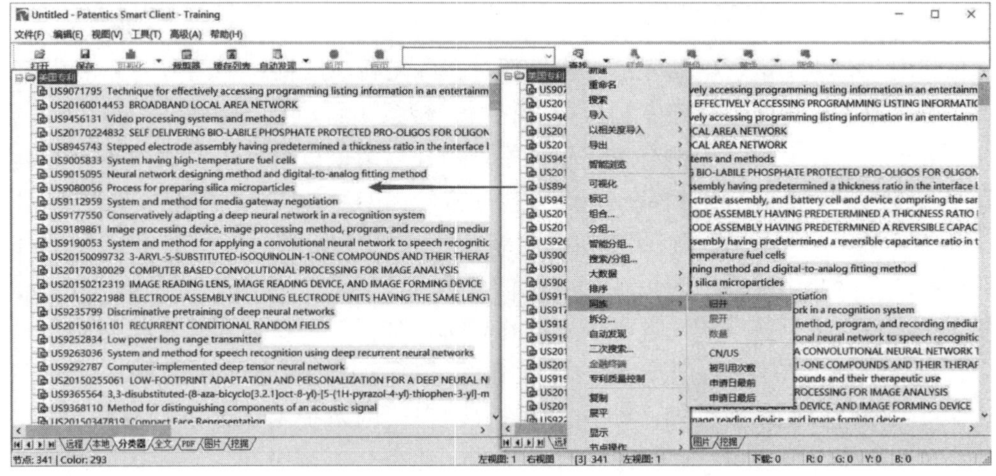

图 8－59　Patentics 中专利同族归并

3）利用外部同族数据

由于各数据库对同族的定义和处理不同，当需要使用外部同族数据进行分析时，还可以通过导入的方式对外部同族数据进行利用。当前 Patentics 支持导入 S 系统 VEN、CNABS 等多个数据库的同族信息。

如图 8 - 60，将 S 系统导出的同族信息原样放入 TXT 文本中，在“分类器”空白处右击—【导入】—【文本文件】，选择要导入的同族 TXT 文本文件即可。导入后，每组同族专利的主专利将被突出显示，同样可以按照中文/英文/小语种（CN/US）、被引用次数、申请日最前、申请日最后的顺序对各族内专利进行排序并进行同族归并操作。❶

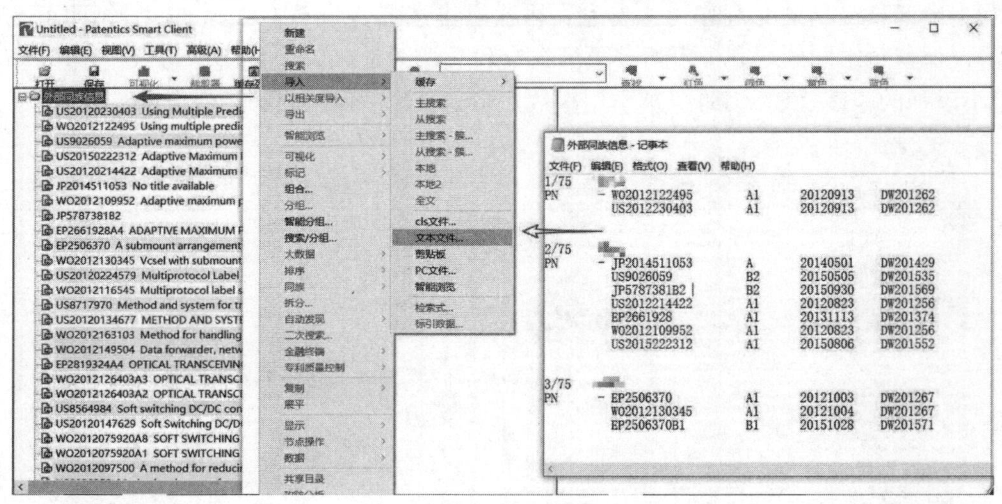

图 8 - 60　导入外部同族数据

（3）申请人标准化

当前，虽然多个专利数据库系统都提供标准申请人信息，但由于标准化数据未覆盖所有专利，标准化的规则也不尽相同，因此，很多时候需要分析人员根据自己收集的信息对申请人进行再次标准化处理。

在利用 Patentics 进行申请人标准化处理时，可先利用数据库中已有的标准化信息。例如，在对近 3 年百度公开的专利进行分析时，检索出百度近 3 年专利（and/百度），导入“分类器”中，然后使用标准申请人字段对检索结果进行分组。如图 8 - 61 所示，在节点上右击，点击【分组】，在弹出框中勾选“标准申请人”，点击【确定】即可。在分组结果中，百度被分为了百度在线网络技术和百度美国两个标准申请人，因此，需要进行再次标准化处理。如果在已分组的母节点上右击，再次进行申请人分组，可以查看 Patentics 将哪些申请人进行了标准化处理。如图 8 - 62 所示，在“百度 - training - 标准申请人”节点上右击，点击【分组】，在弹出框中勾选“申请人”，点击【确定】即可。通过分组结果可知，Patentics 将百度在线网络技术（北京）有限公司、北京百度网讯科技有限公司、百度在线网络技术（北京）有限公司、百度国际科技（深圳）有限公司、百度（中国）有限公司和百度时代网络技术（北京）有限公司被标准化为了百度在线网络技术（分组结果中的清华大学和南开大学为合作申请人），将百度（美国）有限责任公司标准化为百度美国。

❶ 由于 Patentics 体验版本数据量限制，本例需使用正式账号进行操作。

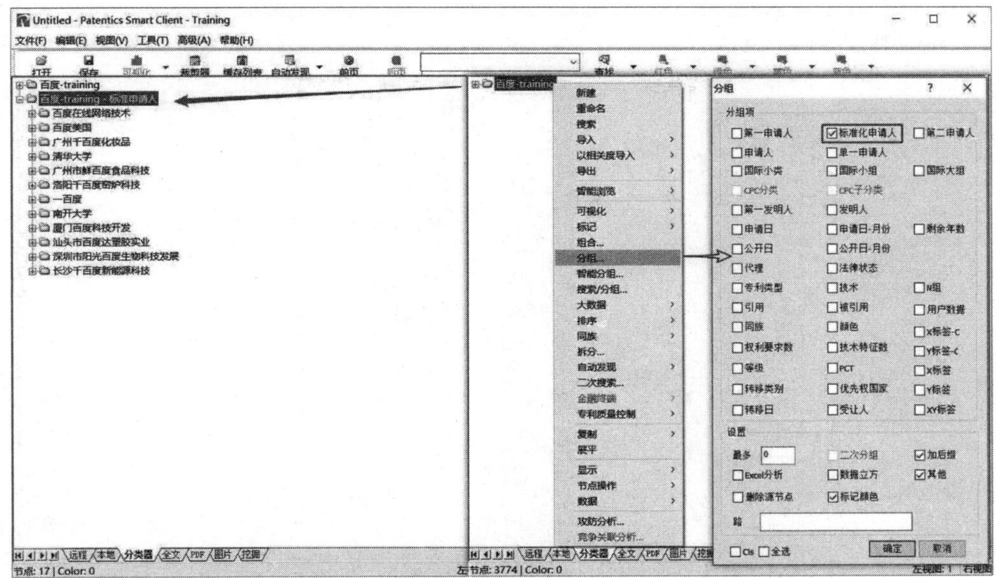

图 8－61　查看系统的标准申请人

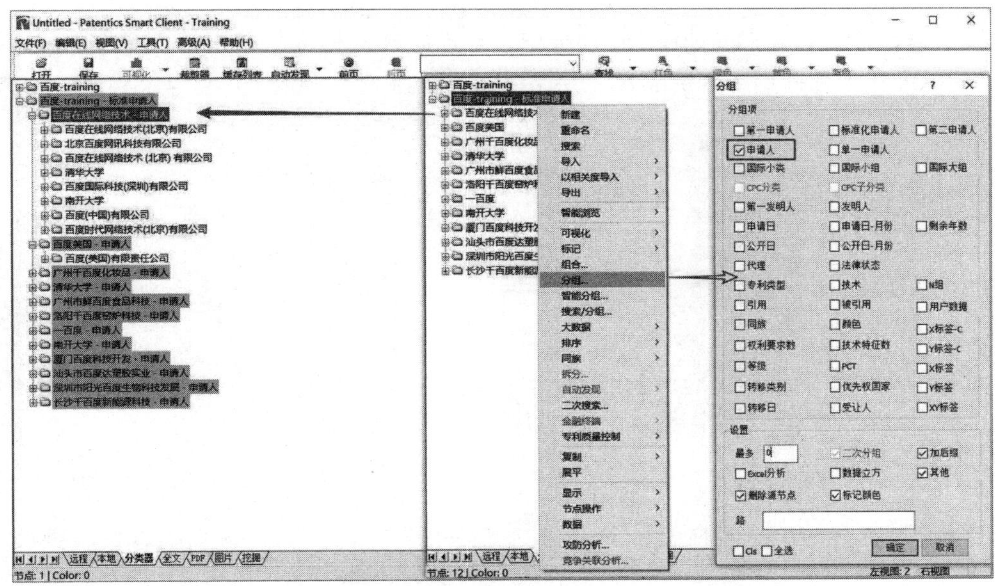

图 8－62　查看系统中标准申请人下归并的申请人

接下来，就需要将百度在线网络技术和百度美国两个标准化申请人再次标准化处理为百度。Patentics 中提供【申请人清洗】功能，用户可按照自己需要将任意标准化申请人修改为自己定义的名称。

步骤如下：

1）导出标准申请人分组模板：在“百度－training－标准申请人”节点上右击，选择【导出】—【节点图】—【模板】，如图 8－63 所示。

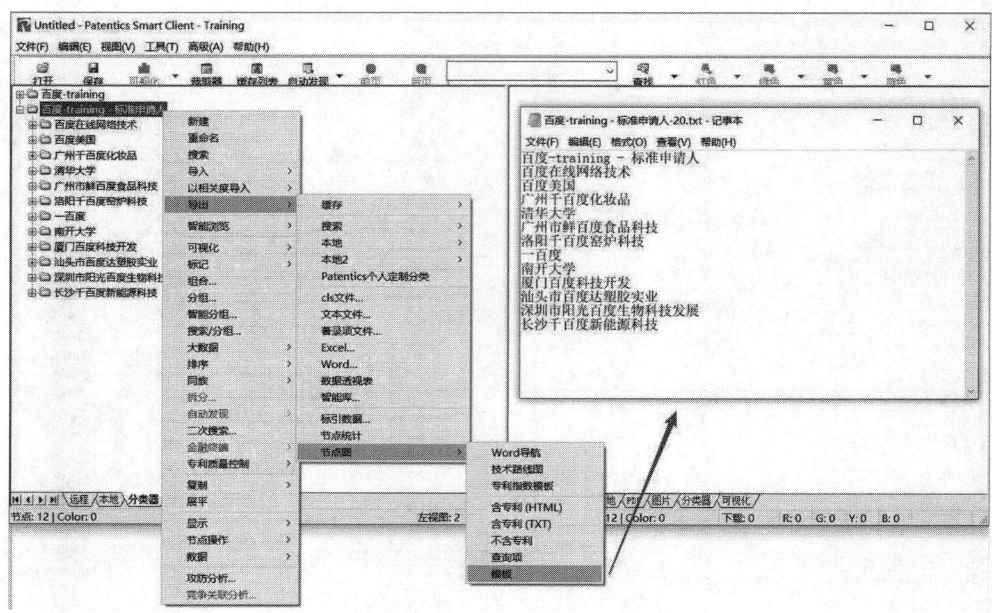

图 8-63　导出标准申请人模板

2）修改模板：如图 8-64，在模板中，在需要再次标准化的申请人名称后输入自定义的标准化名称并用 Tab 键隔开，并保存模板。

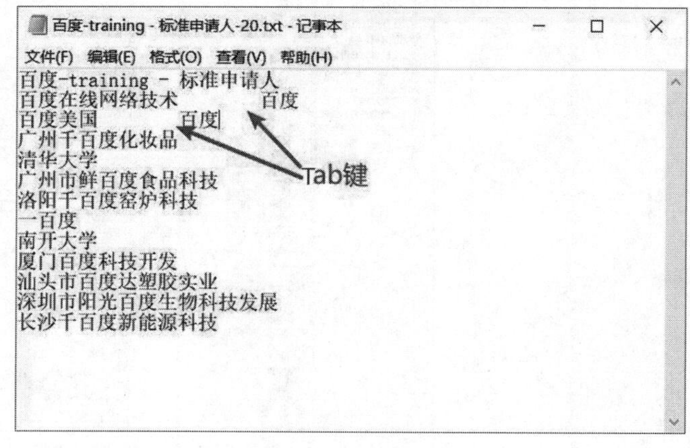

图 8-64　编辑标准申请人模板

3）导入修改后的标准申请人分组模板：在“百度 - training - 标准申请人”节点上右击，选择【数据】—【标准申请人清洗】，导入修改后的模板即可，如图 8-65 所示。

修改后，在对标准申请人清洗后的专利再进行标准申请人分析时，系统即会按清洗后的标准申请人进行数据分析。

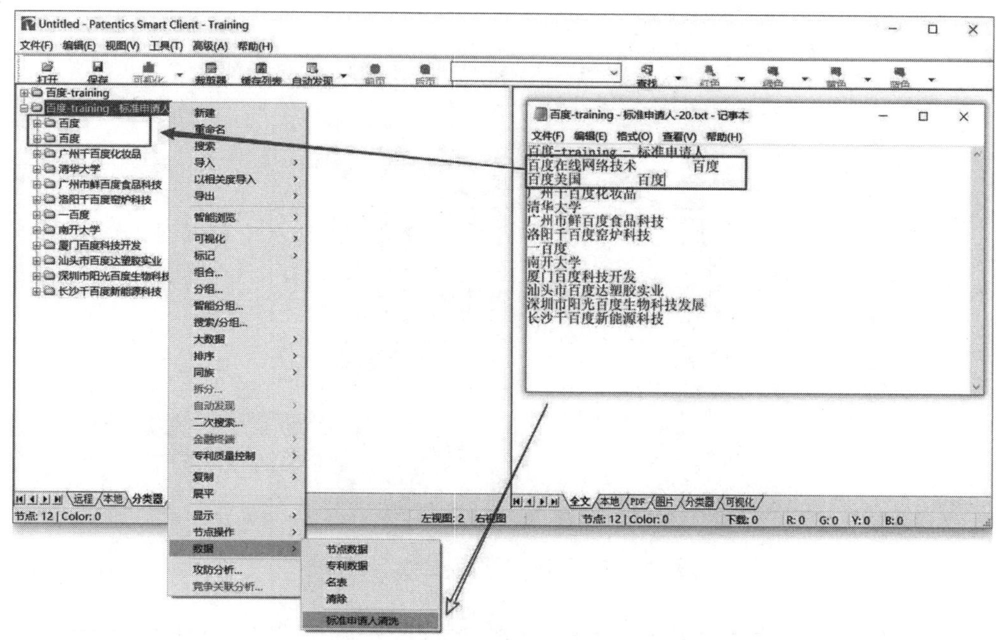

图 8-65 导入修改后的标准申请人模板

8.2.5 专利数据标引

专利数据标引是专利分析中的重要环节，也是最耗费人力的环节之一。为了提高标引效率，可以综合利用机器标引、智能标引、人工标引等手段。

（1）机器标引

机器标引是利用较精准的布尔检索式，对待标引的专利文献进行批量检索分组。在 Patentics 中可利用【搜索/分组】功能进行机器标引。例如对深度学习检索式（IPC/（G06F17 OR G06K9 OR G06N3 OR G06Q50 OR G06Q10 OR G10L15 OR G06F19 OR G06Q30 OR H04L29 OR H04L12）AND A/（深度学习 or DNN or RNN or 朴素贝叶斯 or 深度神经网络 or 监督学习 or 玻尔兹曼机））的检索结果的结果进行标引，将检索结果标引为图 8-66 所示层次的技术分支。

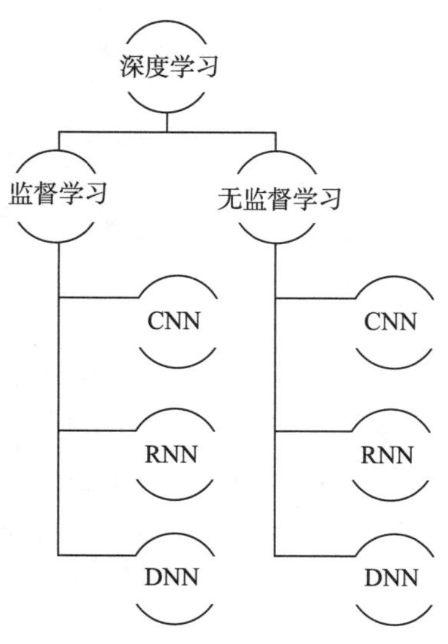

图 8-66 预定标引树

步骤如下：

1）编写“搜索/分组”模板：在节点上右击，点击【搜索/分组】，在弹出框中点击右上角【省略号】按钮，找到“搜索/分组”模板，通过记事本打开进行编辑，如图 8-67 所示。

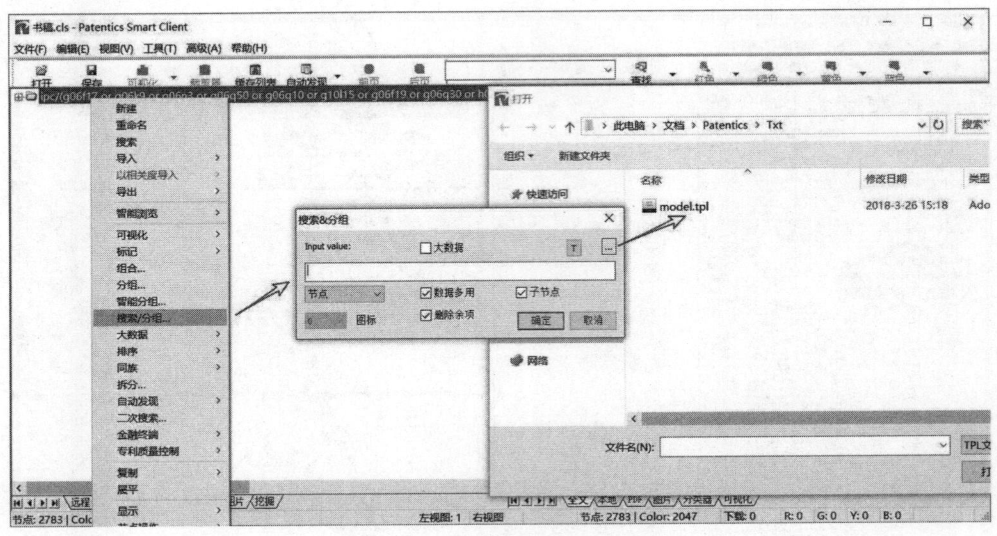

图 8－67　找出“搜索/分组”模板

“搜索/分组”模板中有编辑示例。搜索/分组的基本格式为：检索式#各级名称，通过 Tab 键的个数控制层级关系，如图 8－68 所示。用户可根据需要修改“搜索/分组”模板中的项目名称、各级检索式和名称，并可增减模板中的搜索/分组内容，完成后另存为自己的模板。

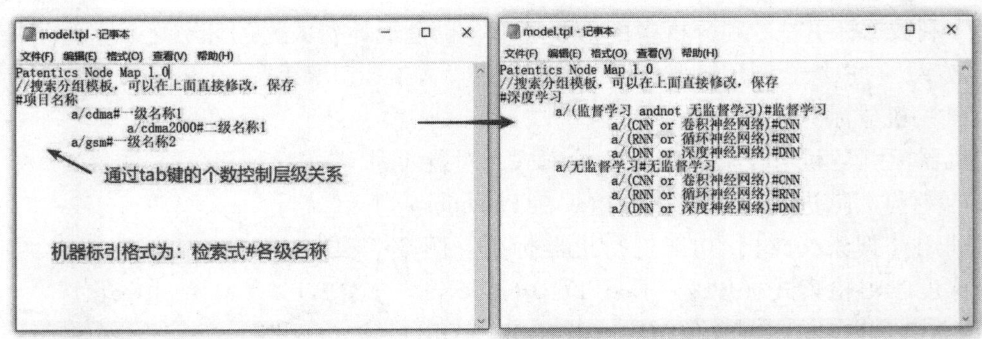

图 8－68　编辑“搜索/分组”模板❶

2）导入编辑好的“搜索/分组”模板进行机器标引：如图 8－69，在待标引的节点上右击，点击【搜索/分组】，在弹出框中点击右上角【省略号】按钮，导入编辑好的“搜索/分组”模板，根据标引规则，并选择是否勾选数据多用（一件专利可标引到多个节点中）和删除余项（删除未被“搜索/分组”模板中检索式检索到的专利）。

---

❶ 检索式为示例检索式，机器标引的检索式应采用检准率更高的检索式作为“搜索/分组”模板内的检索内容。

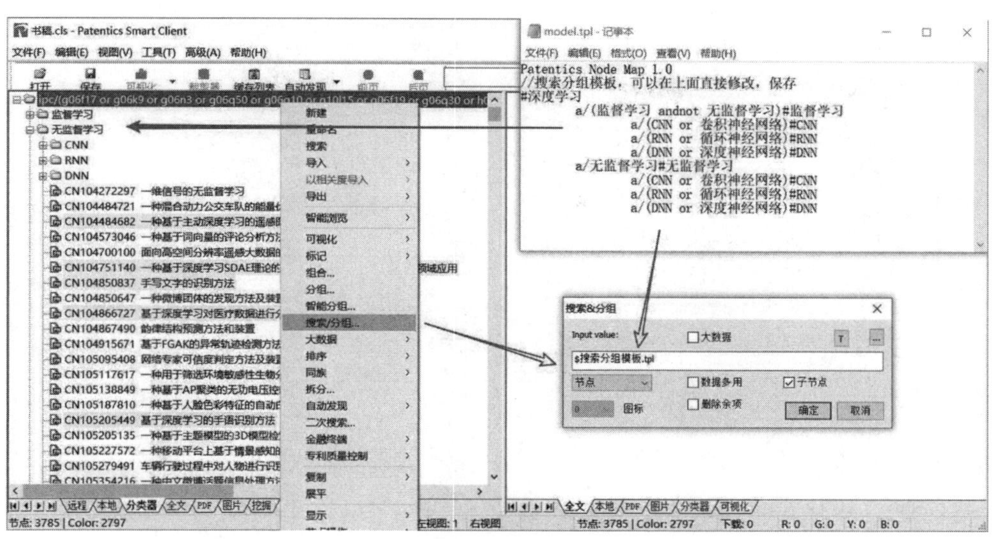

图 8－69　利用“搜索/分组”进行机器标引

（2）智能标引

智能标引根据采用的算法不同，具体形式也有差别。例如，德温特的 DDA 系统采用朴素贝叶斯分类器，根据用户标引的部分数据对剩余专利进行标引分类。而 Patentics 则是将语义检索用于智能标引，可通过【搜索/分组】和【智能分组】功能实现智能标引，本部分仅介绍通过【搜索/分组】实现智能标引，【智能分组】的操作和效果与之类似。

利用“搜索/分组”进行语义标引与利用“搜索/分组”进行机器标引的区别仅在于“搜索/分组”模板中的检索式为语义检索式。例如，可将监督学习和无监督学习的布尔检索式替换为语义检索式，此处简单采用百度百科对监督学习和无监督学习的定义作为语义检索条件，并使用 REL/命令设置相关度阈值，认为相关度在阈值以上的专利属于此类别。其中，语义检索条件既可以是描述该标引项的文字段落，也可以是一件或多件该标引项下具有代表性的专利的专利号码（如：R/“CN104298973 CN104299247”），相关度阈值可自行调整。“搜索/分组”模板与操作过程如图 8－70 和图 8－71 所示。

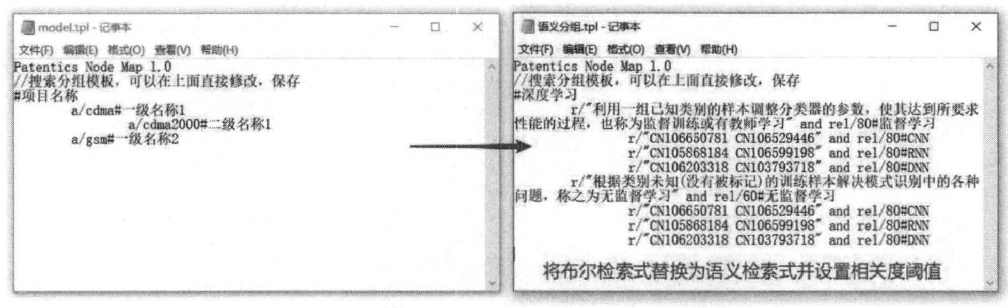

图 8－70　编辑“搜索/分组”模板

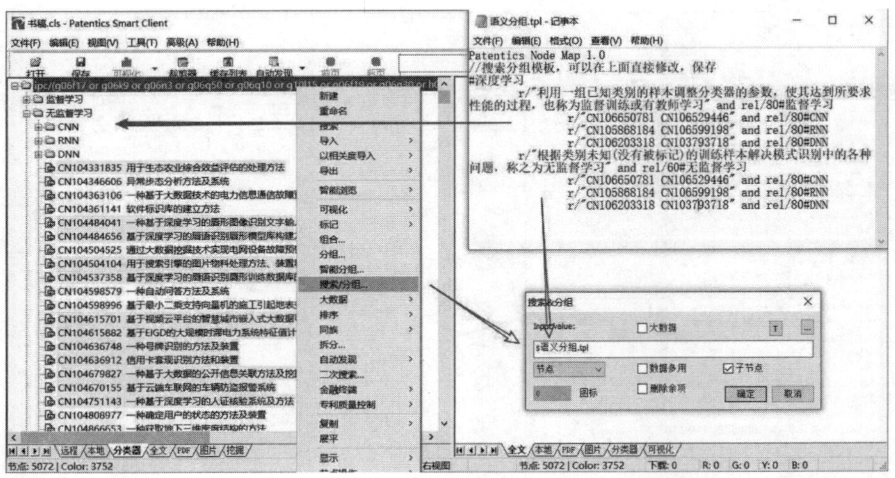

图 8－71　利用“搜索/分组”进行智能标引

（3）人工标引

机器标引和智能标引在标引工作中只是对专利文献作了初步的分类，无法代替人工阅读所作出的精细标引。在外部进行人工标引后，可以将专利的标引信息导入系统并利用系统已有数据和功能进行分析。Patentics 提供 X、Y 两个字段供用户放入自定义的标签信息，每个字段内可输入多个自定义标签，通过英文分号进行分隔。而 Patentics 可通过【搜索/分组】功能对符合检索式条件的专利补充 X 字段信息。利用此功能，除了在系统中批量为专利打上 X 字段标签以外，还可以将外部标引好的信息上传到 X 字段中。步骤如下：

1）批量生成“搜索/分组”语句：“搜索/分组”模板中对专利标记 X 标签的格式为检索式#节点名称 &&X 标签内容。如果将检索式设置为检索专利号码，将节点名称设置为专利号码，将 X 标签内容设置为外部标引信息，则可以通过【搜索/分组】功能，对每一件专利打上具有外部标引信息的 X 标签。因此，首先利用 Excel 公式按照格式生成每一件专利的“搜索/分组”语句，并放入“搜索/分组”模板中备用，如图 8－72 所示。

	A	B	C
1	公开号	标引信息	为专利标记X标签格式为：检索式#节点名称&&X标签内容
2	CN106845415	监督学习;CNN	="pn/"&A2&"#"&A2&"&&"&B2
3	CN106096598	监督学习;CNN	pn/CN106096598#CN106096598&&监督学习;CNN
4	CN106295584	监督学习;CNN	pn/CN106295584#CN106295584&&监督学习;CNN
5	CN106709528	监督学习;CNN	pn/CN106709528#CN106709528&&监督学习;CNN
6	CN106203506	监督学习;CNN	pn/CN106203506#CN106203506&&监督学习;CNN
7	CN104732208	监督学习;CNN	pn/CN104732208#CN104732208&&监督学习;CNN
8	CN104700100	监督学习;CNN	pn/CN104700100#CN104700100&&监督学习;CNN
9	CN106372648	监督学习;CNN	pn/CN106372648#CN106372648&&监督学习;CNN
10	CN106777953	监督学习;CNN	pn/CN106777953#CN106777953&&监督学习;CNN
11	CN106650694	监督学习;CNN	pn/CN106650694#CN106650694&&监督学习;CNN
12	CN107092926	监督学习;CNN	pn/CN107092926#CN107092926&&监督学习;CNN
13	CN105825235	监督学习;CNN	pn/CN105825235#CN105825235&&监督学习;CNN
14	CN105894025	监督学习;CNN	pn/CN105894025#CN105894025&&监督学习;CNN
15	CN106909938	无监督学习;CNN	pn/CN106909938#CN106909938&&无监督学习;CNN

图 8－72　准备“搜索/分组”语句

2）使用“搜索/分组”功能导入外部标引信息：在待标引的节点上右击，点击【搜索/分组】，在弹出框中点击右上角【省略号】按钮，导入编辑好的“搜索/分组”模板即可，如图 8－73 所示。

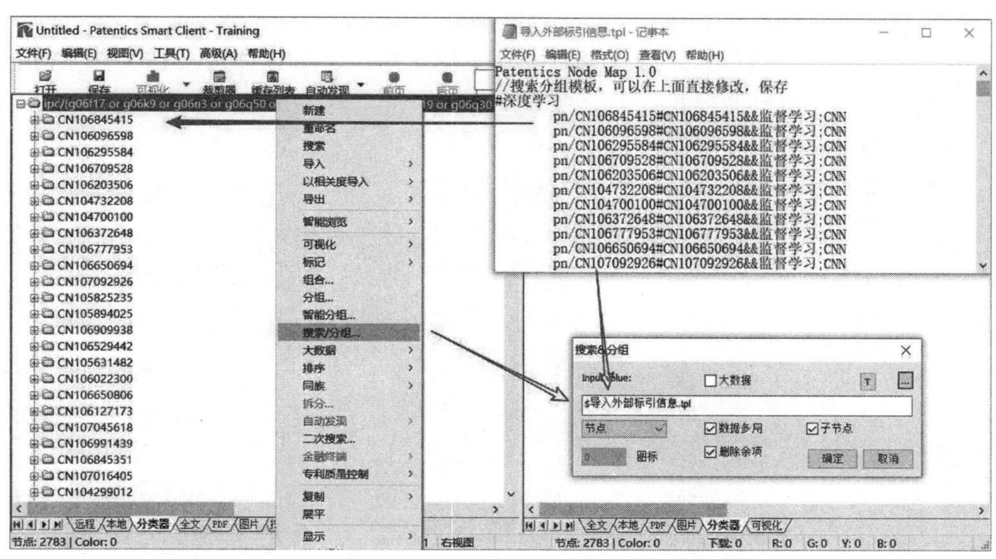

图 8－73　利用“搜索/分组”导入外部信息

3）最后需将各子节点展平，在母节点上右击，点击【展平】即可。双击母节点即可查看每件专利的 X 标签，如图 8－74 所示。

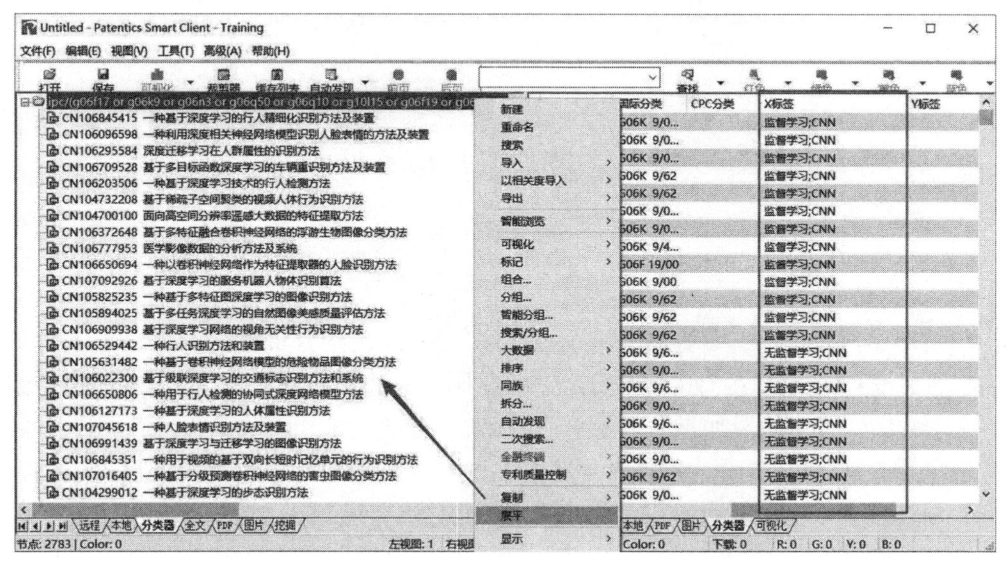

图 8－74　将外部信息导入 X 标签

另外，利用好 X、Y 标签和【搜索/分组】功能，除了上传外部标引信息以外，可实现几乎任意字段信息的标准化和再加工。

8.2.6 数据统计

（1）分组统计

在专利内部数据和外部标引信息处理完成后，即可进行数据统计。在 Patentics 中，数据统计以字段分组的形式完成，需要统计某项数据时，对该项数据相关的字段进行分组即可。同时，可以通过对数据的多层分组，实现“数据透视表”的功能。

1）一维统计

如需查看“深度学习”领域近 5 年的申请趋势、最相关的前 5 个 IPC 小类以及申请量前 5 位申请人，可对节点下的文献进行申请日、国际小类和标准化申请人分组。右击节点，点击【分组】，在弹出框中勾选申请日、国际小类和标准化申请人，设置最多显示 5 个（0 为不限制），点击【确定】，即可统计出三类数据的前五位，如图 8－75 所示。

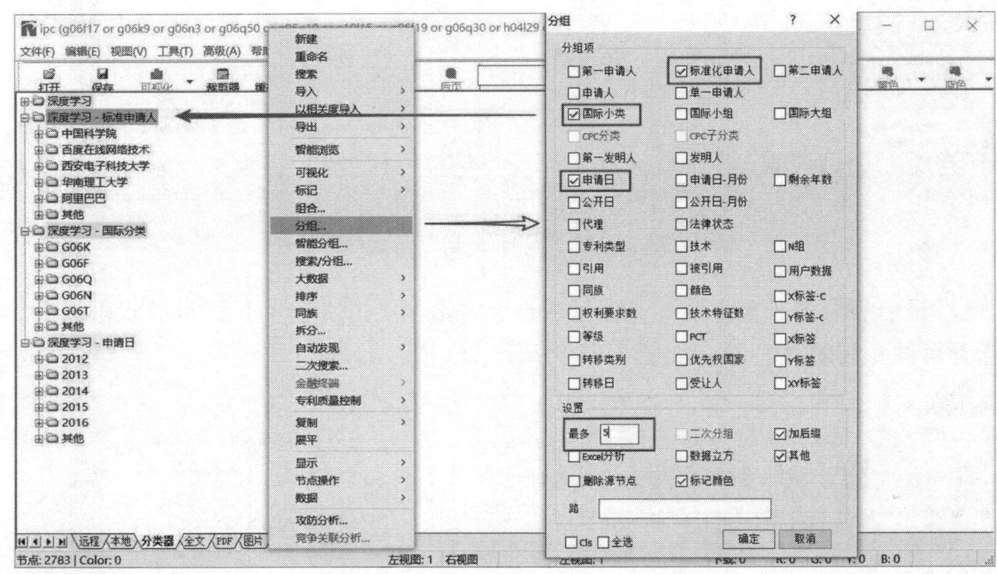

图 8－75　一维统计分组

2）多维统计

当需要多维统计时，可通过两种方法实现：一是在已分组数据的母节点上继续点击右键进行分组，二是在勾选多个分组字段时同时勾选“数据立方”，实现多层分组和“数据透视表”的功能。如需查看每年的 PCT 申请量与非 PCT 申请量所占比重情况，可勾选申请日和 PCT 字段，并勾选“数据立方”进行分组，分组就会按照递进的模式进行，勾选多少个字段就将数据分为多少层，如图 8－76 所示。

（2）大数据分组统计

对于 20 万以上的超大量数据的统计，将数据导入“分类器”进行本地分析对电脑硬件要求非常高，此时，可通过【大数据分组】功能实现。“大数据分组”是在服务器端执行完后直接返回统计结果，而且在 Patentics 中“大数据分组”可支持更多、更复杂的字段的统计分析。例如，需要分析近 3 年公开的“深度学习”领域专利分别都来自哪些城市，可以通过以下步骤完成。

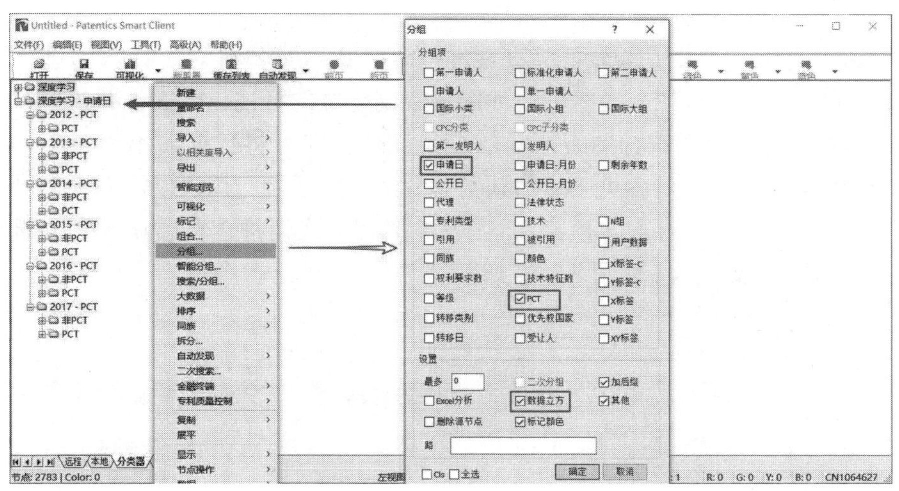

图 8－76　多维统计分组

1）检索：由于“大数据分组”无须将检索结果导入分类器中，因此需先将待分析的数据检索出来。同样，样例检索式为：IPC/（G06F17 OR G06K9 OR G06N3 OR G06Q50 OR G06Q10 OR G10L15 OR G06F19 OR G06Q30 OR H04L29 OR H04L12）AND A/（深度学习 or DNN or RNN or 朴素贝叶斯 or 深度神经网络 or 监督学习 or 玻尔兹曼机）。

2）大数据分组：如图 8－77 所示，在分类器空白处右击，点击【大数据】—【分组】按钮，在弹出框中，在左下角选择分组目标为主搜索/从搜索，在内置命令中选择要分组的字段或命令内容，输入框中就会出现相应的大数据分组内容，其格式为：分组命令%取排名前 N 位（不输入则取全部）%分组名称。其中，除分组命令以外，其他都可根据自己需要进行设置，编辑完成点击【确定】即可完成分组。在分组结果中，每个节点都包含了该节点的统计信息，可直接用于可视化分析，但不包含专利文献。

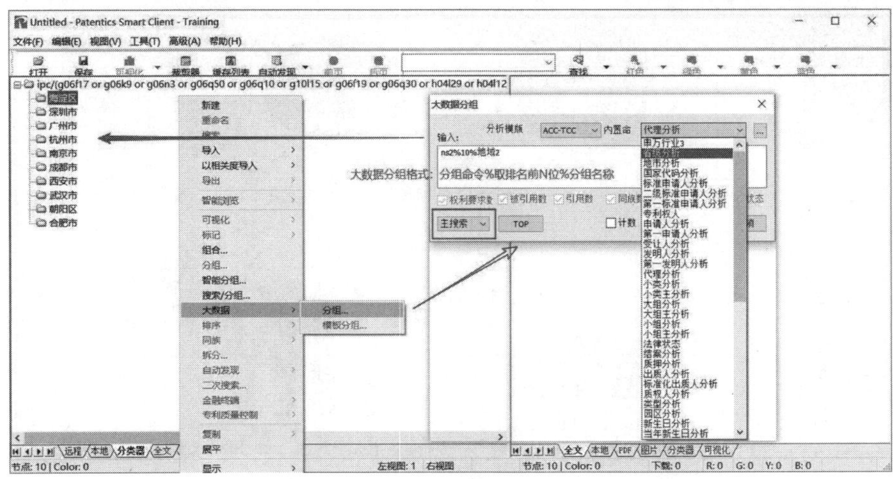

图 8－77　大数据分组

8.2.7 可视化

在得到数据统计结果后，为了更直观地呈现分析数据，可对统计数据进行可视化处理。Patentics 包含二维图、高维图、地图等不同种类的可视化图表，并将可视化图表与分组结构相对应。只要符合图表所需的分组结构，即可将数据展示为该类可视化图表。同时，Patentics 还提供各类图表的预览和分组格式示例，用户仅需右击自己的分组结构，选择【可视化】，点击【预览】，在各类图表中找到符合自己需求和分组机构的图表单击，即可完成绘图，如图 8－78 所示。

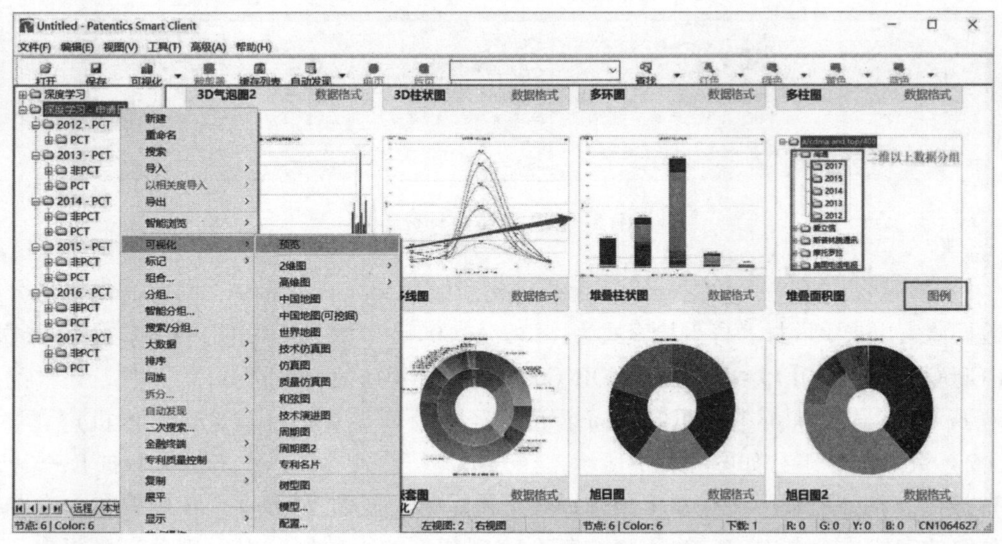

图 8－78 Patentics 可视化预览

可生成的图表如图 8－79 至图 8－81 所示。

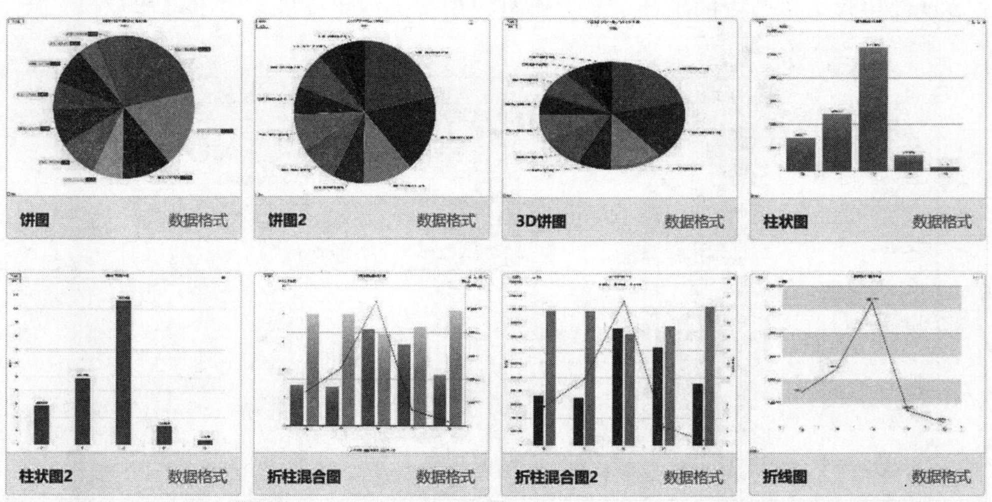

图 8－79 Patentics 可视化图表类型 1

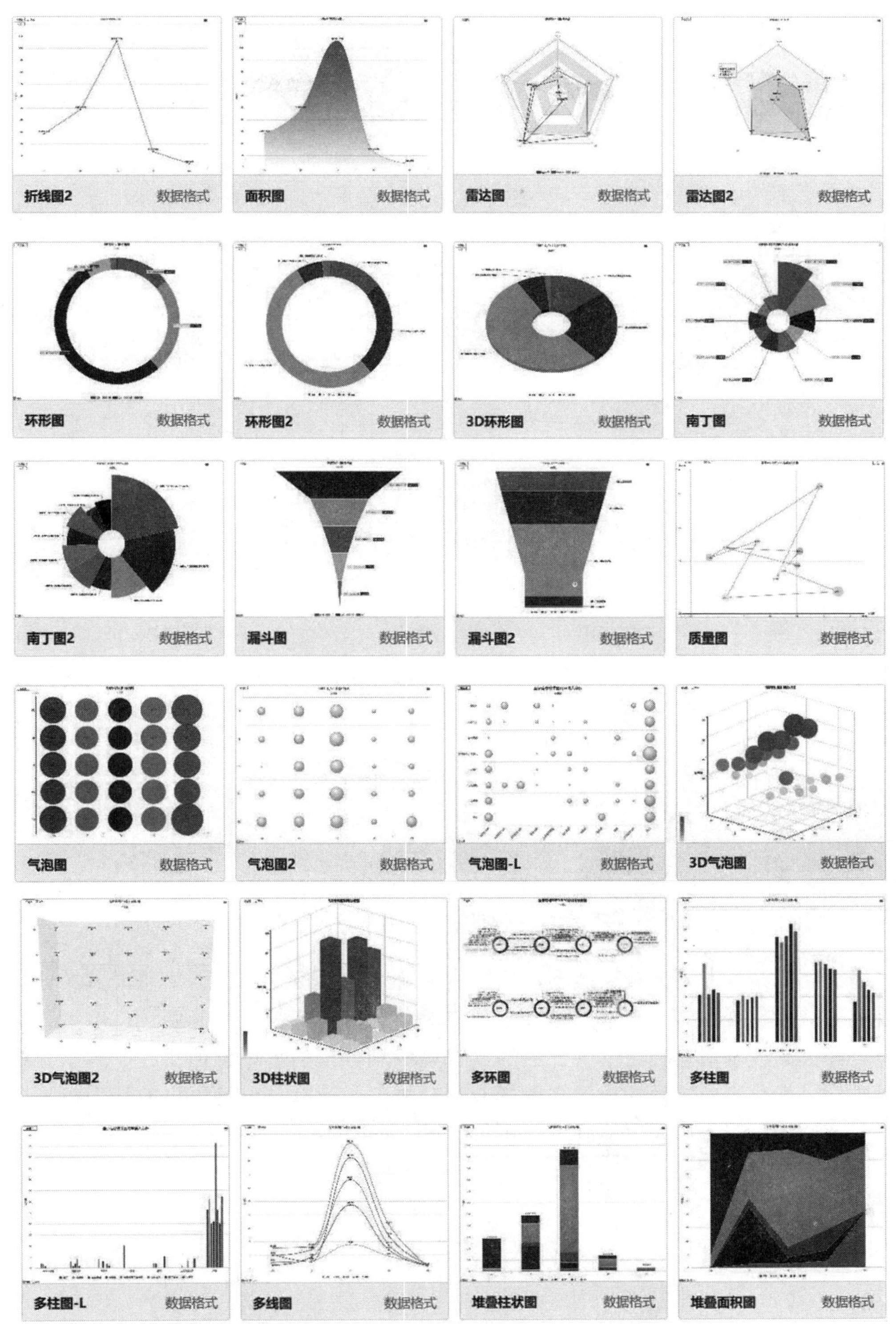

图 8－80　Patentics 可视化图表类型 2

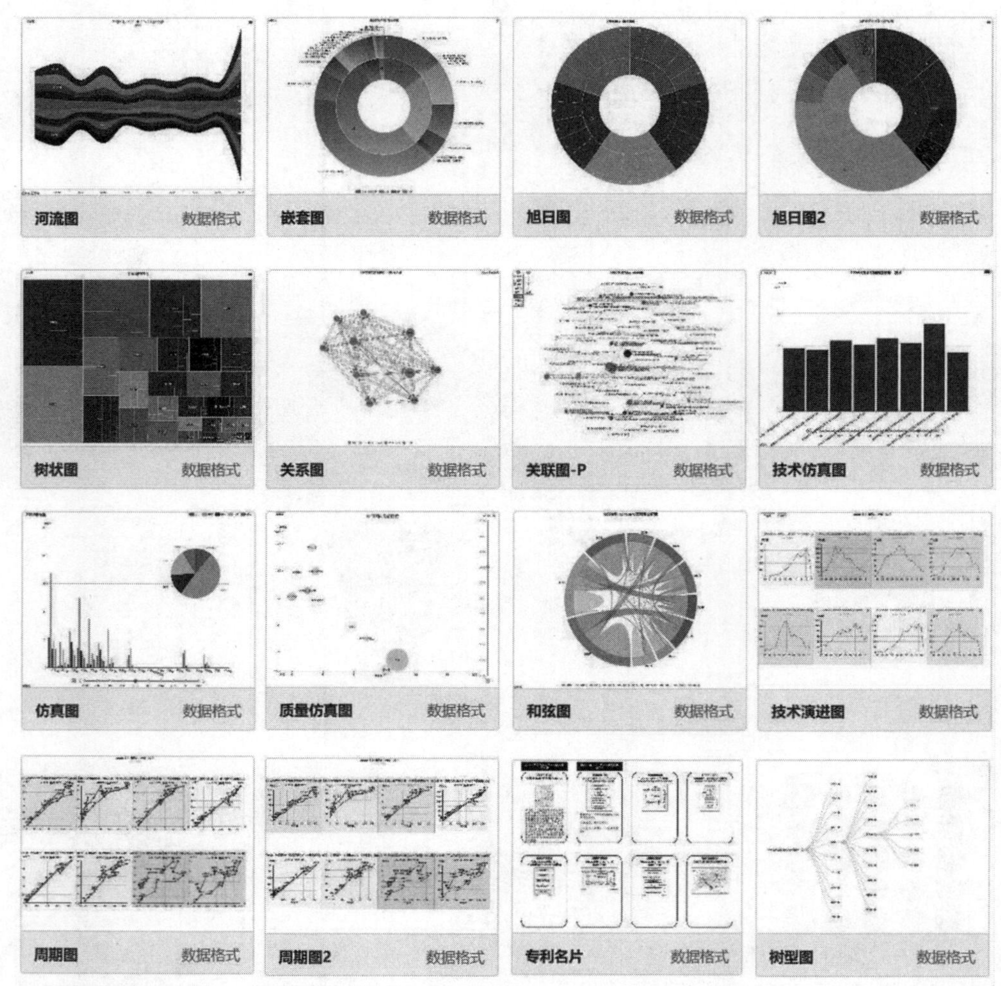

图 8－81　Patentics 可视化图表类型 3

需说明的是，专利分析工作不仅仅是专利著录项目信息和标引信息的数据处理和可视化，技术发展路线、专利技术布局、专利价值分析、重点专利解读、申请人专利战略等相关的技术信息和法律事件的解读也是专利分析的重要价值所在。本书介绍数据处理和可视化实务的目的是提高读者专利分析工作效率，以将更多的精力投入分析结果的解读和更能体现人力价值、提升专利分析价值的工作中去。

第9章 结束语

数据无处不在。我们一直在收集和保存任何正在生成的数据，以免错过重要的事情，但更重要的是对数据的挖掘和分析。专利信息很大程度上折射了经济和科技创新的活动，因此专利分析工作显得尤为重要。

海量专利数据的分析处理一直是业内的难题。正如前文所述，专利信息虽然规范、格式统一，然而还存在着很大的缺陷。其中，专利的地域性保护和专利审批制度造成的信息冗余，来自全社会专利申请撰写的信息错漏，都对专利分析的数据处理工作造成了很大困扰。

在一次小范围调查中，我们列出了表9-1所示的几个条目。通过排序，分析大家对专利分析最迫切希望改善的方面是什么。

表9-1 专利分析需求排序

选项	综合平均分
系统数据覆盖全面，检索字段丰富，检索方式多样，数据导入导出方便，提供多语种机器翻译	5.86
系统能提供标准化的元数据、丰富的运算符和检索辅助工具，可对分析目标进行可靠的逻辑圈定	4.66
系统标引功能强大，提供机器智能标引和批量标引功能	4.52
系统具有可靠的语义检索功能，可通过算法或人工智能辅助专利分析	3.8
系统提供大量图表模板，可进行多个维度的数据分析和挖掘	3.53
能在单一系统中完成全部专利分析流程，不需要其他外部工具协助	2.8

很明显，所谓“巧妇难为无米之炊”，专利分析最重要的就是数据。公众并不会单纯满足于数据的数量，而是更希望获得更全面、更标准化的数据，在数据广度、宽度和厚度方面都提出了要求，希望数据更为立体、丰满、可信。

事实上，前文所述的很大篇幅都是在演示和说明如何将数据进行规范化处理，以便于提炼数据后面潜藏的信息。

同时，很有趣的是，相对于标准化数据和检索算符，当前的专利分析人员并不特别看重语义检索，或者说智能检索，原因可能主要在于人工智能（AI）技术还没深入地应用到专利分析中。在专利分析工作中，提及语义检索，人们更期待其在智能标引和大数据聚类分析中的应用效果，以减少工作量，而对于图表制作和可视化分析，人们总认为可以在专业的外部工具软件中进行。

总之，能方便可靠地检索来界定分析对象、提供标准化数据来降低分析难度、提供机器翻译来协助翻越语言障碍、提供机器智能标引来减少项目工作量，是专利分析数据处理方面的几个主要诉求。

9.1 向着智能化和人性化发展的专利分析方法

前面的几章介绍了几个当前主流的专利分析系统，对它们的专利信息和数据处理功能进行了考察，并按照专利分析的流程从各个环节对比研究了数据处理的各个细节。进一步地，我们还利用问卷调查、走访调研等方式收集了一些业界人士的需求和反馈。

那么，专利分析人员希望的专利数据处理应该是什么样子的？当然，他们希望本书介绍的数据导入导出、同族合并、数据规范化处理、技术信息标引、可视化处理等工序都不需要人工参与，都能自动化完成，人类只需提出需求，分析并得出结论即可。但事物还在发展。当前的专利分析数据处理方法未来会朝着哪些方向发展？最先能实现哪些功能？我们试着回答一下这些问题。

（1）数据源和数据质量

当前，国内各专利分析系统的数据来源基本一致，均能满足常规专利分析任务的需求。未来竞争的重点在于：可信度和独特性。

可信度指的是，数据收录的权威性和全面性是否值得专利分析人员信赖。诸如，系统并不是收录有越南文献，就可以直接宣称覆盖了越南文献，而应收录有越南官方认可的全部越南专利文献，且字段完整，年份完整，内容无误；Derwent Innovation 耗费大量人工进行的加工信息深受信赖，尤其是同族信息。

独特性指的是，是否拥有独家数据，在数据广度、厚度和深度这三个维度上是否有特色。虽然专利信息是完全公开的，很难做到对某些国家或地区专利信息的垄断，但是对数据的收集和加工仍然各有特色，诸如，incoPat 对东南亚数据的全面收录，PatSnap 对新西兰、波兰、瑞典、芬兰、印度等数据的收录等。

除了地域收录的特色外，更具有特色的是加工数据。诸如，Derwent Innovation 享誉全球的人工改写数据是其最核心的竞争优势；中国国家知识产权局内网 S 系统所拥有的中国专利深加工数据也独具特色；万象云对通信领域主要申请人的公司树加工可圈可点；各系统对中国专利申请人地域信息的深度标引很有特色等。同时，借助机器翻译引擎将外文翻译成中文/英文，并加工成可检索字段，将大大提升专利信息的利用程度，诸如 incoPat 系统借助这一点吸引了大量用户。

同时，专利分析系统的信息将不囿于专利信息本身，而是会尽力扩展和关联外部的各种信息，以达成专利信息的深度挖掘。诸如，DI Inspiro 关联了商标、标准、地理标志、知识产权行政处罚数据、知识产权民事诉讼数据等，大大拓展了专利分析的挖掘深度和分析空间。

专利分析人员心中理想的数据应该是透明的，用户将无须考虑其数据，仅关注于如何使用即可，即达成数据的人性化。但目前来看，专利分析人员在选择专利分析系统时，必须根据专利分析任务需求，仔细研究和评估其数据情况。

因此，各家对数据来源和数据三个维度的介绍应更加客观、公开和详尽，以获取足够的可信度。同时，各家还将尽力打造自己的数据特色，力求“人有我优，人无我有”，甚至会通过收购和合并，来填补自己的数据空白，增强自己的数据实力。

总之，数据是专利分析系统的根本。在不远的未来，各家的专利信息范围和内容将会基本趋同，更将致力于提高自己的数据可信度，同时打造数据独特优势。

（2）检索

专利分析系统大多脱胎于专利检索系统，检索功能均十分丰富且各具特色。绝大多数专利分析系统具备了同在算符、临近算符等高级逻辑算符，还提供了诸多特色检索模式，诸如，DI Inspiro 的可视化检索、Patentics 的语义检索、Derwent Innovation 的 DC/MC 检索、STN 的化学式检索等。

在未来，检索功能将是各专利分析系统激烈竞争的一个领域。各家不仅要提供给新手较低学习成本、较易上手的检索功能，更要针对专业人员提供更专业、更强大的检索工具。

而其中，语义检索将是重点。强大的语义检索引擎可以大大提高检索效率，对专利分析的各个环节都能提供强大的帮助，诸如，进行同族甄别、智能辅助标引、聚类分析、专利地图等。目前，在专利分析领域，具有使用价值的语义检索功能的系统还屈指可数，近年来人工智能领域迅猛发展的曙光还未照入这个领域。但在不远的未来，将会有更多、更优的语义检索系统的出现，它们将使用更多、更优秀的机器学习算法，从而将专利分析水平推上一个新台阶。

（3）数据规范化处理

数据的规范化，主要包括数据去重、数据清洗、数据标引等环节。每一项都是耗费人工的工序，也是智能化人性化需求最高的地方。

在数据去重方面，利用语义检索引擎很容易就可以进行相似性判断，进而甄别同族。虽然目前仅有 Patentics 系统给出了同族的相似性判断数值，并未直接据此进行同族去重，但是将其实现并无没有技术障碍。而各家的系统也将很快借鉴该功能，进而实现同族去重的人性化。

在数据清洗方面，虽然专利分析系统均能导入公司树等信息，但人工进行识别和错漏修改是不可避免的。因此，各专利分析系统均会提供便捷的人工修改功能，且能够一次修改全局生效。

在数据标引方面，专利分析系统将在自定义更多级别更多数量的标引字段、标引时更方便地浏览文献、更自由地共享和检索利用标引字段等人性化方面下功夫，且由于私密性和便捷性考虑，专利分析系统会同时推出离线客户端。

更重要的发展在于，利用语义检索引擎对文献进行智能辅助标引。在这方面，科睿唯安的 DDA 工具给了一个很好的思路，其在 2017 年 10 月刚发布的 DDA 工具中就提供了利用朴素贝叶斯算法智能学习用户标引模式，对剩余文献进行智能辅助自动标引的功能。可以预期，很快各专利分析系统都将借鉴该功能来减少标引的人工。

在数据分析方面，大多数专利分析系统都能实现常规分析类型的一键式出图，通过交互式界面实现用户定制化的数据分析需求，而发展方向在于如下三个方面：涉及多数据相互关系分析功能的共现分析、涉及技术评估分析功能的专利价值评价、涉及机器语义识别分析功能的聚类分析。相比较于 Python、R 语言、PowerBI、FineBI、Tableau 等通用数据分析工具，对这三方面的挖掘将是专利分析系统作为专业专利分析系统的优势所在。

总之，数据规范化是未来专利分析系统竞争的重要战场。专利分析系统将朝向两个方向发展：针对普通用户将尽量透明化、简单化数据处理，利于其便捷迅速地得到分析结果；针对专业用户，将进一步提高专业度和可定制性，引入更多的人工智能、更便捷的人性化界面。

（4）数据可视化

近年来，互联网技术发展迅速，PowerBI 等新一代工具能十分便捷地将枯燥乏味的静态数据变成炫酷的动态图像报表，进而协助用户进行数据探索和报告可视化。诸如，可交互可钻取的图表、可自动更新实时展现的仪表板、可拓展的可视化图表等，都能轻松地通过外部工具来实现。而专利分析系统还在逐渐整合和实现这些功能，诸如在第 8 章介绍的多图像交互联动功能和可视化数据钻取功能。

总之，专业分析人员仍将通过数据导入导出以在外部工具中创建自己的定制化图表，同时越来越多的用户会习惯于使用专利分析系统提供的越来越强大、丰富的可视化功能。

（5）总结

对于理想的专利分析系统，业内有知名的专利分析专家指出，必须解决信息来源、信息检索、信息处理和信息呈现四大问题。事实上，我们也正是从这四个方面介绍了未来专利分析系统的发展趋势。

未来的专利分析系统，将具有全面、可信且各具特色的数据资源。在提供方便可靠的常规检索功能同时，还具有实用性能出色的语义检索引擎，用户在数据处理方面的工作量将大大减少，而数据可视化功能将更加简便炫丽。

很容易地，也许很快就可以在手机上进行数据标引、图表制作等专利分析工作，也许很快就可以收到分析系统自动更新的定期报告，也许可以通过语音下达指令就可以获取到专利分析结果，但是专利分析工作仍将依赖于人类智慧。用户仍将付出大量的智力劳动在逐条阅读、汇总和分析上，根据任务需求形成标引表，制定分析策略和方向，监督和控制机器辅助标引，调整和判读可视化图表以获取分析结果，解答分析任务提出的实际问题。

9.2　不远的未来

在当前的专利分析实践中，智能化的成分虽然已经出现，但是占有的比例一直不高，甚至连业内所称的“弱人工智能”水平都达不到。虽然几乎所有的专利检索系统和专利分析系统都号称提供了语义检索或者智能检索功能，但基本还处于探索阶段，人类的智能还完全主宰着专利分析领域。

但发展的曙光已经展露。

2017 年初，“Alpha Go”横扫李世石、柯洁等顶级棋手，在同年 10 月又被自己的新版“Alpha Go - ZERO”轻易战胜。人工智能领域的一系列新现象、新突破，让人眼花缭乱、目不暇接。百度前首席科学家吴恩达、香港科技大学教授杨强等众多全球顶尖人工智能专家都认为，人工智能下一个重要突破口是“迁移学习”。“迁移学习”类似中国成语里的“触类旁通”，就是机器将在一个领域学习掌握的技巧、经验和能力，迁移到一个新的有一定关联的领域里再应用。这样在新领域里，它就能省去大规模数据训练，只需一小部分数据就能迅速“成才”。当机器具备这种能力后，将使人工智能迈入全新层次。

像“Alpha Go”这样的机器自我学习技术基于三方面要素：互联网大数据、强大的运算能力以及深度学习技术突破。它们共同造就了语音、人脸识别准确率的惊人提升，更加自然的人机对话，乃至可以像“Alpha Go”一样去找寻规律、自我决策，其中最核心的是深度学习。而这些技术突破还没有应用到专利检索和专利分析领域。对专利检索和专利分析而言，前面两个要素均已具备，可能很快，深度学习技术的突破和应用将带来专利分析系统智能化水平的急剧提高。我们将依赖人工智能来告诉我们，纷繁复杂的专利数据背后，潜藏着什么样的信息宝藏。